机床夹具及量具设计

主　编　白海清
副主编　王燕燕　张士勇　张良栋
主　审　何　宁

重庆大学出版社

内 容 摘 要

本书以机械加工过程中工艺装备设计为主线,阐述机床夹具、测量装置设计的基本原理和方法,通过大量的生产一线实例介绍,突出对原理、方法的具体应用。通过案例分析,培养学生机床夹具及量具设计的能力,为从事机械制造技术工作奠定基础。全书共8章,内容包括工艺装备设计概述、工件在夹具中的定位、工件在夹具中的夹紧、典型机床夹具、机床夹具的设计方法、量规设计、测量装置设计、现代机床夹具及自动化测量系统等。

本书可作为机械设计制造及其自动化本科专业的教材,也可供相关专业本科生和研究生作教材使用,还可为机械制造行业相关工程技术人员作为解决实际问题的重要参考资料。

图书在版编目(CIP)数据

机床夹具及量具设计/白海清主编.—重庆:重
庆大学出版社,2013.2(2023.8 重印)
机械设计制造及其自动化专业本科系列教材
ISBN 978-7-5624-6900-1

Ⅰ.①机… Ⅱ.①白… Ⅲ.①机床夹具—设计—高等
学校—教材②量具—设计—高等学校—教材 Ⅳ.
①TG750.2②TG802

中国版本图书馆 CIP 数据核字(2013)第 167069 号

机床夹具及量具设计

主 编 白海清
副主编 王燕燕 张士勇 张良栋
主 审 何 宁
策划编辑:曾令维 杨粮菊

责任编辑:李定群 高鸿宽 版式设计:杨粮菊
责任校对:贾 梅 责任印制:赵 晟

*

重庆大学出版社出版发行
出版人:陈晓阳
社址:重庆市沙坪坝区大学城西路 21 号
邮编:401331
电话:(023) 88617190 88617185(中小学)
传真:(023) 88617186 88617166
网址:http://www.cqup.com.cn
邮箱:fxk@ cqup.com.cn(营销中心)
全国新华书店经销
POD:重庆新生代彩印技术有限公司

*

开本:787mm×1092mm 1/16 印张:14.5 字数:362 千
2013 年 2 月第 1 版 2023 年 8 月第 3 次印刷
ISBN 978-7-5624-6900-1 定价:42.00 元

前言

在贯彻落实教育部关于进一步深化本科教学改革,全面提高教学质量的过程中,按照分类指导的原则,地方工科院校的机械类专业的人才培养目标是培养出为地方区域经济建设和社会发展服务的机械类应用型人才。

本书编者为长期从事高等工程教育和教学研究的教师,有多年的教学实践基础。在结构、内容安排等方面,本书吸收了编者近几年在教学改革、精品课程建设、教材建设等方面取得的研究成果,力求全面体现地方高校应用型工程人才教育的特点,满足当前教学的需要。在编写过程中,突出了以下5个方面:

①本书编写以多年使用的讲义为基础,以应用为目的,理论以够用为度,使学生综合运用所学的机械加工知识,针对现场实际,解决生产一线工装设计的问题。

②根据高等工程教育应用型人才培养的特点,在本书内容选取上,以"强化工程能力,突出应用特色"为理念,舍去复杂的理论分析和计算,内容层次清晰,循序渐进,同时辅以适量的复习与思考题,适应学生自主性、探索性学习的需要。

③在编写特色上,突出原理讲授与案例分析相结合;以问题的提出为导入,以问题的解决为目标,以解决方案的规律性为总结,以点带面,强调对知识的综合应用,力求使本书达到联系加工实际,贴近生产一线,强化综合运用,突出应用特色的目标。

④以机床夹具及量具设计为主线,重在对原则、方法的应用和实践(辅以大量的典型实例),同时适当兼顾作为本科教材的知识体系的系统性和完整性。

⑤既有作为教材的理论体系,又有指导具体应用的实例分析,强调对知识的应用训练及实践。突出重点,实用性强,充分体现案例教学的特点。

本书建议教学学时为32~48学时,使用院校可根据具体情况增减。书中部分内容可供学生自学和课外阅读。

本书由陕西理工学院白海清教授任主编,陕西理工学院王燕燕、张士勇,四川理工学院张良栋任副主编,参加编写的有:白海清(绪论、第 1 章、第 5 章),王燕燕(第 2 章、第 3 章),张良栋(第 4 章),张士勇(第 6 章、第 7 章),四川理工学院刘明(第 8 章)。全书由白海清统稿。

全书由陕西理工学院何宁教授主审。

由于编写时间较紧且教材涉及面较宽,有些想法难以一并体现在教材中,加之我们水平有限,书中难免有错误和不妥之处,恳请读者和同行批评指正。

编　者
2012 年 9 月

目录

绪　论

0.1　产品的生产过程

社会的进步与社会生产力的不断提高是息息相关的,社会产品的大量生产需要更加先进的机器产品。机械制造企业就是要适应工业生产发展和人类物质文明生活的提高(即市场需要),制造出所需的更为先进的机器产品,以促进社会的进步和经济的不断增长。

机械产品经过设计、制造作为商品进入市场,与用户相联系,采集市场需求变化和制造中的反馈信息,对老产品进行必要的改进或开发新产品,再经过制造进入市场,同时设计和制造过程也必须随着科技进步不断改造才能适应市场的变化,以增强产品市场竞争力。企业的生产和经营活动应以市场需求为导向,就是为了适应不断变化的市场需求,以便稳定地占领一定的市场并力求扩大其销售数量,这是企业生存和发展所必需的条件。

狭义的产品生产过程,是指从原材料投入到成品产出的全过程,通常包括工艺过程、检验过程、运输过程、等待停歇过程及自然过程。工艺过程是生产过程的最基本部分。对于机械制造工艺过程,一般可划分为毛坯制造、零件加工和产品装配 3 个阶段。

广义的产品生产过程,是指企业范围内全部生产活动协调配合的运行过程,除上述过程外,还包括原材料投入之前的设计、购买、产品出厂后的售后服务,如图 0.1 所示。

产品的生产过程一般指的是狭义的产品生产过程,如图 0.2 所示。

生产技术准备是在产品投产前根据产品的设计信息必须完成的各项技术准备工作,包括制造工艺过程设计,工艺装备的设计、制造或备置,生产物资的供应计划与管理,生产计划、生产组织和生产调度。

在产品的生产过程中,对于那些将原材料转变为产品的直接有关过程,如毛坯制造、零件的机械加工、热处理、机器装配等,统称为机械制造工艺过程。

零件机械加工工艺过程就是根据零件的结构特点和技术要求,以及所用毛坯、生产数量、现有生产条件和科技进步等原始数据和资料加以综合分析研究,采用相应的加工方法和设备(机床和工装),并按照规定的加工步骤,直接改变毛坯的形状、尺寸、表面质量及材料性能,使毛坯逐步成为符合零件图样要求的合格零件的过程。把工艺过程和操作方法等按一定的格

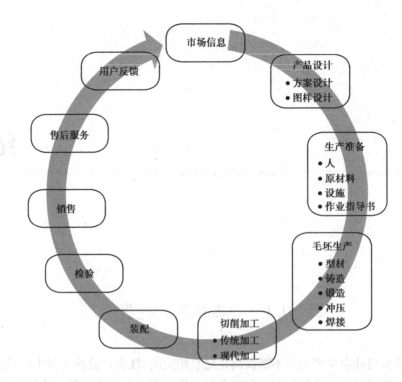

图 0.1　广义的产品生产过程

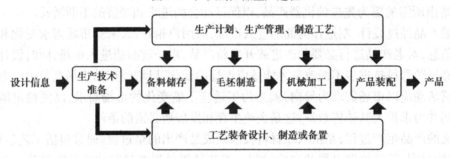

图 0.2　狭义的产品生产过程

式用文件的形式规定下来用于指导和组织生产,便成为工艺规程。

　　工艺规程设计就是追求在可靠地保证产品质量的前提下,不断地最大限度地提高生产率,尽可能地降低耗费、减少投资和降低制造成本,以及减轻生产者的劳动强度和改善劳动环境。这些目标往往是相互矛盾的,所谓制订先进合理的工艺规程,就是使这些矛盾在一定条件下的暂时统一和平衡。市场变化、科技进步和资金投入(如更新设备)等都会使这些矛盾发生变化,必须通过改进或改造,达到在新的条件下新的更高层次的统一和平衡。

　　工艺装备是指工艺过程中所必须使用的各种生产装置,如刀具、夹具、量具、辅具、物料输送和储存装置、上下料和物料交换等。工艺装备需要经过设计制造或配套组合(备置)后待用,应做到根据生产计划适时供应,避免待具停产现象的发生。

　　生产资料包括原材料标准件和配件、标准工装工具以及辅助材料等,应按其品种和数量(包括必要的库存)可以从市场上采购,经过妥善的运输和保管,做到按生产计划适时供应,避免待料停产现象的发生。

生产计划应尽可能做到与市场需求相适应,避免产品脱销和大量积压,要根据生产工艺过程的特点决定投入批量的大小和先后顺序,保证生产均衡有序地进行和减少在制品数量,减少资金的占有量和加速流动资金的周转。

生产组织包括设备和人员的组织,要建立和健全各级生产组织,各岗位要职责分明,应尽量做到与生产过程相适应。

生产调度是生产过程的具体安排和调节,包括设备调度、人员调度、工艺调度、物资调度等,是按时按量完成生产计划的保证。

0.2　工艺装备设计

机械加工和装配工艺过程是产品生产过程中两个很重要的阶段,不仅与产品质量直接有关,而且所耗费的劳动量占有较大的比例。据统计,机械加工的劳动消耗约占劳动总量的50%,装配过程的劳动消耗占总劳动量的20%以上。

机械加工工艺系统是为了完成零件加工工艺过程中一个工序的工艺内容而组建的。其组成和功能如图0.3所示。机床是组成机械加工工艺系统的基础设备,称为系统主机。夹具、刀具和量具等是根据加工对象(工件)的结构形状、加工表面尺寸和技术要求不同而配套选用的附属装置,称为工艺装备。

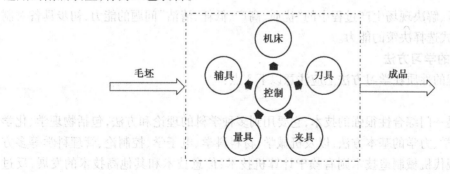

图0.3　机械加工工艺系统的组成

为了便于研究机械加工工艺系统的每一工作循环过程,将其有关生产劳动过程分解为基本劳动过程和辅助劳动过程。基本劳动过程是直接改变工件形状、尺寸、表面状况的切削加工过程,辅助劳动过程是为了完成基本劳动过程所必须进行的一些辅助工作的劳动过程,每一劳动过程都是由若干动作和运动连贯组合的,可称为一项“操作”,如进刀操作是由刀架启动、进给、定位、停止或速度转换等动作和运动连贯组合而完成的。

“控制”的功能是将各有关劳动过程有机地组合(工作程序)以达到经济合理和安全可靠地完成预定的生产加工任务。

工艺装备在机械制造过程中,对保证产品质量、降低生产成本和提高劳动生产率有着十分重要的影响。因此,提高工艺装备在生产中的利用因数对稳定生产、发展生产有着十分重要意义。所谓工艺装备设计,就是设计机械加工工艺系统中的刀、夹、量、辅具。其设计方法有传统设计法和现代设计法,这将在后续的章节中详细介绍。

0.3　本课程的性质及学习方法

（1）本课程的性质

"机床夹具及量具设计"是机械设计制造及其自动化专业机械制造方向的一门重要专业课,也是体现地方应用型本科院校办学理念的一门特色课程。它是将"认识实习""机械制造技术基础""生产实习"及"专业综合模块课程设计"等教学环节有机连接起来的一门课程。它以认识实习、生产实习、机械制造技术基础课程为基础,目的在于培养学生掌握机床夹具设计的方法,并从理论过渡到实际的制造一线,真正解决工程实际问题。

本课程的培养目标是通过本课程的学习,使学生获得以下5个方面的知识和能力:

①掌握机床夹具的作用和组成,以及机床专用夹具设计的原则、流程、一般方法等,在今后的学习和工作中能熟练地应用这些原则和方法。

②会解决制订工艺规程时常遇见的工装问题,掌握专用夹具设计过程中的工件定位原理,定位元件及其选择,定位误差的分析与计算,定位方案的分析与设计等。

③掌握机床夹具的夹紧方案设计、夹具体设计、结构设计以及夹具精度分析。

④了解机械加工过程中精度的检验方法、通用量仪量具的选用以及检验测量装置的设计。

⑤具有分析、解决现场生产过程中的"优质、高产、低耗、清洁"问题的能力,初步具备对制造系统、制造模式选择决策的能力。

（2）本课程的学习方法

针对本课程的性质在学习方法上应注意以下3点:

1）综合性

机械制造是一门综合性很强的技术,它要用到多种学科的理论和方法,包括物理学、化学的基本原理,数学、力学的基本方法,以及机械学、材料科学、电子学、控制论、管理科学等多方面的知识。而现代机械制造技术则有赖于计算机技术、信息技术和其他高技术的发展,反过来机械制造技术的发展又极大地促进了这些高技术的发展。

针对机械制造技术综合性强的特点,在学习本课程时,要特别注意紧密联系和综合应用以往所学过的知识,注意应用多种学科的理论和方法来解决机械制造过程中的实际问题。

2）实践性

机械加工工装设计本身是机械制造生产实践的总结,因此具有极强的实践性。工装设计技术是一门工程技术,它所采用的基本方法是"综合"。工装设计技术要求对生产实践活动不断地进行综合,并将实际经验条理化和系统化,使其逐步上升为理论;同时又要及时地将其应用于生产实践之中,用生产实践检验其正确性和可行性;并用经过检验的理论和方法对生产实践活动进行指导和约束。

针对工装设计实践性强的特点,在学习本课程时,要特别注意理论紧紧联系生产实践。除了参考大量的书籍之外,更重要的是必须重视实践环节,即通过实验、实习、设计及工厂调研来更好地体会、加深理解。加强感性知识与理性知识的紧密结合,是学习本课程的最好方法。一方面,应看到生产实践中蕴藏着极为丰富的知识和经验,其中有很多知识和经验是书本中找不到的。对于这些知识和经验，不仅要虚心学习，更要注意总结和提高，使之上升到理论的高度。另一方面，在生产实践中还会看到一些与技术发展不同步、不协调的情况，需要不断地加以改进和完善，即使是技术先进的生产企业也是如此。因此，必须善于运用所学的知识，去分析和处理实践中的各种问题。

3）灵活性

生产活动是极其丰富的，同时又是各异的和多变的。机械制造技术总结的是机械制造生产活动中的一般规律和原理，将其应用于生产实际要充分考虑企业的具体状况，如生产规模的大小，技术力量的强弱，设备、资金、人员的状况，等等。生产条件的不同，所采用的生产方法和生产模式可能完全不同。而在基本相同的生产条件下，针对不同的市场需求和产品结构以及生产进行的实际情况，也可以采用不同的工艺方法和工艺路线。这充分体现了机械制造技术的灵活性。

针对机械制造的这些特点，在学习本课程时，要特别注意充分理解工装设计的基本概念，牢固掌握机床夹具及量具设计的基本理论和基本方法，以及这些理论和方法的综合应用。要注意向生产实际学习，积累和丰富实际知识和经验，因为这些是掌握工装设计技术基本理论和基本方法的前提。

第 1 章
工艺装备设计概述

1.1　概　述

工艺装备简称"工装",是指为实现工艺规程所需的各种刀具、夹具、量具、模具、辅具、工位器具等的总称。使用工艺装备的目的,有的是为了制造产品所必不可少的,有的是为了保证加工的质量,有的是为了提高劳动生产率,有的则是为了改善劳动条件。

工艺装备按照其使用范围,可分为通用和专用两种。

①通用工艺装备(简称通用工装)。适用于各种产品,如常用刀具、量具等。

②专用工艺装备(简称专用工装)。仅适用于某种产品、某个零部件、某道工序的,属专用资产,且大多单件金额较高,符合固定资产的定义和确认条件。专用的工装由企业自己设计和制造,而通用的工装则由专业厂制造。

工艺装备的准备,对通用工装只需列列明细表,交采购部门外购即可。因此,工装的大量准备工作主要是在专用工装的设计和制造上。因为专用工装的准备工作,类似企业产品的生产技术准备工作,它也需要一整套设计、制图、工艺规程、二类工装准备、材料、毛坯的准备加工与检验等一系列的过程。

工艺装备的设计方法可分为传统设计方法和现代设计方法两种。

1.1.1　传统设计方法

传统的设计方法是通过人(设计者)对各个具体零件的加工工艺过程和各个具体的工艺装备进行独立的设计。这种设计方法,尽管有同一的设计理论作指导,有各种标准资料和图册作参考,而设计的结果往往是不一样的,即使是同一个人的前后两次设计,其设计结果也不会是完全相同的。因为这种设计方法主要是依赖设计者的学识和经验,而人的主观愿望和作风也往往起着很大的作用,并随时间和环境的不同而变化。这种设计方法,个人的生产经验和工作经验是最重要的,可以充分发挥人的主观能动性和创造性,但由于这种设计方法的上述固有特征,使设计工作不可能达到标准化、通用化、系列化的要求,必然会给生产带来很多不便。

1.1.2 现代设计方法

现代设计方法是在数控技术和计算机技术基础之上,用成组技术、系统工程、最优化原理、现代控制理论等近代科学理论作指导,从产品和生产过程的总体出发,从共性的研究中派生出具体的零件机械加工工艺过程和工艺装备的设计方法。根据生产任务进行工艺分析,将制造系统中所生产的各个零件所需的夹具、刀具和数控程序备置齐全并分别汇集,形成制造系统的程序库、刀具库和夹具库,并将制造系统中的各种工装备置齐全并存储备用,可以随机变换生产零件清单中的各种零件,适时调用所需工装。对自动化柔性制造系统,数控工具系统就像一个"流动的工具柜",能根据计算机控制系统的调度,自动地供应生产中所需的各种工装。

现代设计方法是与现代柔性制造技术相适应的设计方法。它的设计指导思想是建立在产品不断变化的基础之上,不以产品的批量为设计依据,针对多种产品,通过成组和系统的研究,从提高制造工艺和工装的标准化和系列化程度,扩大其通用化、重复组装和重复利用的程度,达到在迅速改变产品的条件下,可靠地保证产品质量、提高生产率和机床利用率、降低产品成本和提高企业经济效益的目的。这种设计方法,不以生产数量来划分生产类型,而以生产技术和设备工装的自动化和集成化程度来划分技术层次,具有应变能力强、设计的统一性、简化生产准备、缩短生产准备周期、工装利用率高等优点。

1.2 工件的装夹方法

在机床上进行加工时,必须先把工件放在准确的加工位置上,并把工件固定,以确保工件在加工过程中不发生位置变化,才能保证加工出的表面达到规定的加工要求(尺寸、形状、位置精度),这个过程称为装夹。简言之,确定工件在机床上或夹具中占有准确加工位置的过程称为定位;在工件定位后用外力将其固定,使其在加工过程中保持定位位置不变的操作称为夹紧。装夹就是定位和夹紧过程的总和。

工件在机床上的装夹方法主要有用找正法装夹工件和用夹具装夹工件两种。

1.2.1 用找正法装夹工件

所谓找正装夹,就是以工件的有关表面或专门的人为划线为依据(基准),用划针或百(千)分表等为工具,找正工件相对于机床(或刀具)的位置,即实现要求的定位,然后把工件夹紧。其中,以工件的有关表面为依据找正称为直接找正;以工件上的人为划线为依据找正称为划线找正。

直接找正装夹效率很低,对操作工人技术水平要求高,但如用精密量具细心找正,可以获得很高的定位精度(0.005~0.010 mm)。这种方法多用于单件小批生产。与直接找正装夹方法相比,划线找正方法增加了技术水平要求高、且费工费时的划线工作,生产效率更低。由于所划线条自身就有一定宽度,故其找正误差大(0.2~0.5 mm)。这种方法多用于单件小批生产中难以用直接找正方法装夹的、形状较为复杂的铸件或锻件。

1.2.2　用夹具装夹工件

所谓夹具装夹,就是使用专用夹具,利用夹具上的定位元件与工件的对应表面(定位面)相接触,使工件相对于机床(或刀具)获得正确位置,并用夹具上的夹紧装置把工件夹紧。

如图1.1(a)所示的一批工件,除槽子外其余各表面均已加工,现要求在立式铣床上铣出图示加工要求的槽子,现采用如图1.1(b)所示的夹具装夹。工件以底面、侧面和端面定位,分别支承在支承板2、C型支承钉3和A型支承钉4上,这样就确定了工件在夹具中的正确位置,然后旋紧夹紧螺母8,通过夹紧压板7把工件夹紧,完成工件的装夹过程。

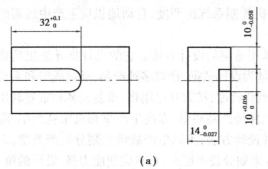

(a)

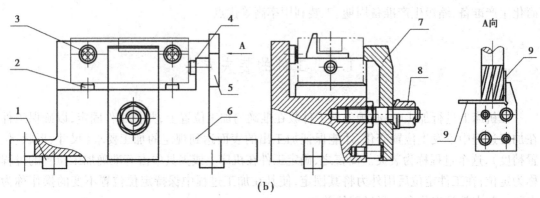

(b)

图1.1　铣槽工序用的铣床夹具

1—定位键;2—支承板;3—C型支承钉;4—A型支承钉;
5—对刀块;6—夹具体;7—夹紧压板;8—夹紧螺母;9—塞尺

使用夹具装夹,易于保证加工精度,缩短装夹时间,提高生产率,减轻工人的劳动强度和降低对工人的技术水平的要求。成批生产和大量生产中广泛采用夹具装夹。

1.3　夹具的工作原理和作用

1.3.1　夹具的工作原理

用如图1.2来说明如图1.1(b)所示铣槽夹具的主要工作原理。图1.2表示铣槽夹具安装在立式铣床工作台上的情况。当夹具安装在铣床工作台上后,通过铣槽夹具保证支承板与工作台面平行,夹具利用两个定位键 2 与铣床工作台的 T 形槽配合,保证夹具与铣床纵向进给方向平行。夹具上装有对刀块 5(见图 1.1),利用对刀塞尺 10(见图 1.1)塞入对刀块工作面与立铣刀 4 的切削刃之间来确定铣刀相对对刀块的正确位置,也就保证了立铣刀 4 与工件被加工面之间的正确位置。加工一批工件时,只要在允许的刀具尺寸磨损限度内,都不必调整刀具位置。无须进行试切,直接保证加工尺寸要求。这就是用夹具装夹工件时,采用调整法达到尺寸精度的工作原理。

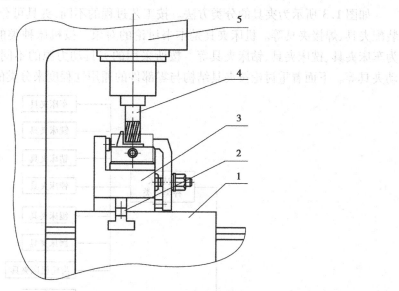

图 1.2　铣槽夹具在铣床上的安装示意图
1—铣床工作台;2—夹具的定位键;3—铣槽夹具;4—立铣刀;5—铣床床身

从以上铣槽夹具实例中,可归纳出夹具工作原理的要点如下:

①使工件在夹具中占有准确的加工位置。这是通过工件各定位表面与夹具的相应定位元件的定位工作面接触、配合或对准来实现的。

②夹具对于机床应先保证有准确的相对位置,而夹具结构又保证定位元件的定位工作面对夹具与机床相连接的表面之间的相对准确位置,这就保证了夹具定位工作面相对机床切削运动形成表面的准确几何位置,也就达到了工件加工面对定位基准的相互位置精度要求。

③使刀具相对有关的定位元件的定位工作面调整到准确位置,这就保证了刀具在工件上加工出的表面对工件定位基准的位置尺寸。

1.3.2　夹具的作用

夹具是机械加工中不可缺少的一种工艺装备,应用十分广泛。它能起以下作用:

①保证稳定可靠地达到各项加工精度要求。

②缩短加工工时,提高劳动生产率。

③降低生产成本。

④减轻操作者的劳动强度。

⑤可由较低技术等级的操作者进行加工。

⑥能扩大机床工艺范围。

9

1.4 夹具的分类与组成

1.4.1 夹具的分类

如图 1.3 所示为夹具的分类方法。按工艺过程的不同,夹具可分为机床夹具、检验夹具、装配夹具、焊接夹具等。机床夹具是本书讨论的对象。按机床种类的不同,机床夹具又可分为车床夹具、铣床夹具、钻床夹具等。按所采用的夹具动力源的不同,又可分为手动夹具、气动夹具等。下面着重讨论按夹具结构与零部件的通用性程度来分类的方法。

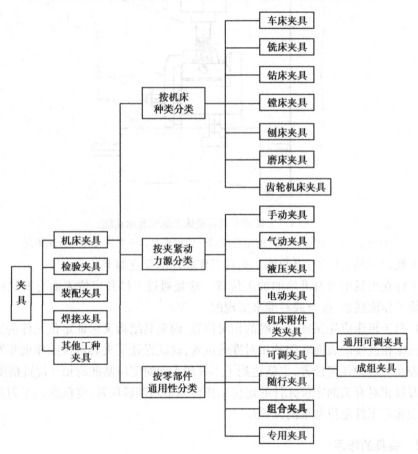

图 1.3 夹具分类

三爪卡盘、四爪卡盘、机用虎钳、电磁工作台这一类属于机床附件的夹具。其结构的通用化程度高,既可适用于多种类型不同尺寸工件的装夹,又能在各种不同的机床上使用。由于它们已有专门的机床附件厂生产供应,因此在本书中不再进行介绍。

通用可调夹具和成组夹具统称可调夹具。它们的机构通用性好,只要对某个可调夹具上的某些零部件进行更换和调整,便可适应多种相似零件的同种工序。

随行夹具是自动或半自动生产线上使用的夹具。虽然它只适用于某一种工件,但毛坯装上随行夹具后,可从生产线开始一直到生产线终端在各位置上进行各种不同工序的加工。根据这一点,它的结构也具有适用于各种不同工序加工的通用性。

组合夹具的零部件具有高度的通用性,可用来组装成各种不同的夹具。但一经组装成一个夹具后,其结构是专用的,则只适用于某个工件的某道工序的加工。目前,组合夹具也向结构通用化方向发展。

图1.1所介绍的夹具是专为某个工件的某道工序设计的,称为专用夹具。它的结构和零部件都没有通用性。专用夹具需专门设计、制造,夹具生产周期长。若产品改型,原有专用夹具就要被废置,因此难以适应当前机械制造工业向柔性生产方向发展的需要。

1.4.2 夹具的组成

如图1.4所示为分度钻床夹具。图1.4(a)是被加工零件,要求沿圆周钻16个均布的$\phi 4$孔,孔轴线距左端面的位置尺寸为17。在图1.4(b)的夹具中,工件8以内孔在心轴5上定位,端面紧靠在分度盘(棘轮)3的平面上。螺母7通过开口垫片6夹紧工件。钻模板2上装有钻套4,其引导钻头的孔的轴线距分度盘3平面的位置尺寸为17,以保证钻出孔达到位置尺寸要求。钻好一孔后,顺时针转动手轮1,带动分度盘3连同工件一起转动。分度盘上的棘轮(齿数16)把棘爪9压下,使棘爪与第二齿啮合,带动工件转过22.5°,继续钻第二孔。如此重复一周,就可完成16等分的钻孔。由于工件材料是黄铜,孔径又小,因此分度装置没有锁紧机构,加工中依靠操作者用手紧握手轮1并略向逆时针方向转动,使棘轮的径向齿面紧靠棘爪,以防止分度盘在加工过程转动。夹具以夹具体10的底面安装在钻床工作台上,根据钻头能顺利伸入钻套导引孔来调整好夹具的位置,再用压板将其压紧在钻床工作台上。

根据图1.1和图1.4两套机床夹具,可归纳出机床夹具的主要组成部分有:

①定位元件。如图1.1所示的支承板2、支承钉3和4,图1.4中的心轴5和棘轮3,都是定位元件。它们以定位工作面与工件的定位基面相接触、配合或对准,使工件在夹具中占有准确位置,起到定位作用。

②夹紧装置。如图1.1所示的压板7和夹紧螺母8等组成的螺钉压板部件,图1.4中的夹紧螺母7和开口垫片6,都是施力于工件,克服切削力等外力作用,使工件保持在正确的定位位置上的夹紧装置或夹紧件。

③对刀元件。如图1.1所示的对刀块5,根据它来调整铣刀相对夹具的位置。

④导引元件。如图1.4所示的钻套4,它导引钻头加工,决定了刀具相对夹具的位置。

⑤其他装置。如图1.4所示的棘轮3和棘爪9组成的分度装置,利用它进行分度加工。

⑥连接元件和连接表面图1.1中的定位键1与铣床工作台的T形槽相配合决定夹具在机床上的相对位置,它就是连接元件。图1.1和图1.4中与机床工作台面接触的夹具体的底面则是连接表面。此外,图1.1中夹具体两侧的U形耳座的U形槽面,可供T形螺栓穿过,并用螺母把夹具紧固,它也属于连接表面。

⑦夹具体。它是夹具的基础元件,夹具上其他各元件都分别装配在夹具体上形成一个夹具的整体,如图1.1和图1.4所示的夹具体。

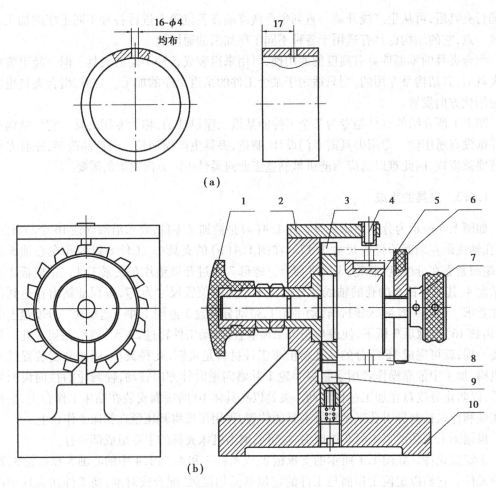

(a)

(b)

图 1.4　钻 16-φ4 孔夹具

1—分度操纵手轮;2—钻模板;3—分度盘(棘轮);4—钻套;5—定位心轴;
6—开口垫片;7—夹紧螺母;8—工件;9—对定机构(棘爪);10—夹具体

1.5　测量方法和量具分类

机械制造中,用来测量工件几何量(长度、角度、形位误差、表面粗糙度等)的各种器具称为计量器具。它主要是指量具量仪。

量具量仪在保证产品质量中起着十分重要的作用。狭义的产品质量,是指产品对规定的质量标准和技术条件的符合程度。它是以检验其是否符合技术条件、符合图样、符合质量标准以及符合的程度为基础来进行评价的。为了保证产品质量,企业对产品的原材料、毛坯、半成品、成品及外购件、外协件等应进行全面的检验。对外购的工具、夹具、量具、刀具、模具、仪器及设备等必须作入厂验收检验。由于检验工作离不开量具量仪,故合理地选择或正确地设计计量器具是保证产品质量的重要环节。

本书重点讲述工件加工过程中测量检验用的量具量仪。

1.5.1 测量方法分类

一般来说,测量方法是指测量方式、测量条件和计量器具的综合。在实际工作中,往往仅指获得测量值的方式。

按获得测量结果的方法不同,测量方法可分为直接测量和间接测量。

①直接测量。直接由计量器具上得到被测量的测量值,如用游标卡尺测量轴径。

②间接测量。通过直接测量与被测尺寸有已知关系的其他尺寸,再通过计算而得到被测尺寸的测量方法,常用于直接测量不易测准,或由于被测件结构限制而无法进行直接测量的场合。

按计量器具示值(或读数)所反映被测尺寸的不同方式,测量方法可分为绝对测量和相对测量。

①绝对测量(又称全值法)。由计量器具的读数装置可以直接得到被测量的整个量值。

②相对测量(又称比较测量)。由计量器具的读数装置只能得到被测尺寸相对标准量的偏差值的测量。如在测微仪上用量块对零后,测量零件尺寸相对量块尺寸的偏差。

按测量时加工过程的作用不同,测量方法可分为被动测量和主动测量。

①被动测量(又称消极测量)。是对加工后的零件进行的测量,并按测量结果挑出废品。

②主动测量(又称积极测量)。是在加工过程中测量零件的参数变化,并利用这种变化控制调整机床和刀具,以使加工的参数(如尺寸)合格,防止废品产生。

测量方法还可按同时测量的参数多少,分为单项测量和综合测量;按测量时是否有机械测量力,分为接触测量和非接触测量;按被测工件在测量过程所处的状态,分为静态测量和动态测量;按实施测量的主体,分为自动测量和非自动测量,等等。

1.5.2 量具量仪分类

量具量仪按用途不同分为以下3类:

①标准量具。是指测量时体现标准量的量具。其中,只体现某一固定量的称为定值标准量具,如基准米尺、量块、直角尺等;能体现某一范围内多种量值的称为变值标准量具,如线纹尺、多面棱体等。

②通用量具量仪。是指通用性较大,可用来测量某一范围内的各种尺寸(或其他几何量),并能获得具体读数值的计量器具,如游标卡尺、指示表、测长仪、工具显微镜、三坐标测量机等。

③专用量具量仪。是指专门用来测量某个或某种特定几何量的计量器具,如圆度仪、齿距检查仪、丝杠检查仪、量规等。

量具量仪按原始信号转换原理不同,分为以下4类:

①机械式量具量仪。用机械方法来实现原始信号转换的计量器具,如微动螺旋副式的千分尺、杠杆比较仪、机械式万能测齿仪等。这种器具结构简单,性能稳定,使用方便。

②光学量仪。是指用光学方法来实现原始信号转换和放大的计量器具,如光学比较仪、万能工具显微镜、投影仪等。该类仪器精度高、性能稳定,在几何量测量中占有重要地位。

③电动量仪。是指将原始信号转换为电量来实现几何量测量的计量器具,如电感式比较仪、电动轮廓仪、圆度仪等。其特点是精度高,易于实现数据自动处理和显示,可实现计算机

辅助测量和自动化。

④气动量仪。是指以压缩空气为介质,通过气动系统的状态变化来实现原始信号转换的计量器具,如水柱式气动量仪、浮标式气动量仪等。此类量仪结构简单,可进行远距离测量,也可对难于用其他转换原理测量的部件(如深孔部位)进行测量,但示值范围小,对不同被测参数需要不同的测头。

1.6　量具量仪的选择

量具量仪的误差在测量误差中占有较大的比例,因此,正确、合理地选择量具量仪,对减小测量误差有重要的意义。如果选用不当,有时还会将废品作为合格品,或将合格品误判为废品。

1.6.1　量具量仪的选择原则

量具量仪的选择,主要决定于量具量仪的技术指标和经济指标,综合起来有以下6点:

①根据被检验工件的数量来选择。数量小,选用通用量具量仪;数量大,选用专用量具和检验夹具(测量装置)。最常用的是极限量规。

②根据被检验工件尺寸大小要求来选择。所选量具量仪的测量范围、示值范围、分度值等能满足要求。测量器具的测量范围能容纳工件或探头能伸入被测部位。

③根据工件的尺寸公差来选择。工件公差小,选精度高的量具量仪;反之,选精度低的量具量仪。一般量具量仪的极限误差占工件公差的1/10～1/3,工件精度越高,量具量仪极限误差所占比例越大。

④根据量具量仪不确定度的允许值来选择。在生产车间选择量具量仪,主要按量具量仪的不确定度的允许值来选择。

⑤应考虑选用标准化、系列化、通用化的量具量仪,便于安装、使用、维修和更换。

⑥应保证测量的经济性。从测量器具成本、耐磨性、检验时间、方便性和检验人员的技术水平来综合考虑其测量的经济性。

1.6.2　量具量仪的选择方法

(1)按检验标准规定选择

GB/T 3177—2009《产品几何技术规范(GPS)光滑工件尺寸的检验》规定了光滑工件尺寸检验的验收原则、验收极限、计量器具的测量不确定度允许值和计量器具选用原则。它适用于使用通用计量器具,如游标卡尺、千分尺及车间使用的比较仪、投影仪等量具量仪,对图样上注出的公差等级为6～18级(IT6—IT18)、公称尺寸至500 mm的光滑工件尺寸的检验,也适用于对一般公差尺寸的检验。

(2)按测量方法精度因数选择

测量方法精度因数 K 等于测量方法极限误差 ΔL_m 除以被测工件公差值 T,即

$$K = \frac{\Delta L_m}{T} \times 100\%$$

K 值的选取如表 1.1 所示,此方法用于没有标准规定的其余工件的检验。

表 1.1　测量方法精度因数

工件公差等级	IT6	IT7	IT8	IT9	IT10	IT11	IT12—IT16
$K/\%$	32.5	30	27.5	25	0	15	10

总之,量具和量仪的选用是一个综合性的问题,应根据具体情况做具体分析并选用。在能保证测量精确度的情况下,应尽量选择使用方便和比较经济的量具和量仪。选用过高或过低精度的量具量仪都是不合理的。选用过高精度的量具和量仪也是不必要的,因易于破坏仪器的精度,使仪器使用寿命缩短。例如,有的企业为了测量方便,不考虑被测工件的精度,一律在万能工具显微镜上测量工件尺寸、键槽对称度等,这显然是不合适的。

在工厂成批生产中,应多选用量规、卡板等专用量具。专用量具虽然不能测量出工件的实际尺寸,但它能测量出零件的尺寸和形状是否在公差范围内,是否合格。专用量具具备测量可靠、操作简单方便、效率高、经济性好等优点。

1.7　工装辅具设计

工装辅具主要有机床辅具、装配工具及机械加工自动化系统的辅助装置等。

1.7.1　机床辅具

机床辅具是指连接机床和刀具的工具,是许多机械加工不可缺少的工具。最典型的辅具是刀具回转类机床上所用的各类刀杆或连接接杆。机床正是利用这些辅具,方便地进行镗、铣、钻等切削加工。机床辅具的精度直接影响加工质量,而高效、灵活、高精度的机床辅具对降低生产成本,提高加工效率和精度起着重要的作用。

机床辅具按功用通常可分为以下 3 大类:

①以车床辅具为代表的刀具非回转类辅具,多用于车床、刨床、插床等机床,结构简单,制造精度低,刀杆常与机床刀座接触,柄部多为方形,多为制造厂家自己制造,对加工精度影响低。

②以镗、铣类机床辅具为代表的刀具回转类辅具,多用于铣床、镗床、钻床、加工中心等机床,其精度直接影响加工精度。该类辅具的结构由刀柄和刀杆组成,刀柄多为莫氏锥度或7:24 锥度,与机床主轴连接,刀杆用于装夹刀具。

③数控机床辅具,如我国的 TSG82 数控工具系统。该系统主要是与数控镗铣床配套的辅具,包括接长杆、连接刀柄、镗铣类刀柄、钻扩铰类刀柄及接杆等。

1.7.2　装配工具

装配工具是指机械制造工艺装备和机械产品在制造过程的装配阶段所使用的工具。由于装配工作涉及的领域和范围较广,故装配工具的种类繁多。按其所起的作用,它可分为螺纹连接工具、过盈连接工具、刮研工具、装配辅具及检测辅具等,同时包括清洗和平衡装置。

清洗和平衡也是装配工作中的两种重要方法,它们对于提高装配质量,提高工艺装备和机械产品的工作性能,延长使用寿命等都有重要意义。以清洗为例,其清洗质量与产品的质量密切相关,特别是对轴承、精密偶件以及有高速相对运动的接合面的作用尤为重要。

1.7.3 机械加工自动化系统的辅助装置

机械加工自动化系统的辅助装置主要有自动装卸料装置、工件输送系统、储料仓库系统、机械手与机器人、传送机、搬用小车(AGV)、堆垛起重机等。

复习与思考题

1.1 什么是工艺装备?它有哪些类型?

1.2 机械加工过程中,工件的装夹方法有哪些?举例说明。

1.3 机床夹具的作用是什么?它们是如何分类的?

1.4 机床专用夹具由哪些部分组成?

1.5 测量方法有哪些?所用到的量具有哪些?

1.6 简述量具量仪的选择原则及方法。

1.7 工装辅具有哪些?

第**2**章
工件在夹具中的定位

2.1 概　述

机械加工过程中,为保证工件某工序的加工要求,必须使工件在机床上相对刀具的切削成形运动处于准确的相对位置。当用夹具装夹加工一批工件时,被加工工件正是通过夹具使其相对刀具及切削成形运动保持准确位置,并实现该工序的加工精度要求的。而要实现此要求又必须保证3个条件:

①一批工件在夹具中占有准确的加工位置。

②夹具安装在机床上的准确位置。

③刀具相对夹具的准确位置。

解决一批工件在夹具中占有准确的加工位置,就是本章所要讨论的定位问题。

工件在夹具中的定位对保证本工序加工要求有着重要影响。对单个工件而言就是使工件准确占据定位元件所规定的位置,而对于一批工件而言,由于一批工件和夹具定位元件都有制造误差,每个工件依次放入夹具中定位时,其几何位置不可能完全一样,常会产生微小的差异而造成加工误差,只要这些误差占加工允差比例较小能保证加工要求,还是允许的。因此,工件在夹具中的定位问题所涉及的只是有关一批工件占有准确的几何位置问题,也就是保证一批工件位置的一致性。在解决这个主要问题的基础上设计合理的定位方案,就是学习本章的主要目的与任务。

2.2　工件定位基本原理

2.2.1　工件定位基本原理

(1)自由度概念

工件在夹具中的定位问题,可以用类似于确定刚体在空间直角坐标系中位置的方法加以分析。工件在没有采取定位措施以前，与空间自由状态的刚体相似，每个工件在夹具中的位置可以是任意的、不确定的。对一批工件来说，它们的位置是不一致的。这种状态在空间直角坐标系中可以用如图 2.1 所示物体的 6 个方面的独立部分加以表示。

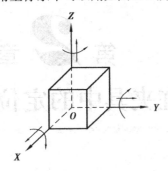

图 2.1　物体的 6 个自由度

一个物体在三维空间中可能具有的运动，称为自由度。

沿 X 轴移动的不确定，称为沿 X 轴的移动自由度，以 $\vec{X}$ 表示；

沿 Y 轴移动的不确定，称为沿 Y 轴的移动自由度，以 $\vec{Y}$ 表示；

沿 Z 轴移动的不确定，称为沿 Z 轴的移动自由度，以 $\vec{Z}$ 表示；

绕 X 轴转动的不确定，称为绕 X 轴的转动自由度，以 $\hat{X}$ 表示；

绕 Y 轴转动的不确定，称为绕 Y 轴的转动自由度，以 $\hat{Y}$ 表示；

绕 Z 轴转动的不确定，称为绕 Z 轴的转动自由度，以 $\hat{Z}$ 表示。

6 个方面的自由度都存在，是工件在夹具中所占空间位置不确定的最高程度，即工件在空间最多只能有 6 个自由度。

（2）六点定位原理

工件的定位，就是采取适当的约束措施，来消除工件的 6 个自由度，以实现工件的定位。如图 2.2 所示为长方体工件的定位。如图 2.3 所示为圆盘工件的定位。如图 2.4 所示为轴类工件的定位。

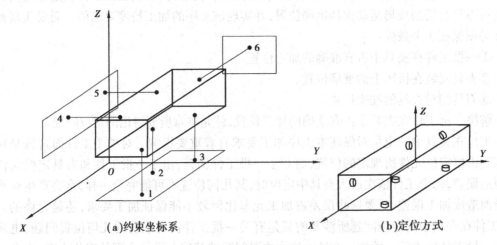

（a）约束坐标系　　　　　　　　　　　**（b）定位方式**

图 2.2　长方体工件的定位

六点定位原理是采用 6 个按一定规则布置的支承点，使工件的 6 个自由度全部被限制，其中每个支承点相应地限制一个自由度，也称六点定则。如图 2.2、图 2.3、图 2.4 所示都是完全定位的实例。

通过上述分析，说明了六点定位原则的 3 个主要问题：

①定位支承点是定位元件抽象而来的。在夹具的实际结构中，定位支承点是通过具体的定位元件体现的，即支承点不一定用点或销的顶端，而常用面或线来代替。根据数学概念可知，两个点决定一条直线，3 个不共线的点决定一个平面，即一条直线可以代替两个支承点，一个平面可代替 3 个支承点。在具体应用时，还可用窄长的平面（条形支承）代替直线，用较小的平面来替代点。

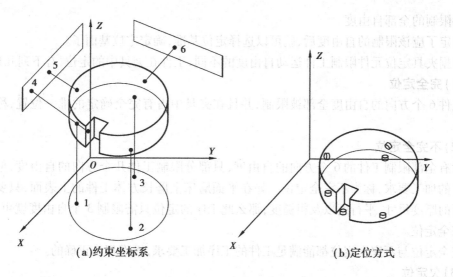

图 2.3　圆盘工件的定位

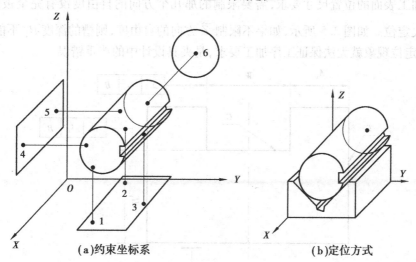

图 2.4　轴类工件的定位

②定位支承点与工件定位基准面始终保持接触,才能起到限制自由度的作用。

③分析定位支承点的定位作用时,不考虑力的影响。工件的某一自由度被限制,是指工件在某个坐标方向有了确定的位置,并不是指工件在受到使其脱离定位支承点的外力时不能运动。使工件在外力作用下不能运动,要靠夹紧装置来完成。

2.2.2　工件在夹具中定位的几种情况

工件定位时,其自由度可分为以下两种:一种是影响加工要求的自由度,另一种是不影响加工要求的自由度。为了保证加工要求,第一种自由度必须严格限制,第二种自由度根据加工时切削力、夹紧力的情况以及控制切削行程的需要等决定是否限制,不影响加工精度。

在工件定位方案设计过程中,分析应该限制的自由度时,应该对照零件的工序简图,明确该工序的加工要求(包括工序尺寸和位置精度等)。然后建立空间直角坐标系,对 6 个自由度逐个进行判断,判断出影响加工要求的自由度和不影响加工要求的自由度,也就明确了该工

19

序需要限制的全部自由度。

确定了应该限制的自由度后,就可以选择定位基准,确定定位基面了。

根据夹具定位元件限制工件运动自由度的不同,工件在夹具中的定位,有下列几种情况:

(1)完全定位

工件6个方向的自由度全部被限制,并且在夹具中占有完全确定的唯一位置,称为完全定位。

(2)不完全定位

没有全部限制工件的6个方向的自由度,只部分限制工件几个方向的自由度,但已能满足工序的加工要求,称为不完全定位。如在平面磨床上磨长方体工件的上表面,只要求保证上下面的厚度尺寸、平行度以及粗糙度,那么此工序的定位只需限制3个自由度就可以了,这是不完全定位。

完全定位与不完全定位都能满足工件的工序加工要求,因而都是正确的。

(3)欠定位

根据加工表面的位置尺寸要求,需要限制的那几个方向的自由度没有完全被限制,这种现象称为欠定位。如图 2.5 所示,如果不限制 $\vec{Z}$ 方向的自由度,则槽的深度 H_1 不能保证。因此,发生欠定位现象就无法保证工序加工要求,是夹具设计中的严重错误。

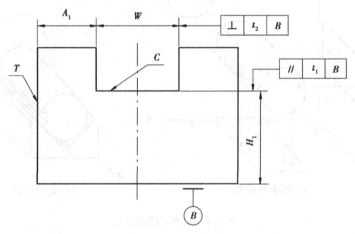

图 2.5　长方体工件上铣键槽

(4)重复定位(或过定位)

几个定位元件重复限制工件同一方向(或同几个方向)的自由度的现象称为重复定位。用 4 个球头支承钉定位工件的一个毛坯平面便形成重复定位现象。4 个球头支承钉虽然在同一平面内,但工件定位面是一个毛坯平面,形状误差很大,它只能与 3 个球头支承钉保持接触而不可能与 4 个球头支承钉同时接触,但由于 4 个球头支承钉都要起定位作用,因而出现毛坯平面只与其中任意 3 个球头支承钉接触的情况,使一批工件可能占有多个不同位置,造成工件位置不确定。因此,为了避免重复定位现象,一般都只用 3 个球头支承钉定位一个毛坯平面。

如图 2.6 所示的定位,若平面粗糙,支承钉和支承板不能保证在同一平面,则这种情况是不允许的。若平面经过精加工,支承钉和支承板又在安装后统一磨削过,保证了它们在同一平面上,则此过定位是允许的。

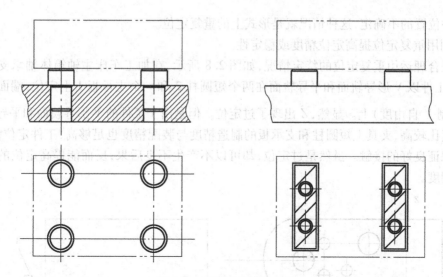

图 2.6　平面定位的过定位

如图 2.7 所示为另一些过定位问题及采取的改进措施,读者可以自己分析。

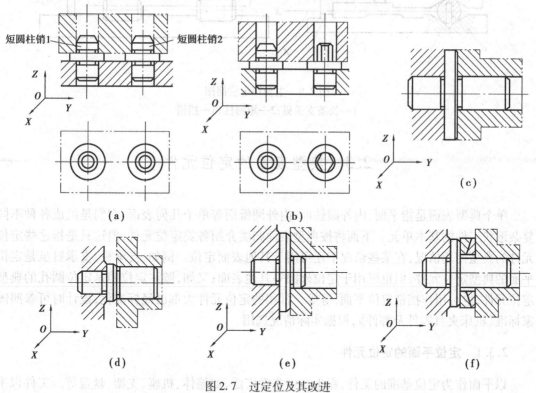

图 2.7　过定位及其改进
(a)、(c)过定位　(b)、(d)、(e)、(f)改进方案

但是在实际生产中会遇到采用重复定位的方式。因为在某些情况下采用这种定位方式不但不会引起矛盾,有时还能得到较好的定位效果,这就是重复定位的合理应用。

(5)允许出现重复定位(过定位)的情况

1)形式上的重复定位

虽然几个定位元件形式上重复限制工件相同方向的自由度但并没有产生相互干涉,没有形成工件位置的不确定,这种情况就是形式上的重复定位。

2)利用重复定位提高定位精度或稳定性

这是合理运用重复定位的特定情况,如图 2.8 所示,在加工车床主轴箱体轴承支承孔的工序中,工件以 V 形导轨面和平导轨面在两个短圆柱 2 和一个支承板 1 上定位,端面靠在挡销 3(限制 $\vec{Y}$ 自由度)上。显然,$\vec{Z}$ 出现了过定位。但是由于工件的 V 形导轨面和平导轨面的形位精度比较高,夹具上短圆柱和支承板的制造精度与装配精度也足够高,工件定位时,定位副就能保证良好的接触。虽然是过定位,却可以不产生不良后果,反而能提高定位的稳定性与支承刚度。

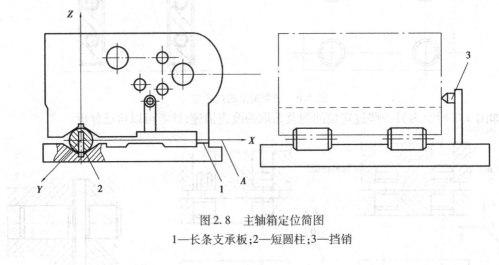

图 2.8　主轴箱定位简图
1—长条支承板;2—短圆柱;3—挡销

2.3　典型表面的定位元件

单个典型表面是指平面、内外圆柱面、内外圆锥面等单个几何表面,它们是组成各种不同复杂形状工件的基本单元。下面将按典型表面归类介绍各类定位元件,但这只是指这些定位元件的典型使用情况,在某些情况下还可用于其他表面定位。例如,支承板、支承钉虽是定位平面的典型定位元件,但也可用于定位外圆等其他表面;又如,圆柱定位销是定位圆孔的典型定位元件,也可用作挡销定位平面,等等。常用的定位元件大都已经标准化,设计时可参照国家标准《机床夹具零件及部件》,根据实际情况选用。

2.3.1　定位平面的定位元件

以平面作为定位基准的工件,在生产中非常广泛,如箱体、机座、支架、盘盖等。工件以平面定位时,常用的定位元件有支承钉、支承板、可调支承、自位支承及辅助支承。

(1)支承钉

标准的支承钉结构如图 2.9 所示。图 2.9(a)是平头支承钉,减少磨损,避免压坏定位基准面,常用于精基准定位。图 2.9(b)是圆头支承钉,保证与工件定位基准面的点接触,位置相对稳定,但易磨损。多用于粗基准定位。图 2.9(c)是花头支承钉,由于其容易存屑,增大摩擦力,常用于侧面粗定位。支承钉的尾柄与夹具体上的基准孔配合为过盈配合,多选为

H7/n6 或 H7/m6。图 2.9(d)为带衬套支承钉,由于它便于拆卸和更换,一般用于批量大、磨损快、需要经常修理的场合。

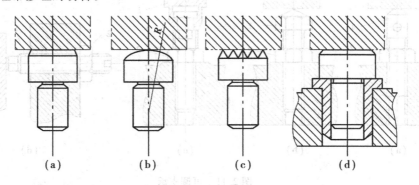

图2.9　支承钉

(2)支承板

如图 2.10 所示为标准的支承板,用来定位加工过的精基准平面。支承板是狭长形状,比平头支承钉的定位工作面大。图中,A 型支承板结构简单,便于制造,但切屑易落入沉头螺钉头部与沉头孔配合处,不易清除,常用于侧面或顶面定位。B 型支承板的工作平面上开有斜槽,其深度为 1.5～2.5 mm。沉头孔位于斜槽内,由于支承板定位工作平面高于紧固螺钉沉头孔,因此易保持定位工作面清洁,常用于底面定位。

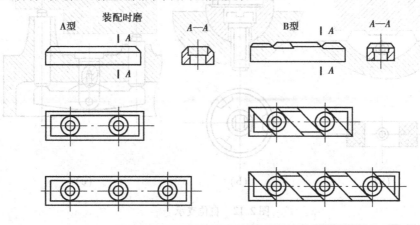

图2.10　支承板

(3)可调支承

支承钉和支承板的高度尺寸一经加工后就固定不变,而可调支承则在高度方向上可以调节,如图 2.11 所示。当工件的定位基面形状复杂,各批毛坯尺寸、形状有变化时,多采用这类支承。可调支承一般只对一批毛坯调整一次。

可调支承都是采用螺钉螺母形式。当调节到所要求的高度后,必须用螺母锁紧以防止位置发生变化。若调节频繁负荷又大为防止螺纹磨损影响夹具体的寿命可加配螺纹衬套,如图 2.11(b)所示。若需加大与工件接触面,则可采用图 2.11(c)所示的加浮动压块的方式。图 2.11(d)是用于侧面定位的示例。

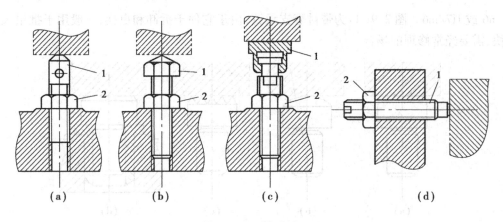

图 2.11 可调支承
1—支承钉;2—锁紧螺母

(4) 自位支承

当工件的定位基面不连续,或为台阶面,或基面有角度误差时,或为了使两个或多个支承的组合只限制一个自由度,避免过定位,常把支承设计为浮动或联动结构,使之自位,称其为自位支承,如图 2.12 所示。

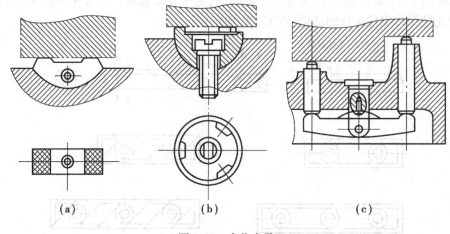

图 2.12 自位支承

由于自位支承是活动或浮动的,因此虽然与工件定位表面可能是 2 点或 3 点接触,但实质上仍然只能起到一个支承点的作用。这样,当以工件的粗基准定位时,由于增加了接触点数,可以提高工件定位时的刚度,减少工件受外力后的变形和改善加工时的余量分配。

(5) 辅助支承

辅助支承是为增加工件的刚性和稳定性,而不起定位作用的支承件。辅助支承的结构很多,如图 2.13 所示为 3 种常用的辅助支承,其中图 2.13(a)、图 2.13(b)是简单的螺旋式辅助支承,图 2.13(c)是自位式辅助支承,主要由支承销 1、手轮 3、楔块 4 等零件组成。在未放工件时,支承销在弹簧的作用下其位置略超过与工件相接触的位置。当工件放在主要支承上定位之后,支承销受到工件重力被压下,并与其他主要支承一起保持与工件接触。然后通过操作手柄转动锁紧螺杆,经滑柱使斜面顶销将支承销锁紧,从而使它成为一个刚性支承并起到辅助支承作用。

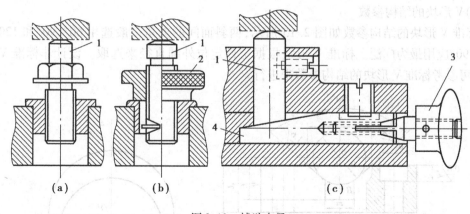

图 2.13 辅助支承

1—支承;2—螺母;3—手轮;4—楔块

辅助支承有些结构与可调支承很相近,应分清它们之间的区别。从功能上讲,可调支承起定位作用,而辅助支承不起定位作用。从操作上讲,可调支承是先调整再定位,最后夹紧工件;辅助支承则是先定位,夹紧工件,最后调整。

2.3.2 定位外圆的定位元件

工件以外圆柱表面定位有两种形式:一种是定心定位,另一种是支承定位。定位元件有 V 形块、定位套和内锥套。

(1)V 形块

V 形块用于完整外圆柱面和非完整外圆柱面的定位,它是外圆定位最常用的定位元件。

1)V 形块的结构

如图 2.14 所示为几种典型的 V 形块结构。图 2.14(a)是标准 V 形块,用于较短的精基准外圆面定位;图 2.14(b)的结构用于较长的粗基准外圆面定位;图 2.14(c)用于精基准外圆面较长时,或两段精基准外圆面相距较远或是阶梯轴时的定位,也可做成两个单独的短 V 形块再装配在夹具体上,目的是减短 V 形块的工作面宽度有利于定位稳定。

当定位外圆直径与长度较大时,采用如图 2.14(d)所示的铸铁底座镶淬火钢垫块的结构。这种结构除了制造经济性好以外,又便于 V 形块定位工作面磨损后更换或修磨垫块,还可通过更换不同厚度的垫块以适应不同直径外圆的工件定位使结构通用化。也有在钢垫块上再镶焊硬质合金,以提高定位工作面的耐磨性。

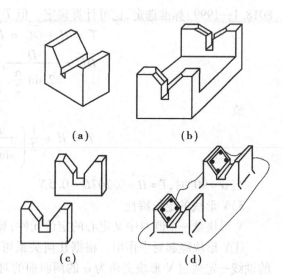

图 2.14 V 形块

2)V 形块的结构参数

标准 V 形块的结构参数如图 2.15 所示,两斜面间的夹角一般选用 60°,90°和 120°这 3 种,以 90°应用最为广泛。标准 V 形块根据工件定位外圆直径来选取。设计非标准 V 形块时,也可参考标准 V 形块的结构参数来进行。

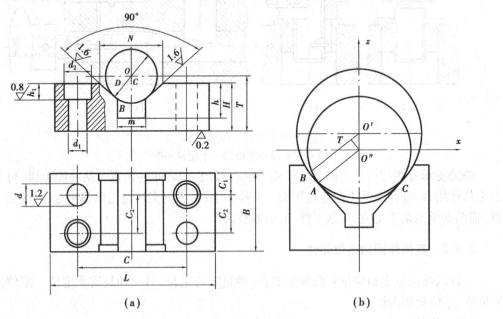

图 2.15　V 形块结构尺寸

设计 V 形块时,D 已经确定,N 与 H 等参数可参照《机床夹具设计手册》中查得(JB/T 8018.1—1999)标准选定,也可计算确定。但 T 必须计算。由图 2.15(a)可知,因

$$T = H + \overline{OC} = H + (\overline{OE} - \overline{CE})$$

$$\overline{OE} = \frac{D}{2\sin\frac{\alpha}{2}}, \overline{CE} = \frac{N}{2\tan\frac{\alpha}{2}}$$

故

$$T = H + \frac{1}{2}\left(\frac{D}{\sin\frac{\alpha}{2}} - \frac{N}{\tan\frac{\alpha}{2}}\right)$$

当 $\alpha = 90°$ 时,$T = H + 0.707D - 0.5N$。

3)V 形块的定位特性

V 形块是一个既对中又定心的定位元件,具有下列特性:

①V 形块能起对中作用。根据几何关系可知,不管定位外圆直径如何变化,被定位外圆的轴线一定通过 V 形块夹角为 α 的两斜面的对称平面。

②V 形块的定心作用。V 形块以两斜面与工件的外圆接触起定位作用。工件的定位面是外圆柱面,但其定位基准是外圆轴线,即 V 形块起了定心作用。这个概念对后面分析 V 形块定位误差有重要意义。

V 形块可分为固定式和活动式。根据工件与 V 形块的接触母线长度,固定式 V 形块可以限制工件两个或 4 个自由度。活动式 V 形块的应用如图 2.16 所示。如图 2.16(a)所示为加

工连杆孔的定位方式,活动 V 形块限制一个转动自由度,用以补偿因毛坯尺寸变化而对定位的影响,同时,还兼有夹紧作用。如图 2.16(b)所示为活动 V 形块限制工件一个 $\vec{Y}$ 自由度的示意图。

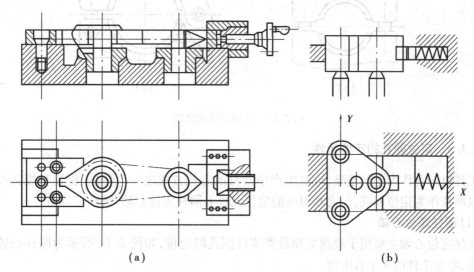

图 2.16 活动 V 形块的应用

固定式 V 形块在夹具体上的装配,一般用螺钉和两个定位销连接。定位销孔在装配调整后配钻铰,然后打入定位销。

(2)定位套

在夹具中,工件以外圆表面定心定位时,常采用如图 2.17 所示的各种定位套。如图 2.17(a)、图 2.17(b)所示为短定位套和长定位套,它们分别限制被定位工件的两个和 4 个自由度。如图 2.17(c)所示为锥面定位套,限制 3 个自由度。

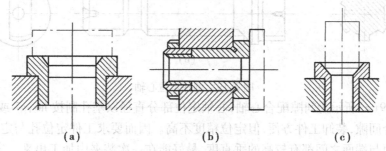

图 2.17 各种类型定位套

确定定位套上定位孔尺寸的方法:将定位基准(外圆)的尺寸换算为基轴制的公差形式,定位套孔的基本尺寸取该定位基准基轴制公差形式的基本尺寸,公差按 G7 或 F8 选取。如某工序定位基准尺寸为 $\phi 60 r6(^{+0.060}_{+0.041})$,按基轴制表示为 $\phi 60.060^{\ 0}_{-0.019}$,再按 G7 选得定位套孔的尺寸为 $\phi 60.060 G7(^{+0.040}_{+0.010})$,可进一步写为 $\phi 60.070^{+0.030}_{0}$。

(3)半圆块

如图 2.18 所示为半圆块结构简图,下半圆起定位作用,上半圆起夹紧作用。图 2.18(a)为可卸式,图 2.18(b)为铰链式,装卸工件方便。短半圆块限制工件两个自由度,长半圆块限制工件 4 个自由度。

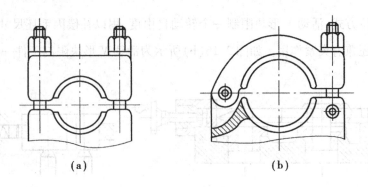

图2.18　半圆块结构简图

2.3.3　定位圆孔的定位元件

工件以圆孔作为定位基准,也是生产中常见的定位方式之一。套筒、轮盘和拨叉类工件通常以圆孔作为定位基准,与之相对应的定位元件有圆柱定位心轴、圆柱定位销。

(1)圆柱定位心轴

圆柱定位心轴主要用于套筒类和盘类零件圆孔的定位,如图 2.19 所示为圆柱心轴的结构形式,限制工件的 4 个自由度。

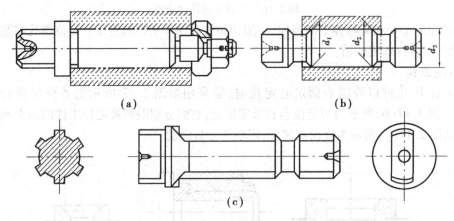

图 2.19　圆柱定位心轴

如图 2.19(a)所示为间隙配合心轴,心轴定位部分直径以基孔制按 h6,g7 或 f7 制造。这种心轴有配合间隙,装卸工件方便,但定位精度不高。因而要求工件定位孔与定位端面之间、心轴外圆柱面与端面之间都有较高的垂直度,最好能在一次装夹中加工出来。安装时通过带台肩的快换垫圈,采用螺母夹紧工件。

如图 2.19(b)所示为过盈配合心轴,由引导部分、工作部分、传动部分组成。引导部分直径 d_3 以工件孔的最小尺寸为极限尺寸,按 e8 制造,其作用是便于工件迅速而准确地套入心轴。当工件基准孔的长径比 $L/D \leqslant 1$ 时,定位部分的直径 $d_1 = d_2$,以工件孔的最小尺寸为极限尺寸,并按 r6 制造。当工件基准孔的长径比 $L/D > 1$ 时,心轴的工作部分应稍带锥度,直径 d_1 的基本尺寸为基准孔的最大极限尺寸,公差按 r6 制造;直径 d_2 的基本尺寸为基准孔的最小极限尺寸,公差按 h6 制造。心轴上的凹槽供车削工件端面时退刀用。这种心轴制造简便,定心准确,但装卸工件不便,且易损伤工件定位孔。多用于定心精度要求较高的场合。

如图 2.19(c)所示为花键心轴,用于加工以花键孔定位的工件。当工件定位孔的长径比 $L/D > 1$ 时,工作部分可稍带锥度。设计花键心轴时,应根据工件的不同定心方式来确定心轴的结构,其配合可参照上述两种心轴。

(2)圆柱定位销

如图 2.20 所示为标准化的圆柱定位销,上端部有较长的倒角,便于工件装卸,直径 d 与定位孔配合是按基孔制 g5 或 g6、f6 或 f7 制造的,其尾柄部分一般与夹具体孔过盈配合。限制工件的两个自由度。

确定定位销尺寸的方法:与确定定位套孔尺寸方法相类似,将定位基准(孔)的尺寸换算为基孔制的公差形式,定位销的基本尺寸取该定位基准基孔制公差形式的基本尺寸,公差按 g5 或 g6、f6 或 f7 选取。

图 2.20(b)为常用的带肩结构,有较好的稳定性和工艺性,其工作部分直径为 $d = 10 \sim 18$ mm;当工作部分直径 $d = 3 \sim 10$ mm 时,为增加强度,避免销子因撞击而折断,或热处理时淬裂,通常台肩上部采用过渡圆角,并将圆角部分装入沉孔,以避免干涉,如图 2.20(a)所示。大批量生产时,为了便于更换定位销,可设计如图 2.20(d)所示带衬套的可换式定位销结构。

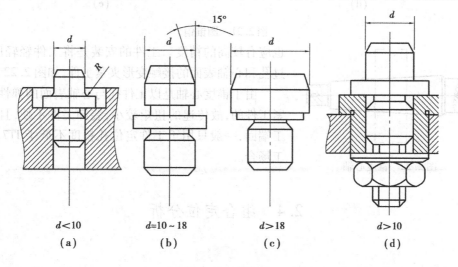

$d<10$	$d=10 \sim 18$	$d>18$	$d>10$
(a)	(b)	(c)	(d)

图 2.20　定位销

长圆柱定位销限制 4 个自由度,短圆柱定位销只能限制端面上两个移动自由度。有时为了避免过定位,可将圆柱销在过定位方向上削扁成所谓的菱形销。

(3)圆锥销

用圆锥销定位圆孔如图 2.21 所示,限制工件的 3 个自由度。圆锥销与圆孔沿孔口接触,孔口的形状直接影响接触情况从而影响定位精度。图 2.21(a)为整体圆锥销,适用于精基准定位。图 2.21(b)的圆锥销适用于粗基准定位。如图 2.21(c)所示为以工件的底面作为主要定位基准,由于圆锥销是活动的,因此,工件的孔径虽有变化,也不会出现倾斜。如图2.21(d)所示为"圆锥-圆柱"组合心轴,锥度部分使工件准确定心,由于锥度较大,故轴向位置变化不大,而较长的圆柱部分,可减少工件的倾斜。如图 2.21(e)所示为工件在双圆锥销上定位。这 3 种组合定位方式,均限制工件的 5 个自由度。

当工件以圆锥孔作为定位基准,定位元件也可用圆锥销,有时还用到锥度心轴。锥度心轴外圆表面有 1:(1 000 ~ 5 000)的锥度,定心精度高达 0.005 ~ 0.01 mm,当然工件的定位孔

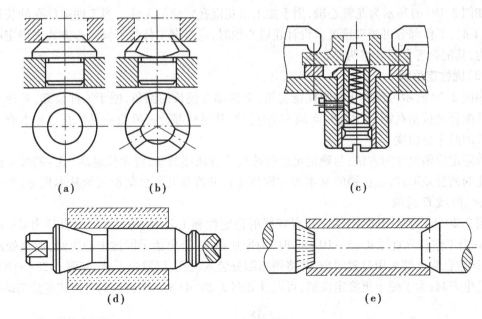

(a)　　　　　(b)　　　　　　　　(c)

(d)　　　　　　　　　(e)

图 2.21　圆锥销

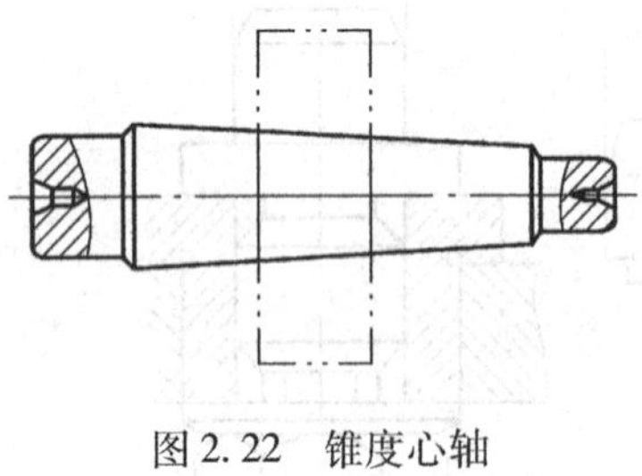

也应有较高的精度。工件的安装是将工件轻轻压入,通过孔和心轴表面的接触变形夹紧工件,如图 2.22 所示。

由于锥度心轴是以工件孔与心轴表面的弹性变形夹紧工件的,故传递的扭矩较小,装卸工件不便,且不能加工端面,一般只用于工件定位孔精度不低于 IT7 的精加工场合。

图 2.22　锥度心轴

2.4　组合定位分析

2.4.1　组合定位概述

实际生产中工件的形状千变万化各不相同,往往不能用单一定位元件定位单个表面就可解决定位问题,而是要用几个定位元件组合起来同时定位工件的几个定位面。复杂的机器零件都是由一些典型的几何表面(如平面、圆柱面、圆锥面等)作各种不同组合而形成的,因此,一个工件在夹具中的定位,实质上就是把上节介绍的各种定位元件作不同组合来定位工件相应的几个定位面,以达到工件在夹具中的定位要求,这种定位分析就是组合定位分析。

组合定位分析要点:

①几个定位元件组合起来定位一个工件相应的几个定位面,该组合定位元件能限制工件的自由度总数等于各个定位元件单独定位各自相应定位面时所能限制自由度的数目之和,不会因组合后而发生数量上的变化,但它们限制了哪些方向的自由度却会随不同组合情况而改变。

②组合定位中,定位元件在单独定位某定位面时,原起限制工件移动自由度的作用可能

会转化成起限制工件转动自由度的作用。但一旦转化后,该定位元件就不再起原来限制工件移动自由度的作用。

③单个表面的定位是组合定位分析的基本单元。当 3 个支承钉定位一平面时,就以平面定位作为定位分析的基本单元,限制 3 个方向自由度,而不再进一步去探讨这 3 个方向的自由度分别由哪个支承钉来限制,否则易引起混乱,对定位分析毫无帮助。

常见的组合定位方式如表 2.1 所示。

表 2.1　常用的组合表面定位方式

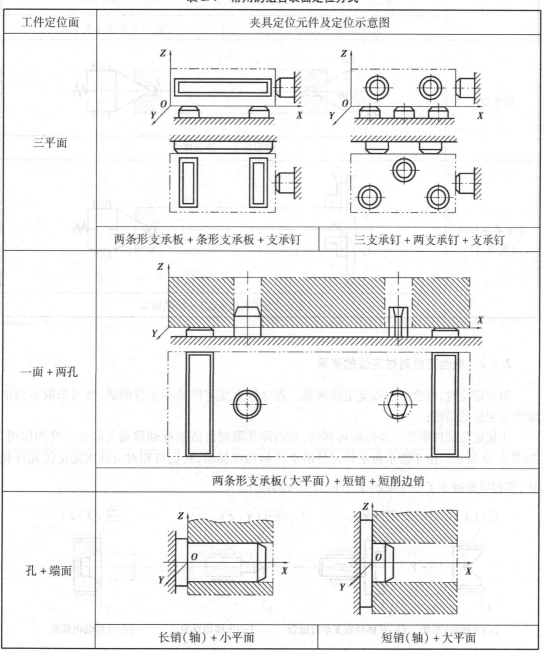

工件定位面	夹具定位元件及定位示意图	
三平面	两条形支承板 + 条形支承板 + 支承钉	三支承钉 + 两支承钉 + 支承钉
一面 + 两孔	两条形支承板(大平面) + 短销 + 短削边销	
孔 + 端面	长销(轴) + 小平面	短销(轴) + 大平面

续表

工件定位面	夹具定位元件及定位示意图	
外圆＋端面		
	长 V 形块＋支承钉	短长 V 形块＋大平面
两中心孔		
	固定顶尖＋浮动顶尖	
中心孔＋外圆 （短外圆）		
	定心夹紧(三爪卡盘)＋浮动顶尖	

2.4.2　组合定位时过定位的消除

组合定位时,常会产生重复定位现象。若这种重复定位是不允许的话,则可采取下列消除重复定位的措施:

①使定位元件沿某一坐标轴可移动,来消除其限制沿该坐标轴移动方向自由度的作用,如图 2.23 所示。由于图示各定位元件沿 Y 坐标轴可移动,它们与相对应的固定定位元件相比,都相应地减少了一个限制 $\vec{Y}$ 方向自由度的作用。

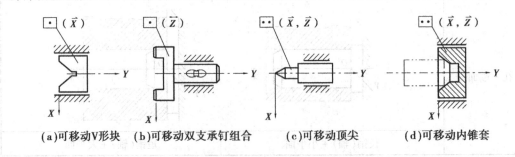

图 2.23　可移动定位元件

②采用自位支承结构,消除定位元件限制绕某个(或两个)坐标轴转动方向自由度的作用,如图 2.24 所示。图 2.24(a)中,由于定位元件可沿球面绕 X、Y 轴转动,因而不再具有限制转动方向自由度的作用。同理,图 2.24(b)、图 2.24(c)、图 2.24(d)中,由于定位元件的两支承点能绕 X 轴转动,因而不再具有限制工件 $\overset{\leftrightarrow}{X}$ 转动方向自由度的作用。

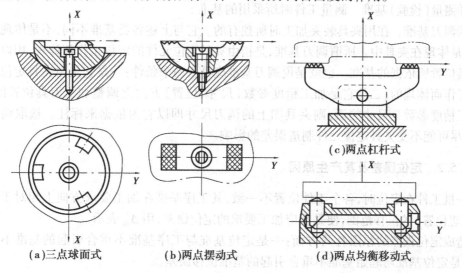

(a)三点球面式　　(b)两点摆动式　　(c)两点杠杆式　　(d)两点均衡移动式

图 2.24　自位支承

③改变定位元件的结构形式。把短圆柱销改为削边圆柱销(菱形销)是最典型的例子。

2.5　定位误差的分析计算

2.5.1　概述

按照定位基本原理进行夹具定位分析,重点是解决单个工件在夹具中占有准确加工位置的问题。但要达到一批工件在夹具中占有准确加工位置,还必须对一批工件在夹具中定位时的定位误差进行分析计算。根据定位误差的大小,判断该定位方案能否保证加工要求,从而证明该定位方案的可行性。

由于夹具设计、制造与使用中引起的各项误差,导致了工件加工尺寸的大小不一致,在一定范围内变动,而定位误差又是夹具误差的一个重要组成部分。因此,定位误差的大小往往成为评价一个夹具设计质量的重要指标。它也是合理选择定位方案的一个主要依据。根据定位误差分析计算的结果,便可看出影响定位误差的因素,从而找到减少定位误差和提高夹具工作精度的途径。由此可知,分析计算定位误差是夹具设计中的一个十分重要的环节。

机械制造中用来确定生产对象的几何要素间的几何关系所依据的点、线、面称为基准。用夹具装夹加工时涉及的基准可分为设计基准与工艺基准两大类。设计基准是指在设计图上确定零件几何要素的几何位置所依据的基准;而工艺基准则是在工艺过程中所采用的基准。与夹具设计、使用有关的工艺基准有以下 4 种:

①工序基准。在工序图上用来确定本工序加工表面加工后的尺寸、形状、位置所依据的

基准。工序基准可简单地理解为工序图中的设计基准。在定位误差分析计算中,根据零件图来分析计算时,采用设计基准;根据工序图来分析计算时采用工序基准。在本章定位误差分析计算中提到设计基准时常泛指零件图或工序图中的设计基准,它对二者都是适用的。

②定位基准。加工过程中使工件在夹具中(或机床上)占有准确加工位置所依据的基准。

③测量(检验)基准。测量工件时所采用的基准。

④调刀基准。在用夹具装夹加工时所独有的。它与上述各类基准不同,不是体现在工件上,而是体现在夹具中。所谓调刀基准,是指由夹具定位元件的定位工作面体现,用以调整加工刀具位置所依据的基准。也就是说调刀基准应具备两个条件:一是它是由夹具定位元件的定位工作面体现的;二是它是加工精度参数(尺寸、位置)方向上调整加工刀具位置的依据。若加工精度参数是尺寸的话,则夹具图上的调刀尺寸即以它为依据来标注。选取调刀基准时,应尽可能不受夹具定位元件制造误差的影响。

2.5.2 定位误差及其产生原因

一批工件在定位时,各个工件位置不一致,其工序基准在加工要求方向上相对于起始基准(理想位置)的位移范围,便是相应加工要求的定位误差,用 Δ_{dw} 表示。

造成定位误差的原因有两方面:一是定位基准与工序基准不重合引起的基准不重合误差;二是定位基准与起始基准不重合引起的基准位移误差。

(1)基准不重合误差

如图 2.25 所示,工件的下平面 P 和孔 D 已经加工好,P 面至 D 孔中心的尺寸为 $B \pm \delta_B$。孔 M 的设计基准为孔 D 中心,孔间距为 $A \pm \delta_A$。现以 P 面定位镗削 M 孔。加工前,预先调整好刀具中心至定位平面 P 的距离尺寸 T。在加工一批工件的过程中,刀具位置不再调整。若忽略其他微小误差(热变形、刀具磨损等)的影响。可以认为,刀具中心至定位平面 P 的距离尺寸 T 应该是稳定不变的。但由于工件已加工尺寸 B 在一批工件中的变化范围为 $\pm \delta_B$,故加工后实际获得的尺寸 A 存在误差 $2\delta_B$。产生该误差的原因是由于孔 M 的设计基准为孔 D,而定位基准为平面 P,即由于定位基准和设计基准不重合而产生了定位误差。这种定位误差称为基准不重合误差,用符号 Δ_{jb} 表示。避免基准不重合误差的唯一办法,就是选择设计基准作为定位基准,即符合"基准重合"原则。

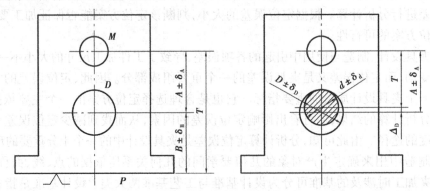

图 2.25 产生定位误差的原因

（2）**基准位移误差**

以图 2.25 为例。如果选用孔 D 作为定位基准在心轴上定位（当然还要加上其他定位基准），则不存在 Δ_{jb}。但是在一批工件中，孔 D 直径存在误差 $2\delta_D$，定位心轴存在制造误差 $2\delta_d$，再加上为了安装方便，工件孔与定位心轴之间也应留有适当的间隙。该间隙及孔与轴的制造误差使得在一批工件中定位孔轴线相对定位心轴的轴线产生了位移 Δ_D，从而使实际加工尺寸 A 存在定位误差，如图 2.25 所示。产生这个定位误差的原因是因为定位副有制造误差而引起的定位基准位置变动。故将这种定位误差称为基准位移误差，用符号 Δ_{jw} 表示。

综上所述，定位误差 Δ_{dw} 包括两个部分：一是由于定位基准和设计基准不重合而产生的基准不重合误差 Δ_{jb}；二是由于定位副制造不准确而产生的基准位移误差 Δ_{jw}。当这两项误差同时存在时，总定位误差是二者综合作用的结果。即这两项误差在加工尺寸方向上的向量和，则

$$\Delta_{dw} = \Delta_{jb} + \Delta_{jw}$$

2.5.3　典型表面定位时定位误差计算

同定位分析一样，在分析计算夹具定位方案的定位误差时，也首先从分析计算单个典型表面定位时的定位误差着手。因为这是分析计算夹具定位方案的定位误差的基础。需要特别指出的是：在夹具设计中分析计算定位误差的重点是分析计算第二类定位误差。因为第一类定位误差的分析计算必须以已知工序要求（即加工精度参数）的设计基准为前提。而且工艺人员在编制工艺规程时，当发现定位基准与设计基准不重合时，往往要进行尺寸换算（即解算工艺尺寸链）以标注工序尺寸。这样，基准不重合引起的定位误差便反映在工序尺寸换算之中。而第二类定位误差只有在用夹具装夹加工一批工件时才会产生。

定位误差的计算应根据具体定位方式进行具体分析，下面分析 4 种常见的定位误差。

（1）**平面定位时的定位误差分析计算**

平面定位时工件的定位面与定位元件的定位工作面是平面接触，二者的几何位置不会发生相对变化，事实上由于定位面和定位工作面都不可能是真正平面而有形状误差存在，因此，定位面相对定位工作面会发生相对位置误差。在精基准平面定位时，定位面和定位工作面都经过加工，形状误差值较小，可忽略不计。在毛坯平面定位时，工件定位平面的形状误差会引起基准位置变化，但因粗基准平面定位加工要求低，一般也可忽略不计。只有在个别情况下才单独进行分析计算。因此，平面定位时一般只计算第一类定位误差（基准不重合误差）。

（2）**圆柱孔定位时的定位误差分析计算**

圆柱孔定位时，工件定位面是圆柱孔，定位元件（圆柱销或圆柱心轴）的定位工作面是外圆柱面，二者以一定性质的配合实现工件定心定位。应根据配合性质的不同，分别计算其定位误差。

1）定位面与定位工作面作过盈配合

不存在配合间隙，因而没有相对位置变化。

2）定位面与定位工作面作间隙配合

如图 2.26（a）所示，工件以端面和内孔在平面和圆柱销上定位钻孔 A，孔的中心位置的工序尺寸为 $A_0^{+\delta_A}$。工件定位孔已加工完毕，其直径为 $D_0^{+\delta_D}$，定位销直径为 $d_{-\delta_d}^{0}$。为便于安装，当孔径为最小，销径为最大时，应留有最小安装间隙 X_{min}；当孔径为最大，销径为最小时，孔销之

间产生最大间隙 $X_{\max}$。因该间隙所偏移的方向无法预测,故把一批工件中孔的中心相对于销的中心可能产生的最大位移看成是基准位移误差 Δ_{jw}。如图 2.26(b)所示,销的中心为 O,孔的中心可从 O_1 移动至 O_2,产生 $\Delta_{jw} = \overline{O_1O_2}$。由于定位基准与设计基准重合,$\Delta_{jb} = 0$,故 $\Delta_{dw} = \Delta_{jw} = \overline{O_1O_2} = \delta_D + \delta_d + X_{\min} = X_{\max} = D_{\max} - d_{\min}$。

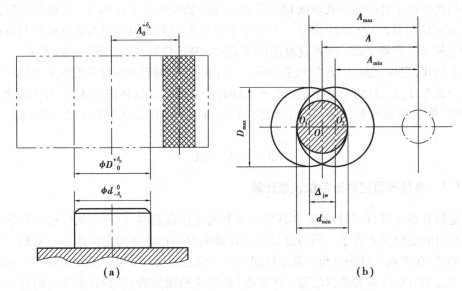

图 2.26 工件以圆孔在圆柱销上定位的误差分析

当定位孔与定位销之间的间隙偏向某一固定方向,例如定位销处于水平位置由于重力作用而使间隙固定偏向下方时,则基准位移误差 $\Delta_{jw} = \dfrac{D_{\max} - d_{\min}}{2}$。

需要指出的是,在一批工件中,每个工件的定位孔中心相对定位销中心都要下降 $X_{\min}/2$,在调整刀具位置时若考虑到这一点,将刀具向下多调 $X_{\min}/2$,则此时的基准位移误差 $\Delta_{jw} = \dfrac{D_{\max} - d_{\min}}{2} - \dfrac{X_{\min}}{2} = \dfrac{\delta_D + \delta_d}{2}$。

(3)外圆定位时的定位误差分析计算

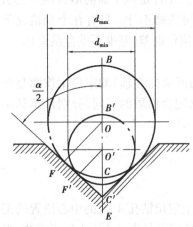

图 2.27 V 形块定位

外圆定位时采用定位套和 V 形块定位。定位套定位的定位误差分析计算与圆柱销定位相类似,这里不再赘述。

V 形块是一种对中定位元件,当 V 形块和工件外圆制造得非常精确时,这时外圆中心应在 V 形块理论中心位置上,即没有基准位移误差。但是实际上对于一批工件而言外圆直径是有偏差的,当外圆直径由 $d_{\max}$ 减少到 $d_{\min}$ 时(见图 2.27),定位基准相对定位元件发生位置变化(O,O' 之间变化),因而产生垂直方向的基准位移误差 Δ_{jw},即

$$\Delta_{jw} = \overline{OO_1} = \overline{OE} - \overline{O'E} = \frac{d_{\max}}{2\sin\frac{\alpha}{2}} - \frac{d_{\min}}{2\sin\frac{\alpha}{2}} = \frac{\delta_d}{2\sin\frac{\alpha}{2}}$$

(2.1)

式中 δ_d——工件定位基准的直径公差，mm；

α——V 形块两斜面夹角，(°)。

（4）一面两孔定位误差分析

"一面两孔"定位方式常用在成批及大量生产中加工箱体、连杆、盖板等零件，是以工件的一个平面和两个孔构成组合面定位。工件上的两个孔可以是其结构上原有的，也可为满足工艺上需要而专门加工的定位孔。采用"一面两孔"定位后，可使工件在加工过程中实现基准统一，大大减少了夹具结构的多样性，有利于夹具的设计和制造。但是在实际生产中，由于孔心距和销心距的制造误差，孔心距与销心距很难完全相等，此时工件就无法装入两销实现定位，这就是过定位引起的后果。为了保证一批工件都能实现定位，可采用下列方法消除过定位。

1）采用两个圆柱销及一个平面支承定位

采用两个圆柱销及一个平面支承定位时，消除过定位的方法是减小其中一个圆柱销的直径，使其减小到能够补偿孔心距及销心距误差的最大值，从而使其不出现重复限制。

如图 2.28 所示，假定工件上圆孔 D_1 与夹具上定位销 d_1 的中心重合，这时第一个定位圆柱销的装入条件为

$$d_{1\max} = D_{1\min} - X_{1\min} \tag{2.2}$$

式中 $d_{1\max}$——第一个定位销的最大直径，mm；

$D_{1\min}$——第一个定位孔的最小直径，mm；

$X_{1\min}$——第一个定位副的最小间隙，mm。

工件上孔心距的误差和夹具上销心距的误差完全用缩小定位销 d_2 的直径来补偿。当定位销 2 的直径缩小到使工件在图 2.28 所示的两种极限情况下都能装入定位销时，考虑到安装力，还应在第二个定位副中增加一最小间隙 $X_{2\min}$。

由图 2.28 可知，第二个定位圆柱销的装入条件为

$$d_{2\max} = D_{2\min} - 2\left(\delta_{LD} + \delta_{Ld} + \frac{X_{2\min}}{2}\right) \tag{2.3}$$

式中 $d_{2\max}$——第二个定位销的最大直径，mm；

$D_{2\min}$——第二个定位孔的最小直径，mm；

$X_{2\min}$——第二个定位副的最小间隙，mm；

δ_{LD}, δ_{Ld}——孔间距偏差和销间距偏差，mm。

采用两个圆柱销及平面支承定位会因第二个定位销直径减小过多而引起工件较大的转角误差，只有在加工要求不高时才使用。

2）采用一个圆柱销和一个削边销及平面支承定位

采用一个圆柱销和一个削边销及平面支承定位不缩小定位销的直径，而采用定位销"削边"的方法也能增大连心线方向的间隙。这样，在连心线的方向上，仍起到缩小定位销直径的作用，使中心距误差得到补偿。但在垂直于连心线的方向上，销 2 的直径并未减小，故工件的转角误差没有增大，提高了定位精度。

为了保证削边销的强度，一般多采用菱形结构，故削边销又称为菱形销。常用削边销的结构如图 2.29 所示。图中，A 型削边销刚性好，应用广；B 型结构简单，容易制造，但刚性差。削边销安装时，削边方向应垂直于两销的连心线。

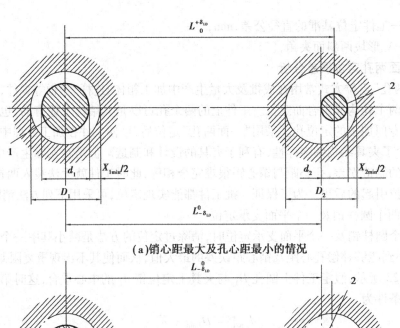

(a)销心距最大及孔心距最小的情况

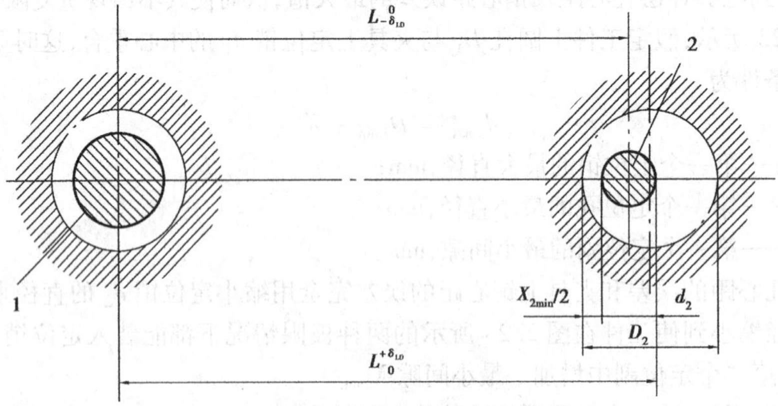

(b)销心距最小及孔心距最大的情况

图 2.28　两圆柱销定位分析

1—圆孔；2—定位销

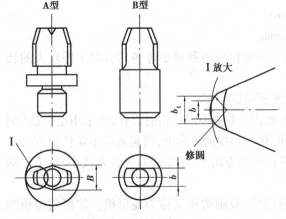

图 2.29　常用削边销的结构

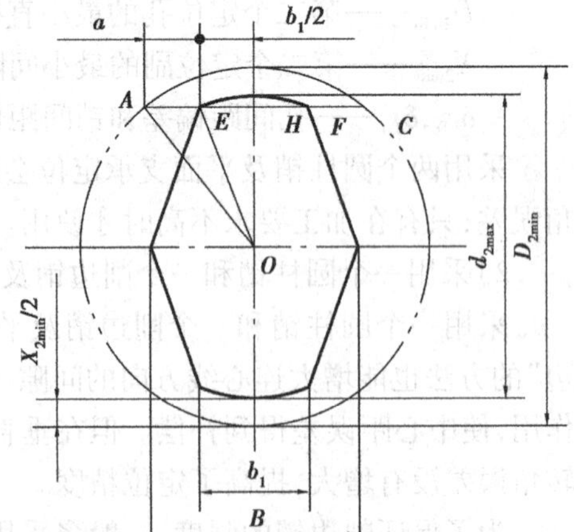

图 2.30　削边销的尺寸

3)削边销尺寸的确定

如图 2.30 所示,削边销剩余圆柱部分的最大直径为

$$d_{2\max} = D_{2\min} - X_{2\min}$$

由于 AE 和 CF 能补偿 $\pm\delta_{LD}$ 和 $\pm\delta_{Ld}$，因而

$$AE = CF = a = \delta_{LD} + \delta_{Ld} + \frac{X_{1\min}}{2}$$

在实际工作中，补偿值 a（单位 mm）一般计算为

$$a = \delta_{LD} + \delta_{Ld} \tag{2.4}$$

经过分析后，再行调整。当补偿值确定后，便可根据图 2.30 计算削边销的尺寸，即

$$b_1 = \frac{D_{2\min}X_{2\min}}{2a} \text{ 或 } X_{2\min} = \frac{2ab_1}{D_{2\min}} \tag{2.5}$$

当采用修圆削边销时，以 b 取代 b_1。b，b_1，B 的尺寸可以根据如表 2.2 所示选取。削边销的结构尺寸已标准化，选用时可参照国家标准《机床夹具零件及部件》（GB/T 2203—1991）。

表 2.2　削边销尺寸单位/mm

d	>3~6	>6~8	>8~20	>20~25	>25~32	>32~40	>40~50	>50
B	$d-0.5$	$d-1$	$d-2$	$d-3$	$d-4$	$d-5$	$d-6$	—
b	1	2	3	3	3	4	5	—
b_1	2	3	4	5	5	6	8	14

注：d 为削边销工作部分直径。

4）削边销定位误差的计算

定位基准的位移方式有两种：如图 2.31(a) 所示为两定位副的间隙同方向时定位基准的两个极限位置，最上位置 $O_1''O_2''$，最下位置 $O_1'O_2'$。如图 2.31(b) 所示为两定位副的间隙反方向时定位基准的两个极限位置 $O_1''O_2'$，$O_1'O_2''$。图 2.31 中，$O_1'O_1'' = X_{1\max}$ 为第一定位副的最大间隙，$O_2'O_2'' = X_{2\max}$ 为第二定位副的最大间隙，根据图 2.31 可以推导出 Δ_α，Δ_β 计算公式分别为

$$\Delta_\alpha = \arctan\left(\frac{X_{2\max} - X_{1\max}}{2L}\right) \tag{2.6}$$

$$\Delta_\beta = \arctan\left(\frac{X_{2\max} + X_{1\max}}{2L}\right) \tag{2.7}$$

在计算某一加工尺寸的基准位移误差时，要考虑加工尺寸的方向和位置。计算时，可参考如表 2.3 所示。

表 2.3　一面两孔定位时基准位移误差的计算公式

加工尺寸的方向与位置	加工尺寸	计算公式
水平尺寸：任意位置	B_1，B_2，B_3	$\Delta_Y = X_{1\max}$
垂直尺寸：在 O_1，O_2 上的垂直尺寸	A_2	$\Delta_Y = O_1'O_1'' = X_{1\max}$
	A_4	$\Delta_Y = O_2'O_2'' = X_{2\max}$
垂直尺寸：在 O_1，O_2 之间的垂直尺寸	A_3	$\Delta_Y = X_{1\max} + 2B_2\tan\Delta_\alpha$
垂直尺寸：在 O_1，O_2 外侧的垂直尺寸	A_1	$\Delta_Y = X_{1\max} + 2B_1\tan\Delta_\beta$
	A_5	$\Delta_Y = X_{2\max} + 2B_3\tan\Delta_\beta$

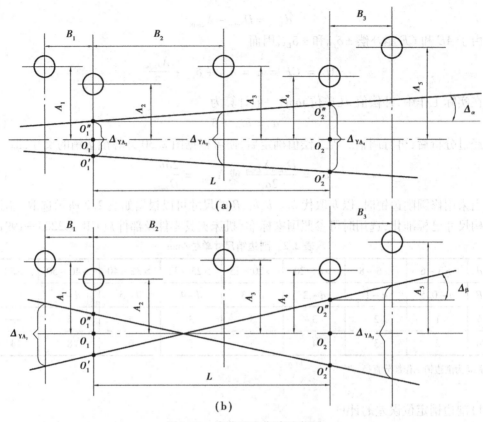

图 2.31　定位基准位移示意图

5) 工件以一面两孔定位时的设计步骤

①确定定位销的中心距和尺寸公差。销间距的基本尺寸和孔间距的基本尺寸相同,销间距的公差可按下面公式取值,一般取 1/3,即

$$\delta_{Ld} = \left(\frac{1}{5} \sim \frac{1}{3} \right) \delta_{LD} \qquad (2.8)$$

②确定圆柱销的尺寸及公差。同工件以孔定位时定位销直径确定方法。

③按表 2.2 选取削边销的尺寸 b_1, b 及 B。

④确定削边销的直径尺寸和公差及与孔的配合性质。利用式(2.5)求出削边销的最小配合间隙 X_{2min},然后求出削边销工作部分的直径,即

$$d_{2max} = D_{2min} - X_{2min} \qquad (2.9)$$

削边销与定位孔的配合一般按 h6 选取。

⑤计算定位误差,分析定位质量。

2.6　定位误差分析计算举例

2.6.1　概述

要使一批工件在夹具中占有准确的加工位置,还必须对一批工件在夹具中定位的定位误差进行分析计算。根据定位误差的大小判断定位方案能否保证加工精度,从而证明该方案的

可行性。定位误差也是夹具误差的一个重要组成部分,因此,定位误差的大小往往成为评价一个夹具设计质量的重要指标,也是合理选择定位方案的重要依据。根据定位误差分析计算的结果,便可看出影响定位误差的因素,从而找到减小定位误差和提高夹具工作精度的途径。

要保证零件加工精度,应满足 $\Delta_z \leq \Delta_g$。其中,Δ_z 为加工过程中产生的误差总和,Δ_g 被加工零件允许误差。Δ_z 包括:

①夹具在机床上的装夹误差;

②工件在夹具中的定位和夹紧误差;

③机床调整误差;

④工艺系统受力变形和受热变形误差;

⑤机床和刀具的制造误差和磨损误差。

为了方便分析计算,以上 5 部分也可合并为 3 个部分,即工件在夹具中的定位误差 Δ_{dw}、安装调整误差 Δ_{at} 和加工过程误差 Δ_{jg}。这时要满足

$$\Delta_{dw} + \Delta_{at} + \Delta_{jg} \leq \Delta_g \qquad (2.10)$$

因此,分析计算定位误差 Δ_{dw} 时,Δ_{dw} 满足

$$\Delta_{dw} \leq \left(\frac{1}{2} \sim \frac{1}{5} \right) \Delta_g \qquad (2.11)$$

认为定位误差满足加工要求。在对定位方案分析时,假设上述 3 项误差各占工件允许误差的 1/3。常取 $\Delta_{dw} \leq \frac{1}{3} \Delta_g$。

由此可知,分析计算定位误差是夹具设计中的一个十分重要的环节。

分析计算定位误差时注意的问题:

①某工序的定位方案可以对本工序的几个不同加工精度参数产生不同定位误差,因此,应该对这几个加工精度参数逐个分析计算其定位误差。

②分析计算定位误差值的前提是采用夹具装夹加工一批工件,并采用调整法保证加工要求,而不是用试切法保证加工要求。

③分析计算得出的定位误差值是指加工一批工件时可能产生的最大定位误差范围,它是一个界限值,而不是指某一个工件的定位误差的具体数值。

2.6.2　定位误差分析计算举例

例 2.1　如图 2.32 所示的圆柱表面上铣键槽,采用 V 形块定位。键槽深度有 3 种表示方法,以图为例进行分析。

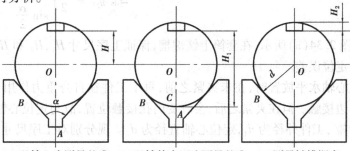

(a)以轴心为测量基准　(b)以轴外表面为测量基准　(c)测量键槽深度

图 2.32　铣键槽的定位及尺寸标注

解 在图 2.32 中,当铣键槽的高度尺寸按 H 标注时,因基准重合,则

$$\Delta_{jb} = 0$$

故

$$\Delta_{dw}(H) = \Delta_{jw} = \frac{\delta_d}{2\sin\frac{\alpha}{2}}$$

当铣键槽的高度尺寸按 H_1, H_2 标注时,因基准不重合,则 $\Delta_{jb} = \frac{\delta_d}{2}$。

当按高度尺寸 H_1 标注时,因 δ_d 变大时,Δ_{jb}, Δ_{jw} 引起高度尺寸 H_1 的工序基准做反方向变化,故有

$$\Delta_{dw(H_1)} = \Delta_{jw} - \Delta_{jb} = \frac{\delta_d}{2\sin\frac{\alpha}{2}} - \frac{\delta_d}{2} = \frac{\delta_d}{2}\left(\frac{1}{\sin\frac{\alpha}{2}} - 1\right)$$

当按高度尺寸 H_2 标注时,因 δ_d 变大时,Δ_{jb}, Δ_{jw} 引起高度尺寸 H_2 的工序基准作同方向变化,故有

$$\Delta_{dw(H_2)} = \Delta_{jw} + \Delta_{jb} = \frac{\delta_d}{2\sin\frac{\alpha}{2}} + \frac{\delta_d}{2} = \frac{\delta_d}{2}\left(\frac{1}{\sin\frac{\alpha}{2}} + 1\right)$$

这个例子,也可以通过作图法分析其定位误差,这也是分析计算定位误差的另一种方法。

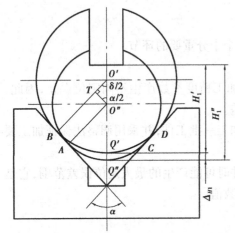

工序尺寸 H_1 的定位误差分析如图 2.33 所示,图中为一批工件在 V 形块中定位的两种极端位置,工件与 V 形块接触位置为 B, D 和 A, C。槽底至下母线距离分别为 H_1' 和 H_1'',定位误差为

$$\Delta_{dw(H_1)} = H_1'' - H_1' = \overline{Q'Q''} = \frac{\delta_d}{2}\left(\frac{1}{\sin\frac{\alpha}{2}} - 1\right)$$

同理,可推导出如图 2.32(a)所示情况的定位误差为

$$\Delta_{dw(H)} = \frac{\delta_d}{2\sin\frac{\alpha}{2}}$$

图 2.33 铣键槽的定位误差

图 2.32(c)的定位误差为

$$\Delta_{dw(H_2)} = \frac{\delta_d}{2}\left(\frac{1}{\sin\frac{\alpha}{2}} + 1\right)$$

例 2.2 如图 2.34(a)所示,在套筒上铣键槽,保证工序尺寸 H_1, H_2 和 H_3,现分析采用定位心轴定位时的定位误差。

解 当定位心轴水平放置时,在未夹紧之前,每个工件在自身重力作用下使其内孔上母线与定位心轴单边接触。但在夹紧之后,会改变内孔接触位置,故与定位心轴垂直放置相同。设工件孔径为 $D^{+\delta_D}_0$,工件外径为 d_1,定位心轴直径为 d_2。现分别对工序尺寸的定位误差分析计算如下:

对于工序尺寸 H_1，基准重合，$\Delta_{jb} = 0$，所以 $\Delta_{dw(H_1)} = \Delta_{jb} + \Delta_{jw} = D_{max} - d_{2min}$

对于工序尺寸 H_2，基准不重合，$\Delta_{jb} = \dfrac{\delta_D}{2}$，所以 $\Delta_{dw(H_2)} = \Delta_{jb} + \Delta_{jw} = \dfrac{\delta_D}{2} + D_{max} - d_{2min}$

对于工序尺寸 H_3，基准不重合，$\Delta_{jb} = \dfrac{\delta_{d_1}}{2}$，所以 $\Delta_{dw(H_3)} = \Delta_{jb} + \Delta_{jw} = \dfrac{\delta_{d_1}}{2} + D_{max} - d_{2min}$

同样，也可通过作图法来分析其定位误差。如图 2.34(b)、图 2.34(c)所示。取定位心轴尺寸最小、工件内孔尺寸最大，且工件内孔分别与定位心轴上、下母线接触。

对于工序尺寸 H_1：$\Delta_{dw(H_1)} = O_1O_2 = H_{1max} - H_{1min} = D_{max} - d_{2min}$

对于工序尺寸 H_2：$\Delta_{dw(H_2)} = H_{2max} - H_{2min} = D_{max} - d_{2min} + \dfrac{\delta_D}{2}$

对于工序尺寸 H_3：$\Delta_{dw(H_3)} = H_{3max} - H_{3min} = D_{max} - d_{2min} + \dfrac{\delta_{d_1}}{2}$。

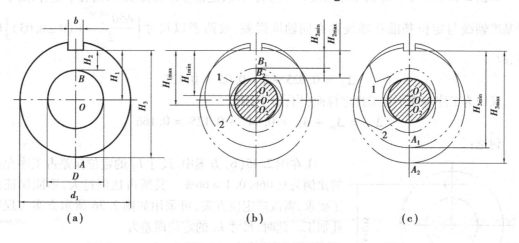

图 2.34 定位销定位误差分析

例 2.3 如图 2.35 所示的 3 种定位方案，本工序需钻 ϕ_1 孔，试计算被加工孔的位置尺寸 L_1，L_2，L_3 的定位误差。

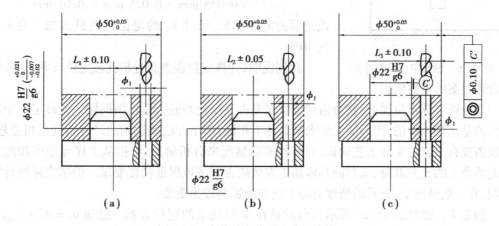

图 2.35 定位销定位误差分析计算

解 ①图 2.35(a) 尺寸 L_1 的工序基准为孔轴线，定位基准也为孔轴线，两者重合，则 $\Delta_{jb} = 0$。

根据配合公差可知,由于存在间隙,定位基准将发生相对位置变化,因而存在基准位移误差,即

$$\Delta_{jw} = X_{max} = D_{max} - d_{min} = 0.041$$
$$\Delta_{dw} = \Delta_{jw} = 0.041$$

②图2.35(b)尺寸L_2的工序基准为外圆左母线,定位基准为孔轴线,两者不重合,以$\phi50^{+0.05}_{0}/2$尺寸(即半径)相联系,则

$$\Delta_{jb} = \frac{0.05}{2} = 0.025$$

基准位移误差与图2.35(a)相同,即$\Delta_{jw} = 0.041$。因基准不重合误差是尺寸$\phi50^{+0.05}_{0}$引起,基准位移误差是配合间隙引起,两者属于相互独立因素,则

$$\Delta_{dw} = \Delta_{jw} + \Delta_{jb} = 0.041 + 0.025 = 0.066$$

③图2.35(c)尺寸L_3的工序基准为外圆右母线,定位基准为孔轴线,两者不重合,由于工序基准轴线与定位基准孔轴线存在同轴度误差,故两者以尺寸$\left[\frac{\phi50^{+0.05}_{0}}{2} + (0 \pm 0.05)\right]$联系,故

$$\Delta_{jb} = 0.025 + 2 \times 0.05 = 0.125$$

又因为工序基准不在工件定位面(内孔)上,则

$$\Delta_{dw} = \Delta_{jw} + \Delta_{jb} = 0.041 + 0.125 = 0.166$$

讨论:

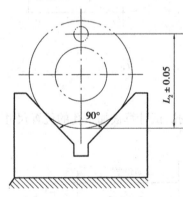

图2.36 钻孔定位误差计算

①在图2.35(b)方案中,尺寸L_2的定位误差占工序允差的比例为$0.066/0.1 = 66\%$。其所占比例过大,不能保证加工要求,需改进定位方案,可采用如图2.36所示方案实现钻孔加工。此时,尺寸L_2的定位误差为

$$\Delta_{dw} = \Delta_{jw} - \Delta_{jb} = \frac{0.05\text{ mm}}{2\sin\frac{90°}{2}} - \frac{0.05\text{ mm}}{2}$$

$$= 0.035\text{ mm} - 0.025\text{ mm} = 0.01\text{ mm}$$

改进后的定位方案、尺寸L_2的定位误差只占加工允差0.1的10%。

此例说明,计算定位误差是分析比较定位方案,并从中选择合理方案的重要依据。

②分析计算定位误差,就会遇到定位误差占工序允差的合适比例问题。要确定一个准确的数值是比较困难的,因为加工要求高低各不相同,加工方法能达到的经济精度也相差悬殊。这就需要有丰富的实际工艺知识,只有按实际情况来分析解决,根据从工序允差中扣除定位误差后余下的允差部分,来判断具体加工方法能否经济地保证精度要求。但据实际统计资料表明,在一般情况下,夹具的精度对加工误差的影响较为重要。

例2.4 如图2.37(a)所示为台阶轴在V形块上的定位方案。已知$d_1 = \phi20^{0}_{-0.013}$ mm,$d_2 = \phi45^{0}_{-0.016}$ mm,两外圆的同轴度公差为$\phi0.02$ mm,V形块夹角$\alpha = 90°$。试计算对距离尺寸$H \pm 0.20$ mm产生的定位误差,并分析其定位质量。

解 为便于分析计算,先将有关参数改为如图2.37(b)所示。其中,同轴度可标为 $e = (0 \pm 0.01)$ mm,$r_2 = 22.5\,_{-0.008}^{0}$ mm。

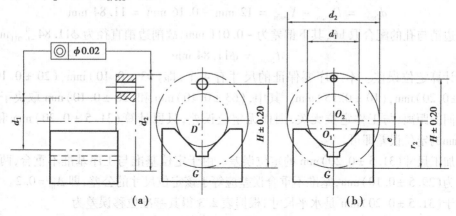

图 2.37 台阶轴在 V 形块上的定位方案

由于 H 的工序基准为 d_2 外圆下母线 G,而定位基准为外圆 d_1 轴线,基准不重合,两者以 e 及 r_2 相联系。故

$$\Delta_{jb} = 2 \times 0.01 \text{ mm} + 0.008 \text{ mm} = 0.028 \text{ mm}$$

$$\Delta_{jw} = \frac{\delta_{d_1}}{2 \sin \dfrac{\alpha}{2}} = \frac{0.013 \text{ mm}}{2 \sin \dfrac{90°}{2}} = 0.009\ 2 \text{ mm}$$

因工序基准 G 不在工件定位面外圆上,故有

$$\Delta_{dw} = \Delta_{jw} + \Delta_{jb} = 0.028 \text{ mm} + 0.009\ 2 \text{ mm} = 0.037\ 2 \text{ mm}$$

计算所得定位误差 $\Delta_{dw} = 0.037\ 2$ mm $< (0.2 \times 2)/3$ mm $= 0.13$ mm,故此方案可行。

例2.5 如图2.38所示为连杆盖的工序图,现要求加工其上的4个定位销孔。根据加工要求,用平面 A 和 $2 - \phi 12\,_{0}^{+0.027}$ mm 的孔定位。已知两定位孔的中心距为 (59 ± 0.1) mm,试设计两定位销尺寸并计算定位误差。

解 ①确定定位销中心距尺寸及公差。取 $\delta_{Ld} = 1/5\delta_{LD} = 1/5 \times 0.2$ mm $= 0.04$ mm,则两定位销中心距为 (59 ± 0.02) mm。

②确定圆柱销尺寸及公差。取 $\phi 12 g6$: $\phi 12\,_{-0.017}^{-0.006}$ mm。

③按表2.2选定削边销的 b_1 及 B 的值。取 $b_1 = 4$ mm,$B = d - 2 = (12 - 2)$ mm $= 10$ mm。

④确定削边销的直径尺寸及公差。取 $a = \delta_{LD} + \delta_{Ld} = 0.2$ mm $+ 0.04$ mm $= 0.24$ mm,则

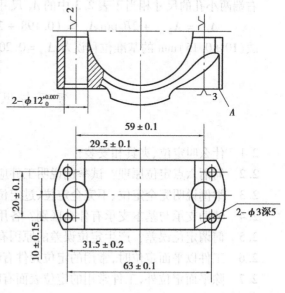

图 2.38 连杆盖的工序图

$$X_{2\min} = \frac{2ab_1}{D_{2\min}} = \frac{2 \times 0.24 \times 4}{12}\text{mm} = 0.16 \text{ mm}$$

故　　　　　　　$d_{2\max} = D_{2\min} - X_{2\min} = 12 \text{ mm} - 0.16 \text{ mm} = 11.84 \text{ mm}$

削边销与孔的配合取 h6,其下偏差为 -0.011 mm,故削边销直径为 $\phi 11.84_{-0.011}^{\ 0}\text{mm}$。

故　　　　　　　$d_{2\max} = \phi 11.84 \text{ mm}$

⑤计算定位误差。本工序要保证的尺寸有 4 个,即 $(63 \pm 0.10)\text{mm}$,$(20 \pm 0.10)\text{mm}$,$(31.5 \pm 0.20)\text{mm}$,$(10 \pm 0.15)\text{mm}$。其中,$(63 \pm 0.10)\text{mm}$ 和 $(20 \pm 0.10)\text{mm}$ 取决于夹具上钻套之间的距离,与工件定位无关,因而无定位误差,只要计算 $(31.5 \pm 0.20)\text{mm}$ 和 $(10 \pm 0.15)\text{mm}$ 的定位误差即可。

a. 加工尺寸 $(31.5 \pm 0.20)\text{mm}$ 的定位误差。由于定位基准与工序基准不重合,两者的联系尺寸为 $(29.5 \pm 0.10)\text{mm}$,基准不重合误差应等于该定位尺寸的公差,即 $\Delta_{jb} = 0.2$。

由于 $(31.5 \pm 0.20)\text{mm}$ 是水平尺寸,根据表 2.3 得其基准位移误差为

$$\Delta_{jw} = X_{1\max} = D_{1\max} - d_{1\min} = (0.027 + 0.017)\text{mm} = 0.044 \text{ mm}$$

由于工序基准不在定位基面上,则

$$\Delta_{dw} = \Delta_{jw} + \Delta_{jb} = (0.044 + 0.2)\text{mm} = 0.244 \text{ mm}$$

b. 加工尺寸 $(10 \pm 0.15)\text{mm}$ 的定位误差。由于定位基准与工序基准重合,则 $\Delta_{jb} = 0$。分别计算左边两小孔和右边两小孔的基准位移误差,取最大的作为 $(10 \pm 0.15)\text{mm}$ 位移误差。因左、右两小孔都在 O_1,O_2 外侧,按图 2.31(b)计算得

$$\tan\Delta_\beta = \frac{X_{1\max} + X_{2\max}}{2L} = \frac{0.044 + 0.198}{2 \times 59} = 0.002$$

左端两小孔的尺寸相当于表 2.3 中的 A_1 尺寸,故

$$\Delta_{jw} = X_{1\max} + 2B_1\tan\Delta_\beta = (0.044 + 2 \times 2 \times 0.002)\text{mm} = 0.052 \text{ mm}$$

右端两小孔的尺寸相当于表 2.3 中的 A_5 尺寸,故

$$\Delta_{jw} = X_{2\max} + 2B_3\tan\Delta_\beta = (0.198 + 2 \times 2 \times 0.002)\text{mm} = 0.206 \text{ mm}$$

故 $(10 \pm 0.15)\text{mm}$ 的基准位移误差 $\Delta_{jw} = 0.206 \text{ mm}$。定位误差为 $\Delta_{dw} = \Delta_{jw} = 0.206 \text{ mm}$。

复习与思考题

2.1　什么叫定位、夹具和安装?

2.2　何谓六点定位原理?试举例说明工件应该限制的自由度与加工要求之间的关系。

2.3　举例说明完全定位、不完全定位、过定位和欠定位。

2.4　辅助支承与基本支承有什么区别?各用于什么场合?

2.5　何谓定位误差?产生定位误差的原因有哪些?

2.6　工件以平面定位时,常用的定位元件有哪些?各适用于什么场合?

2.7　除平面定位外,工件常用的定位表面有哪些?相应的定位元件有哪些类型?

2.8　在卧式铣床上,用三面刃铣刀加工如图 2.39 所示零件的槽。本工序为最后工序。试设计一个能满足加工要求的定位方案。

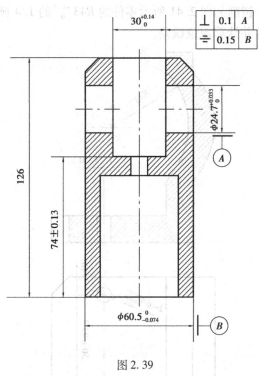

图 2.39

2.9　在卧式铣床上,用三面刃铣刀加工如图 2.40 所示零件的槽 $20^{+0.11}_{0}$。本工序为最后工序。试设计一个能满足加工要求的定位方案。

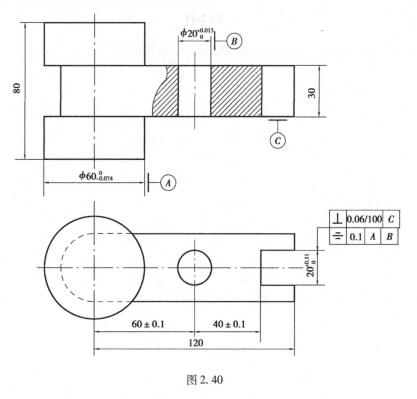

图 2.40

47

2.10 在卧式镗床上镗削如图 2.41 所示零件的 $R43_{0}^{+0.5}$ 的 1/4 圆孔,采用"一面两销"定位。试设计两定位销尺寸并计算定位误差。

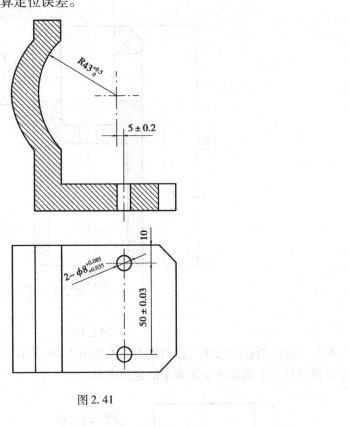

图 2.41

第3章

工件在夹具中的夹紧

在机械加工过程中,为保证工件定位时所确定的正确加工位置,防止工件在切削力、惯性力、离心力及重力等外力作用下发生位移和振动,以保证加工质量和生产安全,必须在机床夹具上采用夹紧装置将工件夹紧。夹紧是工件装夹过程中的重要组成部分,工件定位后必须通过一定的装置产生夹紧力把工件固定,使工件保持在准确定位的位置上。因此夹紧装置的合理性、可靠性和安全性,对工件加工的技术和经济效益有重大影响。

3.1 夹紧装置的组成

3.1.1 夹紧装置的基本组成

工件定位后将其固定,使其在加工过程中保持定位位置不变的装置,称为夹紧装置。夹紧装置的复杂程度,往往花费设计人员很多的心血。夹紧装置的结构取决于被夹紧工件的结构、工件在夹具中的定位方案、夹具的总体布局及工件的生产类型等因素,因此夹具的结构种类很多。根据结构特点和功能,一般夹紧装置由力源装置、中间传力机构和夹紧元件3部分组成。

①力源装置。力源装置是产生夹紧力的装置,所产生的力称为原始力。通常是指动力夹紧时所用的气动装置、液压装置、电动装置、电磁装置、气-液联动装置、真空装置等。如图3.1所示的汽缸1便是气动夹紧装置。手动夹紧时的力源来自人力,比较费时费力,没有力源装置。

②中间传力机构。是介于力源和夹紧元件之间的传力机构,如图3.1所示的斜楔2。中间传力机构可以改变力的方向和大小。一般都具有自锁性能,当原始力消失后仍能保证可靠地夹紧工件,这一点对手动夹紧装置尤其重要。

③夹紧元件。夹紧元件是与工件直接接触完成夹紧功能的最终执行元件,如图3.1所示的压板4。

以上夹紧装置各组成部分及其相互关系如图3.2所示。

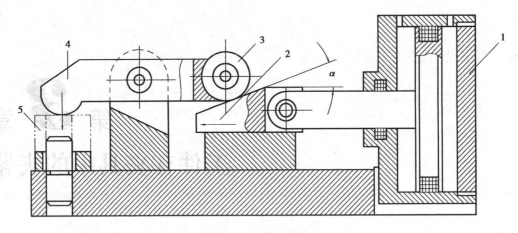

图 3.1　夹紧装置示例

1—汽缸;2—斜楔;3—滚子;4—压板;5—工件

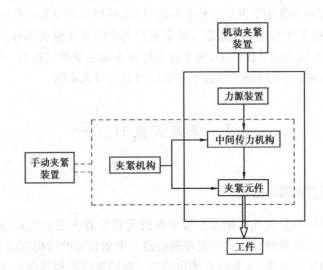

图 3.2　夹紧装置的组成关系

3.1.2　夹紧装置的基本要求

夹紧装置的设计与选用是否正确、合理,直接影响工件的加工精度、表面粗糙度和加工时间,影响生产率、劳动强度等。因此,夹紧装置必须满足下列基本要求:

①夹紧必须保证定位准确可靠,而不能破坏定位。

②夹紧力大小要可靠和适当。工件和夹具的夹紧变形必须在允许的范围内。

③操作安全、方便、省力,具有良好的结构工艺性,便于制造,方便使用和维修。

④夹紧机构必须可靠。手动夹紧机构必须保证自锁,机动夹紧应有联锁保护装置,夹紧行程必须足够。

⑤夹紧机构的复杂程度、自动化程度必须与生产纲领和工厂生产条件相适应。

3.2 夹紧装置设计的基本问题

3.2.1 夹紧力的确定

夹紧力的确定包括夹紧力的方向、作用点和大小3个要素,必须依据工件的结构特点、加工要求、切削力和其他外力作用工件的情况,以及定位元件的结构和布置方式等综合考虑。

(1)夹紧力的方向

在实际生产中,尽管工件的安装方式各式各样,但对夹紧力作用方向的选择必须考虑以下3点:

①夹紧力的方向应有助于定位稳定,且主夹紧力应朝向主要定位基面。如图3.3所示的直角支座镗孔,要求孔与A面垂直,为了保证加工质量,应以A面作为主要定位基面,夹紧力F_W的方向与之垂直。图3.3(b)、图3.3(c)中所示的F_W方向都不利于保证镗孔轴线与A面的垂直度,而图3.3(d)中所示的F_W朝向了主要定位基面,则有利于保证加工轴线与A面的垂直度。

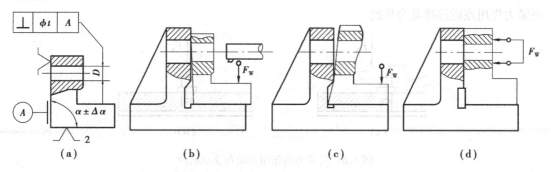

图3.3 夹紧力应指向主要定位基面

②夹紧力的方向应有利于减小夹紧力。夹紧力F_W的方向最好与切削力F、工件重力G的方向重合,这时所需要的夹紧力为最小。在保证夹紧可靠的情况下,减小夹紧力可以减轻工人的劳动强度,提高生产效率,同时还可使机构轻便、紧凑以及减少工件变形。如图3.4所示为工件在夹具中加工时常见的几种受力情况。显然,图3.4(a)受力方向最合理,图3.4(f)情况最差。

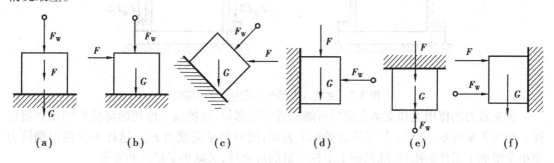

图3.4 夹紧力方向与夹紧力大小的关系

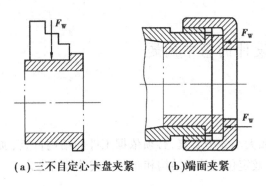

(a)三不自定心卡盘夹紧　　(b)端面夹紧

图 3.5　薄壁套筒的夹紧

③夹紧力方向应是工件刚性较好的方向，以减小工件变形。这一原则对刚性差的工件特别重要。由于工件在不同方向上刚度是不等的，不同的受力表面也因其接触面积大小而变形各异，尤其在夹压薄壁工件时，更需注意。如图 3.5 所示为薄壁套的夹紧。如图 3.5(a)所示采用三爪自定心卡盘夹紧，易引起工件的夹紧变形。若镗孔，内孔加工后将有三棱圆形圆度误差。图 3.5(b)为改进后的夹紧方式，采用端面夹紧，可避免上述圆度误差。

(2)夹紧力的作用点

夹紧力作用点是指夹紧件与工件接触的一小块面积。选择作用点的问题是指在夹紧方向已定的情况下确定夹紧力作用点的位置和数目。合理选择夹紧力作用点必须注意以下 3 点：

①夹紧力的作用点应落在定位元件的支承范围内。如图 3.6(a)所示，夹紧力作用点在支承面范围之外，夹紧时会使工件倾斜或移动，从而破坏工件的定位；而如图 3.6(b)所示的夹紧力作用点的选择是合理的。

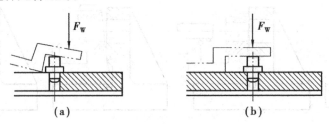

图 3.6　夹紧力的作用点应在支承面内

②夹紧力的作用点应选在工件刚性较好的部位。这样不仅能增强夹紧系统的刚性，而且可使工件的夹紧变形降至最小。这一原则对刚度较差的工件尤为重要。如图 3.7 所示，夹紧薄壁箱体时，夹紧力不应作用在箱体顶面的一点，如图 3.7(a)所示；而应作用在刚性较好的凸边两点(见图 3.7(b))，这样工件变形大为改善，而且夹紧也可靠。

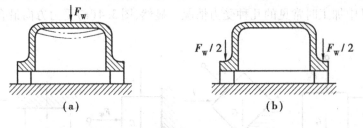

图 3.7　夹紧力作用点应在刚性好的部位

③夹紧力的作用点和支承点应尽可能靠近切削部位，以提高工件切削部位的刚度和抗振性。如图 3.8 所示，支承 a 尽量靠近被加工表面，同时给予夹紧力 F_{W2}，这样不仅使得翻转力矩小又增加了工件的刚性，既保证了定位夹紧的可靠性，又减小了振动和变形。

(3) 夹紧力的大小

夹紧力的大小对于保证定位稳定性、夹紧可靠性以及确定夹紧机构的尺寸都有很大影响。夹紧力过小,不仅在加工过程中可能发生位移或振动,影响加工质量,而且可能造成安全事故。而夹紧力过大,则不仅使整个夹具结构尺寸变得过于笨重,而且会增加夹紧变形,同样会影响加工质量。

夹紧力大小需要准确的场合,精确计算较复杂,一般通过实验确定。工程中,通常采用简化计算的办法。假定夹具和工件构成刚性系统,根据工件受切削力、夹紧力、工件重力、惯性力等的作用情况,找出加工过程中对夹紧力最不利的瞬间,按静力平衡原理计算出理论夹紧

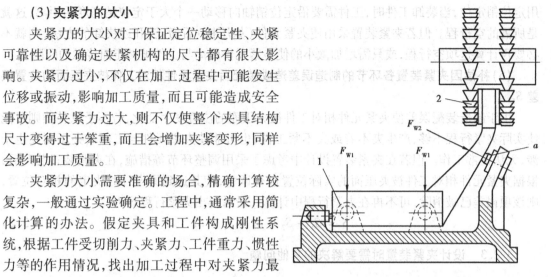

图 3.8　夹紧力作用点应靠近加工表面
1—工件;2—刀具

力,再乘以安全系数,即得实际所需夹紧力:

$$F_W = kF'_W \qquad (3.1)$$

式中　F_W——实际所需夹紧力,N;

　　　F'_W——在一定条件下,由静力平衡算出的理论夹紧力,N;

　　　k——安全系数,粗略计算时,粗加工取 $k = 2.5 \sim 3$,精加工时取 $k = 1.5 \sim 2$。

夹紧力三要素的确定,实际是一个综合性问题,必须全面考虑工件结构特点、工艺方法、定位元件的结构和布置等多种因素,才能最后确定并具体设计出较为理想的夹紧装置。

3.2.2　夹紧行程的确定

夹紧装置实现夹紧操作的过程中,夹紧元件在工件被压紧面的法线方向上的最大位移量就是该夹紧装置上的夹紧行程 S。在设计时,要考虑下列因素:

(1) 夹紧行程的储备量 S_1

夹紧装置的夹紧操作不能恰好用完所有夹紧行程,要留有一定的储备量,以免装置因磨损造成夹不紧或进入死点位置。

(2) 适应一批工件被夹压面位置变化量 S_2

由于工件的制造误差,一批工件的被夹压面位置不可能一致,因此,夹紧元件应有足够的夹紧行程以适应工件被夹压面位置的变化,否则会产生压不着工件等失误现象。S_2 可根据工件的有关尺寸,进行被夹压面位置变化的计算而得出。

(3) 补偿夹紧装置各组成环节间存在的间隙和夹紧系统的夹紧变形所需的夹紧行程补偿量 S_3

若不补偿这些因素,则当夹紧工件时,由于先要消除各组成环节间存在的间隙以及相应各环节受力后产生的弹性变形,占据了部分夹紧行程,结果原夹紧行程不够,产生工件夹不着或夹不紧现象。

(4) 为方便工件装卸所需的空行程 S_4

此项空行程的大小因工件定位方式和夹紧装置的具体结构而不同。例如,工件的定位孔

用定位销定位,当装卸工件时,工件需要沿定位销轴向移动一个大于定位销高度的距离,这就是所需的空行程。但若夹紧装置采用使夹紧元件(如压板)后撤、转开或快卸的方法,则就不必要再计算这项空行程,或只需增加微小的使夹紧元件脱离与工件被夹压面接触的间隙量。

(5)补偿因夹紧装置各环节的制造误差造成装配后夹紧元件相对工件被夹压面的位置误差 S_5

由于制造装配误差使夹紧元件相对工件被夹压面的位置发生变化,若不予以补偿则可能使实际夹紧行程不够,产生夹不着或夹不紧工件,也可能使夹紧元件与工件被夹压面发生干涉,无法正常工作。但若在夹紧装置设计中考虑了采用调整环节等措施,在夹紧装置装配后,根据夹紧元件相对工件被夹压面的实际位置进行调整,使其达到原设计时决定的相对位置,则该项误差已被消除,可不再在夹紧行程中计算。最后得出夹紧行程 S 为

$$S = S_1 + S_2 + S_3 + S_4 + S_5 \tag{3.2}$$

3.2.3 设计夹紧装置时需要解决的其他问题

除了上述两个主要问题之外,设计夹紧装置时还需考虑下列主要问题:

①保证夹紧装置工作可靠。夹紧装置在加工过程中若工作不可靠,产生夹紧力不足或消失的事故,则在各种外力的作用下不能保持工件的准确定位,无法保证加工要求。严重时导致发生设备和人身事故。因而在设计中应予以重视。最主要的问题是自锁性能问题。

所谓自锁作用,就是指当夹紧力源消失后,依靠夹紧装置中各有关环节的摩擦阻力,使夹紧装置仍保持原来的夹紧状态,以免夹紧力消失造成事故。对于手动夹紧装置来说,必须具有自锁作用,对于机动夹紧装置来说,也希望具有自锁性能以保证夹紧装置工作安全可靠。

此外,还可根据具体夹紧装置的结构、机床的工作要求和生产类型等特点,采用一些防止夹紧装置失效的安全连锁装置。例如,当夹紧力源的作用力不够或消失时,采用压力继电器停止机床工作,夹紧元件没有处在正确的夹紧位置时则机床不能开动等。

②实现快速夹紧和松夹以提高劳动生产率。

③采用机动夹紧装置或增力机构,使夹紧操作省力,减轻工人劳动强度。

④具有良好的工艺性,使夹紧装置结构简单,制造、装配、维修方便。

3.3 基本夹紧机构

夹紧机构的选择需要满足加工方法、工件所需夹紧力大小、工件结构、生产率等方面的要求,因此,在设计夹紧机构时,首先需要了解各种基本夹紧机构的工作特点(如能产生多大的夹紧力、自锁性能、夹紧行程、扩力比等)。夹紧机构的种类虽然很多,但其结构大都以斜楔夹紧机构、螺旋夹紧机构和偏心夹紧机构为基础,这3种夹紧机构统称为基本夹紧机构。

3.3.1 斜楔夹紧机构

斜楔夹紧机构主要用于增大夹紧力或改变夹紧力方向。如图3.9(a)所示为手动式斜楔夹紧机构,如图3.9(b)所示为机动式斜楔夹紧机构。

在图3.9(b)中,斜楔2在气动(或液动)作用下向前推进,装在斜楔2上方的柱塞3在弹

簧的作用下推动压板 6 向前。当压板 6 与螺杆 5 靠近时,斜楔 2 继续前进,此时柱塞 3 压缩弹簧 7 而压板 6 停止不动。当斜楔 2 再向前前进时,压板 6 后端抬起,前端将工件压紧。斜楔 2 只能在楔座 1 的槽内滑动。当斜楔 2 向后退时,弹簧 7 将压板 6 抬起,斜楔 2 上的销子 4 将压板 6 拉回。

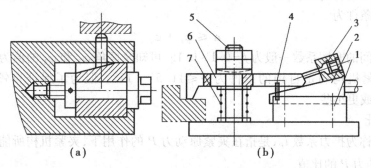

图 3.9　斜楔夹紧机构
1—楔座;2—斜楔;3—柱塞;4—销子;5—螺杆;6—压板;7—弹簧

(1)夹紧力的计算

斜楔在夹紧过程中的受力分析如图 3.10(a) 所示。工件与夹具体给斜楔的作用力分别为 F_W 和 R;工件和夹具体与斜楔的摩擦力分别为 F_2 和 F_1,相应的摩擦角分别为 φ_2 和 φ_1。R 与 F_1 的合力为 R_1,F_W 与 F_2 的合力为 Q_1。

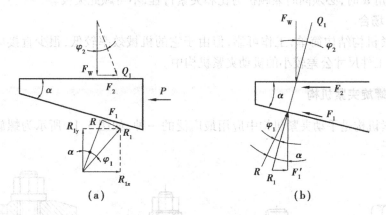

图 3.10　斜楔夹紧力的计算

当斜楔处于平衡状态时,根据静力学平衡,则

$$P = F_2 + R_{1X}, \quad F_W = R_{1Y}, \quad F_2 = F_W \tan \varphi_2, \quad R_{1X} = R_{1Y} \tan(\alpha + \varphi_1) \tag{3.3}$$

可得斜楔对工件所产生的夹紧力 F_W 为

$$F_W = \frac{P}{\tan(\alpha + \varphi_1) + \tan \varphi_2} \tag{3.4}$$

式中　P——夹紧原动力,N;

　　　α——斜楔的楔角,(°),一般为 6°~10°;

　　　φ_1 和 φ_2——斜楔与夹具体和工件间的摩擦角,(°)。

由于 α、φ_1 和 φ_2 均较小,设 $\varphi_1 = \varphi_2 = \varphi$,由式(3.4)可得

$$F_W = \frac{P}{\tan(\alpha + 2\varphi)}$$

(2)自锁条件

当工件夹紧并撤除夹紧原动力 P 后,夹紧机构依靠摩擦力的作用,仍能保持对工件的夹紧状态的现象称为自锁。根据这一要求,当撤除夹紧原动力 P 后,此时摩擦力的方向与斜楔松开的趋势相反,斜楔自锁时的受力分析如图 3.10(b)所示,要自锁,必须满足: $F_2 \geqslant F_1'$,则斜楔夹紧的自锁条件为

$$\alpha \leqslant \varphi_1 + \varphi_2$$

钢铁表面间的摩擦系数一般为 $f = 0.1 \sim 0.15$,可知摩擦角 φ_1 和 φ_2 的值为 $5.75° \sim 8.5°$。因此,斜楔夹紧机构满足自锁的条件为 $\alpha \leqslant 11.5° \sim 17°$。但为了保证自锁可靠,一般取 $\alpha = 10° \sim 15°$,或更小些。

(3)扩力比

扩力比也称为扩力系数 i_P,是指在夹紧原动力 P 的作用下,夹紧机构所能产生的夹紧力 F_W 与夹紧原动力 P 的比值。

(4)行程比

一般把斜楔的移动行程 L 与工件需要的夹紧行程 s 的比值,称为行程比 i_s,它在一定程度上反映了对某一工件夹紧的夹紧机构的尺寸大小。

当夹紧原动力 P 和斜楔行程 L 一定时,楔角 α 越小,则产生的夹紧力 F_W 和夹紧行程比就越大,而夹紧行程 s 却越小。此时楔面的工作长度加长,致使结构不紧凑,夹紧速度变慢。因此,在选择楔角 α 时,必须同时兼顾扩力比和夹紧行程,不可顾此失彼。

(5)应用场合

斜楔夹紧机构结构简单,工作可靠,但由于它的机械效率较低,很少直接应用于手动夹紧,而常用在工件尺寸公差较小的机动夹紧机构中。

3.3.2 螺旋夹紧机构

螺旋夹紧机构是手动夹紧机构中应用最广泛的一种,如图 3.11 所示为螺旋夹紧机构的几个简单例子。

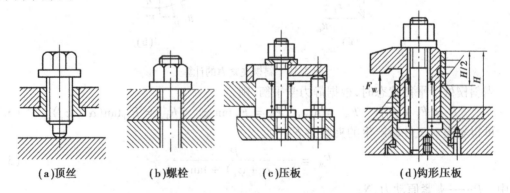

| (a)顶丝 | (b)螺栓 | (c)压板 | (d)钩形压板 |

图 3.11　螺旋夹紧机构示例

螺旋夹紧机构是从斜楔夹紧机构转化而来的,相当于将斜楔斜面绕在圆柱体上,转动螺旋时即可夹紧工件。如图 3.12 所示为手动单螺旋夹紧机构,转动手柄,使压紧螺钉 1 向下移动,通过浮动压块 5 将工件 6 夹紧。浮动压块既可增大夹紧接触面积,又能防止压紧螺钉旋转时带动工件偏转而破坏定位和损伤工件表面。螺旋夹紧机构的主要元件(如螺杆、压块等)

现已标准化,设计时可参考机床夹具设计手册。

(1)单螺旋夹紧机构

单螺旋夹紧机构如图 3.11(a)、图 3.11(b)和图 3.12 所示,直接用螺钉或螺母夹紧工件的机构,称为单螺旋机构。

1)夹紧力的计算

如图 3.13 所示为螺旋夹紧的受力分析。根据力矩平衡原理,可得螺旋夹紧机构的夹紧力 F_W 为

$$F_W = \frac{PL}{r_1 \tan \varphi_2 + r_z \tan(\alpha + \varphi_1)} \quad (3.5)$$

式中　L——手柄长度,mm;

r_z——螺旋中径一半,mm;

r_1——压紧螺钉端部的当量摩擦半径,mm;

α——斜楔的楔角,(°),一般为 $2° \sim 4°$;

φ_1——螺旋与螺杆间的摩擦角,(°);

φ_2——工件与螺杆头部(或压块)间的摩擦角,(°)。

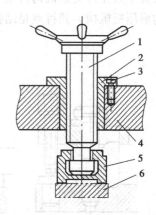

图 3.12　手动单螺旋夹紧机构
1—压紧螺钉;2—螺纹衬套;
3—止动螺钉;4—夹具体;
5—浮动压块;6—工件

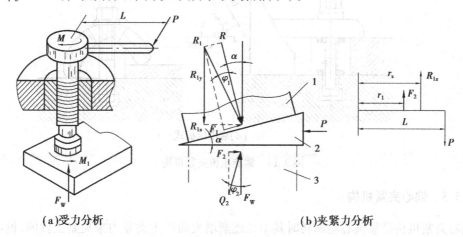

(a)受力分析　　　(b)夹紧力分析

图 3.13　螺旋夹紧力的计算
1—螺母;2—螺杆;3—工件

2)自锁条件

螺旋夹紧机构自锁条件和斜楔夹紧的自锁条件相同,即 $\alpha \leqslant \varphi_1 + \varphi_2$。但螺旋夹紧机构的螺旋升角很小(一般为 $2° \sim 4°$),故自锁性能好。

3)扩力比

因为螺旋升角小于斜楔的楔角,螺旋夹紧机构的扩力作用远远大于斜楔夹紧机构。

4)应用场合

螺旋夹紧机构结构简单,制造容易,夹紧行程大,扩力比大,自锁性能好,应用广泛,尤其适用于手动夹紧机构,但夹紧动作缓慢,效率低,不宜使用在自动化夹紧装置上。

(2)螺旋压板夹紧机构

夹紧机构中,结构形式变化最多的是螺旋压板机构。常见典型的螺旋压板机构如图 3.14 所示。可根据夹紧力的大小、工件高度、夹紧机构允许占有的部位和面积进行选择。例如,当

夹具中只允许夹紧机构占很小面积,夹紧力要求不很大时,可选用如图3.14(c)所示的螺旋钩形压板机构。其特点是结构紧凑,使用方便。

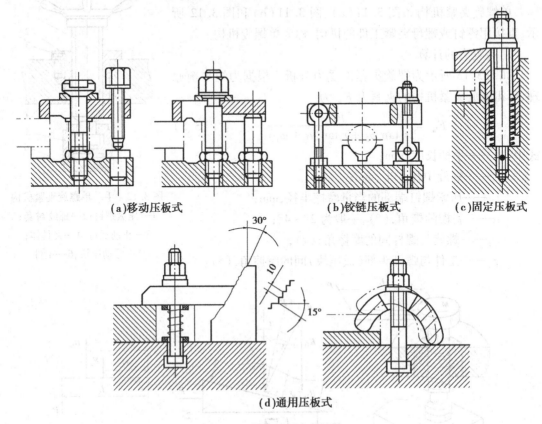

(a)移动压板式　　　　　　　　(b)铰链压板式　　　　(c)固定压板式

(d)通用压板式

图 3.14　螺旋压板夹紧机构

3.3.3　偏心夹紧机构

偏心夹紧机构是靠偏心轮回转时其半径逐渐增大而产生夹紧力来夹紧工件的,偏心夹紧机构常与压板联合使用,如图3.15所示。常用的偏心轮有曲线偏心和圆偏心。曲线为阿基米德曲线或对数曲线,这两种曲线的优点是升角变化均匀或不变,可使工件夹紧稳定可靠,但制造困难;圆偏心外形为圆,制造方便,应用广泛。下面介绍圆偏心夹紧机构。

偏心夹紧机构的夹紧原理与斜楔夹紧机构相似,只是斜楔夹紧的楔角不变,而偏心夹紧的楔角是变化的。如图3.16(a)所示的偏心轮展开后,其情形如图3.16(b)所示。

(1)夹紧力的计算

如图3.17所示为偏心轮在 P 点处夹紧时的受力情况。此时,可以将偏心轮看做是一个楔角为 α 的斜楔,该斜楔处于偏心轮回转轴和工件垫块夹紧面之间,可得圆偏心夹紧的夹紧力 F_W 为

$$F_W = \frac{PL}{\rho[\tan\varphi_2 + \tan(\alpha + \varphi_1)]} \tag{3.6}$$

(2)自锁条件

根据斜楔自锁条件,可得圆偏心夹紧机构的自锁条件为

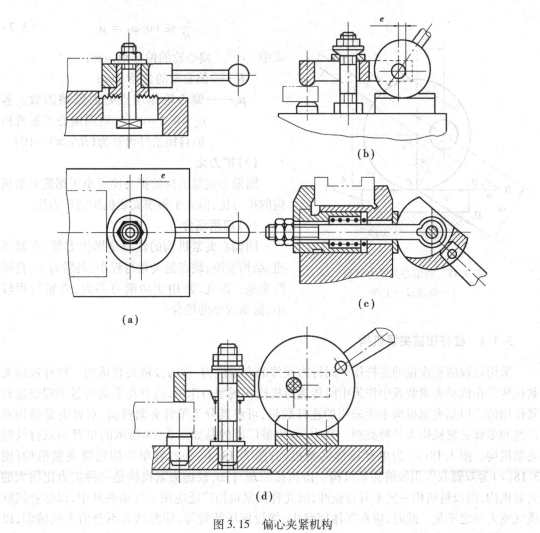

图 3.15　偏心夹紧机构

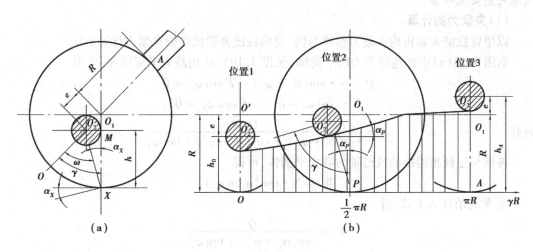

图 3.16　偏心夹紧原理

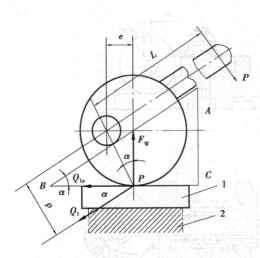

图 3.17 圆偏心夹紧力计算
1—垫块；2—工件

$$\frac{e}{R} \leqslant \tan \varphi_2 = \mu_2 \qquad (3.7)$$

式中　e——偏心轮的偏心距，mm；

　　　R——偏心轮的半径，mm；

　　　μ_2——偏心轮作用点处的摩擦因数。若 $\mu_2 = 0.1 \sim 0.15$，则圆偏心夹紧机构的自锁条件可写为（$R/e \geqslant 7 \sim 10$）。

（3）扩力比

圆偏心夹紧机构的扩力比远小于螺旋夹紧机构的扩力比，但大于斜楔夹紧机构的扩力比。

（4）应用场合

圆偏心夹紧机构的优点是操作方便、夹紧迅速、结构紧凑；缺点是夹紧行程小、夹紧力小、自锁性能差。因此，常用于切削力不大、夹紧行程较小、振动较小的场合。

3.3.4　杠杆铰链夹紧机构

采用以铰链相连接的连杆作中间传力元件的夹紧机构，称为铰链夹紧机构。杠杆铰链夹紧机构常在机动夹紧装置中作为中间传递力机构实现增力作用，也有在手动夹紧中起快速夹紧作用的。根据夹紧机构中所采用的连杆数量，可将其分为单臂夹紧机构、双臂夹紧机构及三臂和多臂夹紧机构等各种类型。其中，应用最广泛的是如图 3.18 所示的单臂和双臂铰链夹紧机构。图 3.18(a) 为单臂铰链夹紧机构；图 3.18(b) 为双臂单作用铰链夹紧机构；图 3.18(c) 为双臂双作用铰链夹紧机构。由机械原理可知，铰链夹紧机构是一种扩力比很大的夹紧机构，但铰链机构一般不具自锁性，故此种夹紧机构广泛应用于气动夹具中，以弥补汽缸或气室力量之不足。此时，应在气体回路中，增设保压装置等，使源动力不会消失或减弱，以确保夹紧安全可靠。

（1）夹紧力的计算

以单臂铰链夹紧机构夹紧力推算为例，说明铰链夹紧机构的夹紧力计算方法。

取图 3.18(a) 中的连杆为力的平衡体（见图 3.19），应用静力平衡原理，可得

$$Q - N \cdot \sin(\alpha_j + \varphi') - F \sin \varphi_1 = 0$$
$$N \cdot \cos(\alpha_j + \rho') - F \cos \varphi_1 = 0$$

则有

$$N = \frac{Q}{\sin(\alpha_j + \varphi') + \cos(\alpha_j + \varphi') \cdot \tan \varphi_1}$$

再取与连杆相连接的铰链轴为静力平衡体，可得

$$W = N \cdot \cos(\alpha_j + \varphi')$$

将 N 的值代入上式，得

$$W = \frac{Q}{\tan(\alpha_j + \varphi') + \tan \varphi_1}$$

则

$$i_Q = \frac{1}{\tan(\alpha_j + \varphi') + \tan \varphi_1}$$

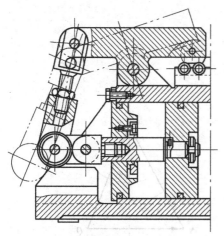
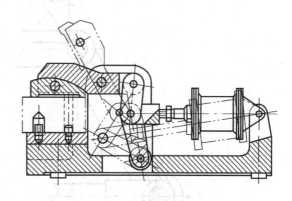

(a)单臂铰链夹紧机构　　　　　(b)双臂单作用铰链夹紧机构

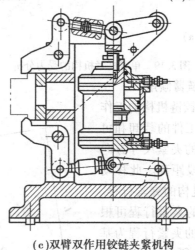

(c)双臂双作用铰链夹紧机构

图 3.18　铰链夹紧机构

式中　　W——铰链夹紧机构的夹紧力,N;

　　　　Q——拉杆作用在连杆上的拉力,近似于原作用力,N;

　　　　N——连杆作用在铰链轴上的力,并与连杆两端铰链的摩擦圆相切,N;

　　　　F——滚子作用在连杆上的力,并通过滚子与其支承的接触点且同铰链的摩擦圆相切,N;

　　　　α_j——夹紧工件后连杆的倾斜角;

　　　　φ'——连杆两端铰链销轴处的摩擦角;

　　　　φ_1——滚子与垫板面间的滚动当量摩擦角;

$$\tan \varphi_1 \cong \sin \varphi_1 = \frac{r}{R}\tan \varphi$$

　　　　φ——铰链轴承和滚子轴承的摩擦角;

　　　　r——滚子铰链轴承半径,mm;

　　　　R——滚子半径,mm;

　　　　i_Q——增力系数。

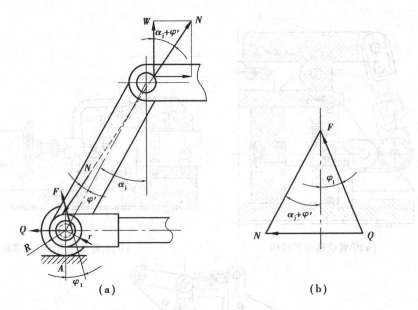

图 3.19　单臂夹紧机构的受力分析

(2)夹紧行程和相应的铰链臂倾角

如图 3.18(a)所示为单臂铰链机构的工作原理图。由图中可知,为满足工件的装卸和可靠的夹紧,铰链轴必须在工件的夹紧尺寸方向(此处为垂直方向)上移动一段距离。此移动距离称为夹紧点或铰链夹紧机构的夹紧行程。至于夹紧元件(图中的压板)的夹紧行程可根据具体情况,以铰链夹紧机构的夹紧行程为基础,进行分析计算。如图 3.20 所示,压板夹压头的夹紧行程,通过压板的杠杆比即可求出。

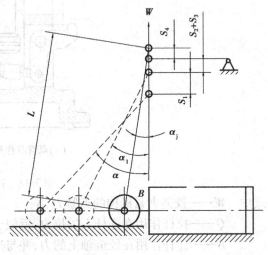

铰链夹紧机构的夹紧行程由下式表达为

$$S = S_1 + S_2 + S_3 + S_4$$

式中　S——铰链夹紧机构的夹紧行程;

S_1——确保夹紧机构不失效的最小行程储备量;

图 3.20　铰链夹紧机构的夹紧行程示意图

S_2——补偿工件在夹紧方向上的尺寸偏差所需要的夹紧行程,其值为工件的夹紧尺寸公差;

S_3——用于补偿夹紧系统的夹紧变形所需行程,其值取决于夹紧系统的刚度;

S_4——空行程,即为满足装卸工件所需的夹紧行程,其值视工件的装夹情况而定。

3.4 其他夹紧机构

3.4.1 联动夹紧机构

在夹紧机构设计中,有时需要对一个工件上的几个点或对多个工件同时进行夹紧。一次夹紧动作能使几个点同时夹紧工件的机构称为联动夹紧机构或多位夹紧机构。联动夹紧机构既可对一个工件实现多点夹紧,也可用于多件夹紧。该夹紧机构因便于实现多件加工,故能减少工件装夹时间,提高生产率,减轻劳动强度,操作方便迅速,在自动线和各种高效夹具中得到了广泛的应用。

联动夹紧机构根据需要可设计成各种形式,但总的要求是各点的夹紧元件间必须用浮动件相联系,以保证各点都能同时夹紧。

(1)联动夹紧机构的主要类型

1)单件联动夹紧机构

单件联动夹紧机构大多用于分散的夹紧力作用点或夹紧力方向差别较大的场合。按夹紧力的方向,可分为单件同向联动夹紧机构、单件对向联动夹紧机构及互垂力或斜交力联动夹紧机构。

①单件同向联动夹紧机构。如图3.21(a)所示为浮动压头,通过浮动柱2的水平滑动协调浮动压头1,3实现对工件的夹紧。如图3.21(b)所示为联动钩形压板夹紧机构,通过薄膜汽缸9的活塞杆8带动浮动盘7和3个钩形压板5,可使工件4得到快速转位松夹。钩形压

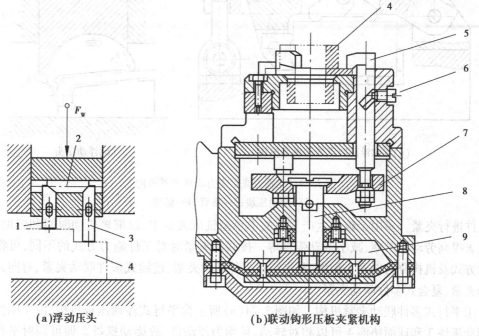

(a)浮动压头 (b)联动钩形压板夹紧机构

图 3.21 单件同向多点联动夹紧机构

1,3—浮动压头;2—浮动柱;4—工件;5—钩形压板;6—螺钉;7—浮动盘;8—活塞杆;9—薄膜汽缸

板 5 下部的螺母头及活塞杆 8 的头部都以球面与浮动盘 7 相连接,并在相关的长度和直径方向上留有足够的间隙,使浮动盘 7 充分浮动以确保可靠地联动。

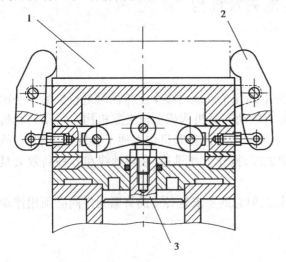

图 3.22　单件对向联动夹紧机构
1—工件;2—浮动压板;3—活塞杆

②单件对向联动夹紧机构。如图3.22所示为单件对向联动夹紧机构。当液压缸中的活塞杆 3 向下移动时,通过双臂铰链使浮动压板 2 相对转动,最后将工件 1 夹紧。

③互垂力或斜交力联动夹紧机构。如图 3.23(a)所示为双向浮动四点联动夹紧机构,把两个摆动压块 1,3 装在一个本身也可以摆动的钩形板上,构件从两个方向共 4 个点同时夹紧,两个方向的夹紧力由夹紧后的力矩平衡关系求出。如图 3.23(b)所示为通过摆动压块 1 实现斜交力两点联动夹紧的浮动压头。

2)多件联动夹紧机构

多件联动夹紧机构是用一个原始作用力,通过一定的机构实现对数个相同或不同

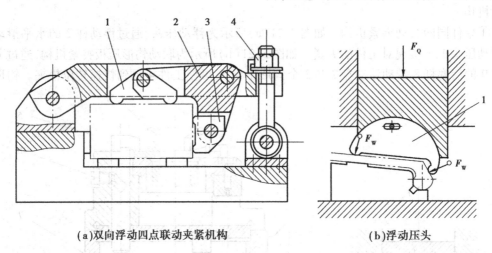

(a)双向浮动四点联动夹紧机构　　　　　(b)浮动压头

图 3.23　互垂力或斜交力联动夹紧机构
1,3—摆动压块;2—摇臂;4—螺母

的工件进行夹紧。多用于较大生产规模的中小型铣床夹具中,以缩短机动时间和辅助时间,可显著提高劳动生产率、减小劳动强度等。按联动夹紧时对工件施力方式的不同,可将联动夹紧方式及机构分为以下 4 种类型:平行式多件联动夹紧、连续式多件联动夹紧、对向式多件联动夹紧、复合式多件联动夹紧。

①平行式多件联动夹紧机构。如图 3.24(a)所示为平行式浮动压板机构,由于刚性压板 2、摆动压块 3 和球面垫圈 4 可以相对转动,且均为浮动件,故旋动螺母 5 即可同时平行夹紧每个工件。如图 3.24(b)所示为液性介质联动夹紧机构。密闭腔内的不可压缩液性介质既能传递力,又起到浮动环节的作用。旋紧螺母 5 时,液性介质 8 推动各个柱塞,使它们与工件

全部接触并夹紧。由于工件有尺寸公差,采用如图3.24(c)所示的刚性压板2,则各工件所受的夹紧力就不能相同,甚至有些工件夹不住。因此,为了能均匀地夹紧工件,平行夹紧机构也必须有浮动环节。

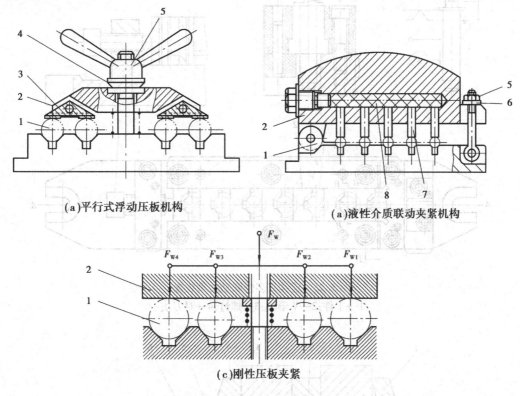

(a)平行式浮动压板机构　　　　　　　(a)液性介质联动夹紧机构

(c)刚性压板夹紧

图3.24　平行式多件联动夹紧机构

1—工件;2—刚性压板;3—摆动压块;4—球面垫圈;5—螺母;6—垫圈;7—柱塞;8—液性介质

②连续式多件联动夹紧机构。如图3.25所示,7个工件以外圆及轴肩在夹具的可移动V形块中定位,用螺钉3夹紧。V形块既是定位、夹紧元件,又是浮动元件,除左端第一个工件外,其他工件是浮动的。在理想条件下,各工件所受的夹紧力F_W均为螺钉输出的夹紧力F_w。实际上,在夹紧系统中,各环节的变形、传递力过程中均存在摩擦能耗,当被夹工件数量过多时,有可能导致工件夹紧力不足,或者首个工件被夹坏的结果。

此外,由于工件定位误差和定位夹紧件的误差依次传递、逐个积累,造成夹紧力方向的误差很大,故连续式夹紧适用于工件的加工面与夹紧力方向平行的场合。

③对向式多件联动夹紧机构。如图3.26所示,两对向压板1,4利用球面垫圈及间隙构成了浮动环节。当旋动偏心轮6时,迫使压板4夹紧右边的工件,与此同时拉杆5右移使压板1将左边的工件夹紧。这类夹紧机构可以减小原始作用力,但相应增大了对机构夹紧行程要求。

④复合式多件联动夹紧机构。凡将上述多件联动夹紧方式合理组合构成的机构,均称为复合式多件联动夹紧机构,如图3.27所示。

(2)联动夹紧机构的设计

①联动夹紧机构在两个夹紧点之间必须设置必要的浮动环节,并具有足够的浮动量,动

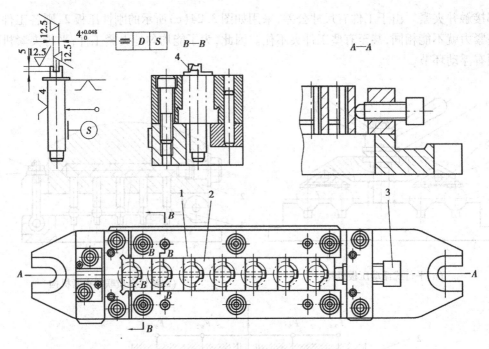

图 3.25　连续式多件联动夹紧装置
1—工件；2—V 形块；3—螺钉；4—对刀块

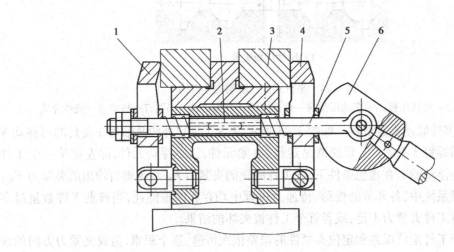

图 3.26　对向式多件联动夹紧机构
1,4—压板；2—键；3—工件；5—拉杆；6—偏心轮

作灵活,符合机械传动原理。

　　如前述联动夹紧机构中,采用滑柱、球面垫圈、摇臂、摆动压块和液性介质等作为浮动件的各个环节,它们补偿了同批工件尺寸公差的变化,确保了联动夹紧的可靠性。常见的浮动环节结构如图 3.28 所示。

　　②适当限制被夹工件的数量。在平行式多件联动夹紧机构中,若工件数量越多,则在一定原始力作用下,作用在各工件上的力越小,或者为了保证工件有足够的夹紧力,需无限增大原始力,从而给夹具的强度、刚度及结构等带来一系列问题。对连续式多件联动夹紧,由于摩

擦等因素的影响,各工件上所受的夹紧力不等,距原始
力越远,则夹紧力越小,故要合理确定同时被夹紧的工
件数量。

　　③联动夹紧机构的中间传力杠杆应力求增力,以
免使驱动力过大,并要避免采用过多的杠杆,力求结构
简单紧凑,提高工作效率,保证机构可靠的工作。

　　④设置必要的复位环节,保证复位准确,松夹装卸
方便。如图 3.29 所示,在拉杆 4 上装有固定套环 5。
松夹时,联动杠杆 6 上移,就可借助固定套环 5 强制拉
杆 4 向上,使压板 3 脱离工件,以便装卸。

　　⑤要保证联动夹紧机构的系统刚度。一般情况
下,联动夹紧机构所需总夹紧力较大,故在结构形式及

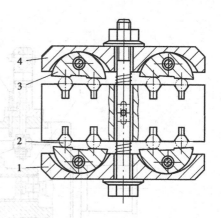

图 3.27　复合式多件联动夹紧机构
1,4—压板;2—工件;3—摆动压块

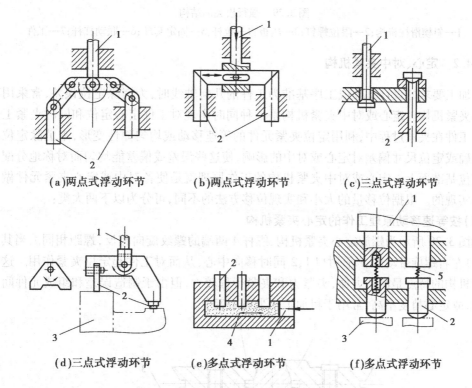

(a)两点式浮动环节　　　(b)两点式浮动环节　　　(c)三点式浮动环节

(d)三点式浮动环节　　　(e)多点式浮动环节　　　(f)多点式浮动环节

图 3.28　浮动环节的结构类型
1—动力输入端;2—输出端;3—工件;4—液性介质;5—弹簧

尺寸设计时必须予以重视,特别要注意一些传递力元件的刚度。图 3.29 中的联动杠杆 6 的
中间部位受较大弯矩,其截面尺寸应设计大些,以防止夹紧后发生变形或损坏。

　　⑥正确处理夹紧力方向和工件加工面之间的关系,避免工件在定位、夹紧时的逐个积累
误差对加工精度的影响。在连续式多件联动夹紧机构中,工件在夹紧力方向必须没有限制自
由度的要求。

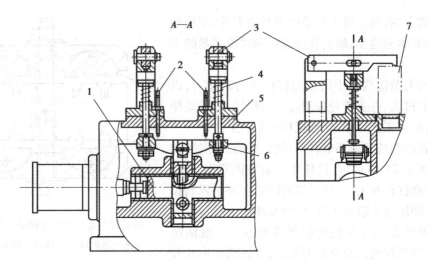

图 3.29 强行松夹的结构

1—斜楔滑柱机构;2—限位螺钉;3—压板;4—拉杆;5—固定套环;6—联动杠杆;7—工件

3.4.2 定心、对中夹紧机构

当加工要求的设计基准或工序基准为工件的几何轴线时,为消除定位误差,常采用对中或定心夹紧机构。定心或对中夹紧机构是一种同时实现对工件定心定位和同时夹紧工件的机构。工件在夹紧过程中,利用定位夹紧元件的等速移动或均匀弹性变形,来消除定位副制造不准确或定位尺寸偏差对定心或对中的影响,使这些误差或偏差能均匀而对称地分配在工件的定位基准面上。定心或对中夹紧机构的工作原理就是使各对中或定心夹紧元件做等速位移来实现的。根据位移量的大小和实现位移方法的不同,可分为以下两大类:

(1)按等速移动原理工作的定心夹紧机构

如图 3.30 所示为螺旋定心夹紧机构,螺杆 4 两端的螺纹旋向相反,螺距相同。当其旋转时,通过左右螺旋带动两 V 形钳口 1,2 同时移向中心,从而对工件起定位夹紧作用。这类定心夹紧机构的特点是制造方便,夹紧力和夹紧行程较大,但由于制造误差和组成元件间的间隙较大,故定心精度不高,常用于粗加工和半精加工中。

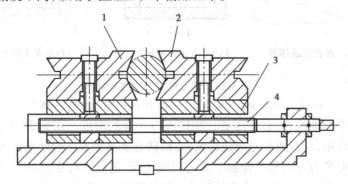

图 3.30 螺旋定心夹紧机构

1,2—V 形钳口;3—滑块;4—螺杆

（2）以均匀弹性变形原理工作的定心夹紧机构

当定心精度要求较高时，一般都利用这类定心夹紧机构，主要有弹簧夹头定心夹紧机构、弹性薄膜卡盘定心夹紧机构、液塑定心夹紧机构、碟形弹簧定心夹紧机构等。如图 3.31 所示为液性塑料定心夹紧机构，工件以内孔作为定位基面，装在薄壁套筒 2 上。起直接夹紧作用的薄壁套筒 2 则压配在夹具体 1 上，在所构成的环槽中注满了液性塑料 3。当旋转螺钉 5 通过柱塞 4 向腔内加压时，液性塑料 3 便向各个方向传递压力，在压力作用下薄壁套筒 2 产生径向均匀的弹性变形，从而将工件定心夹紧。

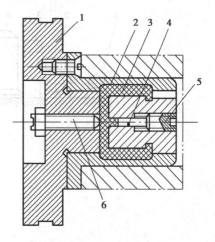

图 3.31　液性塑料定心夹紧机构
1—夹具体；2—薄壁套筒；3—液性塑料；
4—柱塞；5—螺钉；6—限位螺钉

3.5　夹紧动力装置设计

手动夹紧机构在各种生产规模中都有广泛应用，但动作慢，劳动强度大，夹紧力变动大。在大批量生产中，往往采用机动夹紧，如气压、液压、电动、电磁、弹力、离心力、真空吸力等。随着机械制造工业的迅速发展、自动化和半自动化设备的推广，以及在大批量生产中要求尽量减轻操作人员的劳动强度，现在大多采用气动、液压等夹紧来代替人力夹紧，这类夹紧机构还能进行远距离控制，其夹紧力可保持稳定，机构也不必考虑自锁，夹紧质量也比较高。

设计夹紧机构时，应同时考虑所采用的动力源。选择动力源时常应遵循以下两条原则：

①经济合理。采用某一种动力源时，首先应考虑使用的经济效益，不仅应使动力源设施的投资减少，而且应使夹具结构简化，降低夹具的成本。

②与夹紧机构相适应。动力源的确定很大程度上决定了所采用的夹紧机构，因此动力源必须与夹紧机构结构特性、技术特性以及经济价值相适应。

3.5.1　气动夹紧装置

气压动力源夹紧系统如图 3.32 所示。它包括 3 个组成部分：第 1 部分为气源，包括空气压缩机 2、冷却器 3、储气罐 4 等，这一部分一般集中在压缩空气站内。第 2 部分为控制部分，包括分水滤气器 6（降低湿度）、调压阀 7（调整与稳定工作压力）、油雾器 9（将油雾化润滑元件）、单向阀 10、配气阀 11（控制汽缸进气与排气方向）、调速阀 12（调节压缩气的流速和流量）等，这些气压元件一般安装在机床附近或机床上。第 3 部分为执行部分，如汽缸 13 等，它们通常直接装在机床夹具上与夹紧机构相联。

汽缸是将压缩空气的工作压力转换为活塞的移动，以此驱动夹紧机构，实现对工件夹紧。它的种类很多，按活塞的结构可分为活塞式和膜片式两大类；按安装方式可分固定式、摆动式和回转式等；按工作方式还可分为单向作用汽缸和双向作用汽缸。

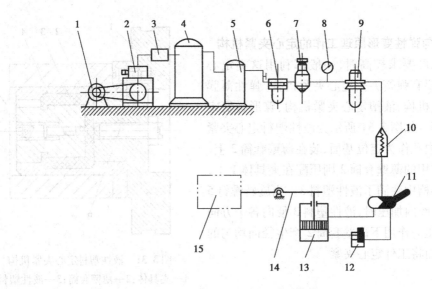

图 3.32　气压夹紧装置传动的组成

1—电动机；2—空气压缩机；3—冷却器；4—储气罐；5—过滤器；6—分水滤气器；7—调压阀；
8—压力表；9—油雾器；10—单向阀；11—配气阀；12—调速阀；13—汽缸；14—夹具示意图；15—工件

气动夹紧动力源的介质是空气，压缩空气具有黏度小、不变质和不污染，且在管道中的压力损失小，但气压较低，一般为 0.4 ~ 0.6 MPa。当需要较大的夹紧力时，汽缸就要很大，致使夹具结构不紧凑。此外，还有较大的排气噪声。

固定式汽缸和固定式液压缸相类似。回转式汽缸与气动卡盘如图 3.33 所示。它是用于车床夹具的，由于汽缸和卡盘随主轴回转，还需要一个导气接头。

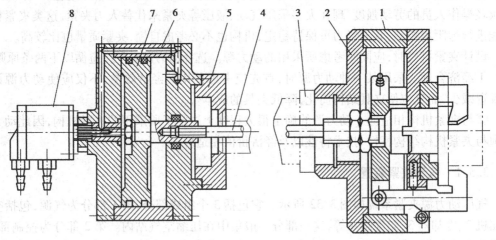

图 3.33　回转式汽缸与气动卡盘

1—卡盘；2—过渡盘；3—主轴；4—拉杆；5—连接盘；6—汽缸；7—活塞；8—导气接头

3.5.2　液压夹紧装置

液压动力源夹紧系统是利用液压油为工作介质来传递力的一种装置，具有压力大、体积小、结构紧凑、夹紧力稳定、吸振能力强、不受外力变化的影响等优点，但结构比较复杂、制造成本较高，因此仅适用于大批量生产。液压夹紧的传动系统与普通液压系统类似，但系统中常设有蓄能器,用以储蓄压力油,以提高液压泵电动机的使用效率。在工件夹紧后,液压泵电动机可停止工作,靠蓄能器补偿漏油,保持夹紧状态。

液压夹紧装置的工作原理和结构基本上与气动夹紧装置相似,它与气动夹紧装置相比有下列优点:

①压力油工作压力可达 6 MPa,因此液压缸尺寸小,不需增力机构,夹紧装置紧凑。

②压力油具有不可压缩性,因此夹紧装置刚度大、工作平稳可靠。

③液压夹紧装置噪声小。

其缺点是需要有一套供油装置,成本要相对高一些。因此,它适用于具有液压传动系统的机床和切削力较大的场合。

3.5.3　气液增压夹紧装置

气液增压夹紧装置是利用压缩空气为动力,油液为传动介质,兼有气动和液压夹紧装置的优点。如图 3.34 所示的气液增压器,就是将压缩空气的动力转换成较高压力的液体,供应夹具的夹紧液压缸。

气液增压器的工作原理:当三位五通阀由手柄打到预夹紧位置时,压缩空气进入左气室 B,活塞 1 右移,将 b 油室的油经 a 室压至夹紧液压缸下端,推动活塞 3 来预夹紧工件。由于 D 和 D_1 相差不大,因此压力油的压力 p_1 仅稍大于压缩空气压力 p_0。但由于 D_1 比 D_0 大,因此左汽缸会将 b 室的油大量压入夹紧液压缸,实现快速预夹紧。此后,将控制阀手柄打到高压夹紧位置,压缩空气进入右汽缸 C 室,推动活塞 2 左移,a,b 两室隔断。由于 D 远大于 D_2,使 a 室中压力增大许多,推动活塞 3 加大夹紧力,实现高压夹紧。当把手柄打到放松位置时,压缩空气进入左汽缸的 A 室和右汽缸的 E 室,活塞 1 左移而活塞 2 右移, a,b

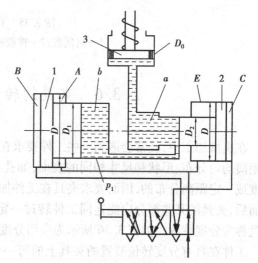

图 3.34　气液增压夹紧装置
1,2,3—活塞

两室连通,a 室油压降低,夹紧液压缸的活塞 3 在弹簧作用下下落复位,放松工件。

在可调整夹具的设计中,其动力装置一般采取如下处理方法:如果夹紧点位置变化较小时,动力装置不作变动,仅更换或调整压板即可;如果夹紧点位置变化较大时,应预留一套(或几套)动力装置,工件更换时,将动力源换接到相应位置的动力装置即可。

3.5.4　电磁夹紧装置

电动扳手和电磁吸盘等都属于硬特性动力源,在流水作业线常采用电动扳手代替手动,不仅提高了生产效率,而且克服了手动时施力的波动,并减轻了工人的劳动强度,是获得稳定夹紧力的方法之一。电磁吸盘动力源主要用于要求夹紧力稳定的精加工夹具中。如平面磨床上的电磁吸盘,当线圈中通上直流电后,其铁芯就会产生磁场,在磁场力的作用下将导磁性工件夹紧在吸盘上。

3.5.5　真空夹紧装置

对一些薄壁零件、大型薄板类零件、成形面零件或非磁性材料的薄片零件,使用一般夹紧装置难以控制变形量保证加工要求,因此常采用真空夹紧装置。

真空夹紧是利用工件上基准面与夹具上定位面间的封闭空腔抽取真空后来吸紧工件,或者就是利用工件外表面上受到的大气压力来压紧工件的。真空夹紧特别适用于由铝、铜及其合金、塑料等非导磁材料制成的薄板形工件或薄壳形工件。如图 3.35 所示为真空夹紧的工作情况,图 3.35(a)是未夹紧状态,图 3.35(b)是夹紧状态。

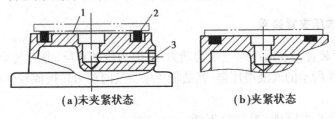

(a)未夹紧状态　　　　**(b)夹紧状态**

图 3.35　真空夹紧
1—封闭腔;2—橡胶密封圈;3—抽气口

3.6　夹具的转位和分度装置

在机械加工中,经常会遇到一些工件要求在夹具里一次装夹中加工一组按一定转角或一定距离均匀分布、形状和尺寸相同的表面,如孔系、槽系、多面体等。由于这些表面是按一定角度或一定距离分布的,因而要求夹具在工件加工过程中能进行分度。即当工件加工完一个表面后,夹具的某些部分应能连同工件转过一定角度或移动一定距离,可实现上述要求的装置就称为分度装置。如图 3.36 所示为应用分度转位机构的轴瓦铣开夹具。

工件在具有分度转位装置的夹具上的每一个位置称为一个加工工位。通过分度装置采用多工位加工,能使加工工序集中,装夹次数减少,从而可提高加工表面间的位置精度,减轻劳动强度和提高生产效率,因此广泛应用于钻、铣、镗等加工中。

分度装置可分为两大类:回转分度装置及直线分度装置。由于这两类分度装置的结构原理与设计方法基本相同,而生产中又以回转分度装置的应用为多,故本节主要分析和介绍回转分度装置。

3.6.1　分度装置的基本形式

分度装置一般由以下 4 部分组成。

(1)固定部分

固定部分是分度装置的基体,当夹具在机床上安装调整好之后,它是固定不动的。通常以夹具体为分度装置的固定部分。如图 3.36 所示的夹具体即为该分度装置的固定部分。

为了保证分度装置的精度和使用寿命,要求其固定部分刚性好、尺寸稳定和耐磨损。其材料一般为灰铸铁,并在机械加工前进行时效处理。

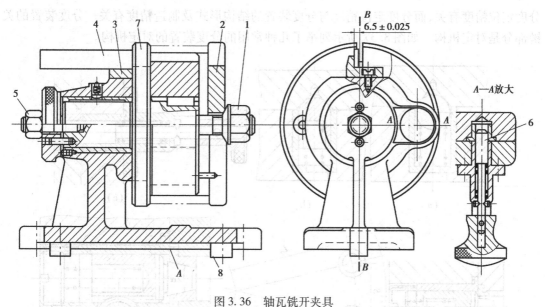

图 3.36 轴瓦铣开夹具

1—螺母；2—开口垫圈；3—对刀装置；4—导向件；5—螺母；6—对定销；7—分度盘；8—定向键

（2）转动（或移动）部分

转动（或移动）部分是分度装置中的运动件，它应保证工件在定位和夹紧状态下进行转位或移动。如图 3.36 所示的分度盘 7 及夹紧装置、工件等。

当转动部分与固定部分之间为滑动摩擦时，转动部分的材料一般采用 45 钢，以保证其耐磨性。当生产批量较大时，轴孔一般须增设衬套，其材料为 45 钢或 T8 钢，转轴材料一般可取 45 钢、20 钢渗碳淬火或 40Cr 钢。此外，转动（或移动）部分各摩擦副之间应保持良好的润滑。

（3）对定机构

对定机构的作用是，保证其分度装置的转动（或移动）部分相对于固定部分获得正确的分度位置，并进行定位和完成插销拔销的动作。如图 3.36 所示的分度盘 7 和对定销 6。

（4）锁紧机构

锁紧机构的作用是当分度完成后，将其装置的转动（或移动）部分与固定部分之间进行锁紧，以增加分度装置的刚性和稳定性，减少加工时的振动，同时也起到保护对定机构的作用。这对于铣削加工尤为重要。如图 3.36 所示的螺母 5 即为该分度装置的锁紧机构。

分度装置按其工作原理可分为机械、光学、电磁等形式。按其回转轴的位置，又可分为立轴式、卧轴式、斜轴式 3 种。

由图 1.4 所示分度钻床夹具可知，用机械式分度装置实现分度必须有两个主要部分：分度盘和分度定位机构。一般分度盘与转轴相连，并带动工件一起转动，用以改变工件被加工面的位置，分度定位机构则装在固定不动的分度夹具的底座上。此外，为了防止切削中产生振动及避免分度销受力而影响分度精度，还需要有锁紧机构，用来把分度后的分度盘锁紧到夹具体上。

3.6.2 分度装置的对定

使用分度或转位夹具加工时，各工位加工获得的表面之间的相对位置精度与分度装置的分度定位精度有关,而分度定位精度与分度装置的结构形式及制造精度有关。分度装置的关键部分是对定机构。如图 3.37 所示列举了几种常用的分度装置的对定机构。

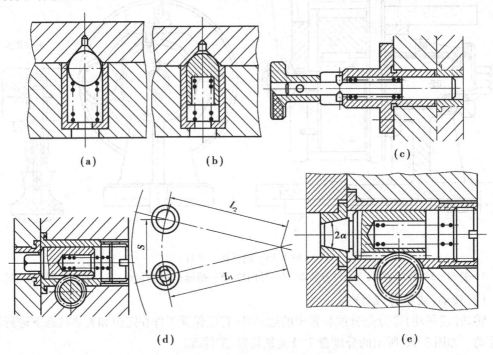

(a)　　　　　(b)　　　　　(c)

(d)　　　　　(e)

图 3.37　常用的分度装置的对定机构

对于位置精度要求不高的分度,可采用如图 3.37(a)、图 3.37(b)所示的最简单的对定机构,这类机构靠弹簧将钢球或圆头销压入分度盘锥孔内实现对定。分度定位时,分度盘自动将钢球或球头销压回,不需要拔销。由于分度盘上所加工的锥坑较浅,其深度不大于钢球半径,因此定位不可靠。如果分度盘锁紧不牢固,则当受到很小的外部转矩的作用时,分度盘便会转动,并有将钢球从锥坑中顶出的可能,这种对定机构仅用于切削负荷很小而分度精度要求不高的场合,或者用作某些精密对定机构的预定位。

如图 3.37(c)所示为圆柱销对定机构,结构简单,制造容易。当对定机构间有污物或碎屑黏附时,圆柱销的插入会将污物刮掉,并不影响对定位元件的接触,但无法补偿由于对定元件间配合间隙所造成的分度误差,故分度精度不高,主要用于中等精度的钻、铣夹具中。如图 3.37(d)所示采用削边销作为对定销,是为了避免对定销至分度盘回转中心距离与衬套孔中心至回转中心距离有误差时,对定销插不进衬套孔。

为了减小和消除配合间隙,提高分度精度,可采用如图 3.37(e)所示的锥面对定,或采用如图 3.38 所示的斜面对定,这类对定方式理论上对定间隙为零,但需注意防尘,以免对定孔或槽中有细小脏物,影响对定精度。

磨削加工用的分度装置,通常精度较高,可采用如图 3.39(a)所示的消除间隙的斜楔对定机构和如图 3.39(b)所示的精密滚珠或滚柱组合分度盘。

为了消除间隙对分度精度的影响,还可采用单面靠紧的办法,使间隙始终在一边。

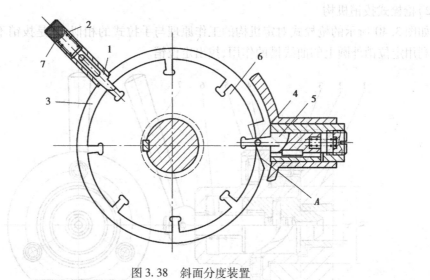

图 3.38　斜面分度装置

1—拔销；2—弹簧；3—凸轮；4—销子；5—对定销；6—分度盘；7—手柄

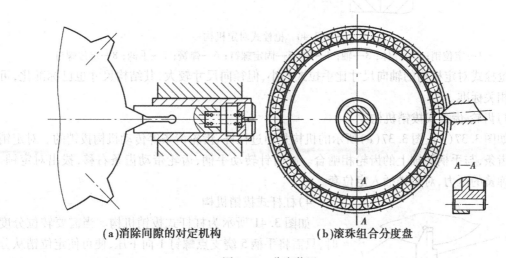

(a)消除间隙的对定机构　　　　　　(b)滚珠组合分度盘

图 3.39　分度装置

3.6.3　分度装置的拔销及锁紧机构

分度装置的操纵机构形式很多，有手动、脚踏、气动、液压、电动等。各种对定机构除钢球、圆头对定机构外，均需设有拔销装置。以下仅介绍几种常用的人力操纵机构，至于机动的形式，则只需在施加人力的地方换用各种动力源即可。

（1）拔销机构

1）手拉式拔销机构

如图 3.37(c)所示为手动直接拔销。这种机构由于手柄与定位销连接在一起，拉动手柄便可以将定位销从定位衬套中拉出。手拉式对定机构的结构尺寸现已标准化，可参阅相关标准。

2）枪栓式拔销机构

如图 3.40 所示的枪栓式对定机构的工作原理与手拉式的相似,只是拔销不是直接拉出,而是利用定位销外圆上的曲线槽的作用,拔出定位销。

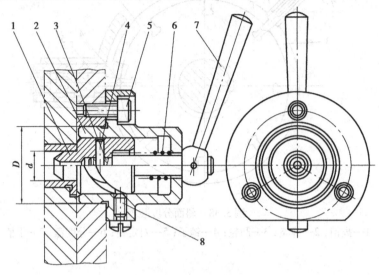

图 3.40　枪栓式对定机构

1—定位销;2—壳体;3—轴;4—销;5—固定螺钉;6—弹簧;7—手柄;8—定位螺钉

枪栓式对定机构的轴向尺寸比手拉式的小,但径向尺寸较大,其结构尺寸也已标准化,可参阅相关标准。

3）齿轮-齿条式拔销机构

如图 3.37(d)、图 3.37(e)所示的机构是通过杠杆、齿轮齿条等传动机构拔销的。对定销上有齿条,与手柄转轴上的齿轮相啮合。顺时针转动手柄,齿轮带动齿条右移,拔出对定销。依靠弹簧的压力,对定销插入定位套。

4）杠杆式拔销机构

如图 3.41 所示为杠杆式拔销机构。当需要转位分度时,只需将手柄 5 绕支点螺钉 1 向下压,便可使定位销从分度槽中退出。手柄是通过螺钉 4 与定位销连接在一起的。

5）脚踏式拔销机构

如图 3.42 所示为脚踏式齿轮齿条拔销机构,主要用于大型分度装置上。例如,用于大型摇臂钻钻孔等分度,因为这时操作者需要用双手转动分度装置的转位部分,所以只能用脚操纵定位销从定位衬套中退出的动作。

以上各种对定机构都是定位和分度两个动作分别进行操作的,这样比较费时。如图 3.38 所示的斜面对定机构则是将拔销与分度转位装置连在一起的结构。转位时,逆时针扳动手柄 7,拔销 1 在端部斜面作用下压缩弹簧 2 从分度槽中退出;手柄与凸轮 3 连接在一起,带动凸轮转动,凸

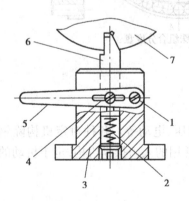

图 3.41　杠杆式对定机构

1—支点螺钉;2—弹簧;3—壳体;4—螺钉;5—手柄;6—定位销;7—分度板

轮上的斜面推动销子 4 把对定销 5 拔出;当手柄转动到下一个槽位时,拔销插入槽中,然后顺

时针转动手柄,便带动分度盘 6 转位;转到一定位置后,对定销自动插入下一个分度槽中,即完成一次分度转位。

(2)锁紧机构

为了增强分度装置工作时的刚性及稳定性,防止加工时因切削力引起振动,当分度装置经分度对定后,应将转动部分锁紧在固定的基座上,这对铣削加工等尤为重要。当在加工中产生的切削力不大且振动较小时,也可不设锁紧机构。如图 3.43 所示为比较简单的锁紧机构。

图 3.43(a)为旋转螺杆时左右压块向中心移动的锁紧机构;图 3.43(b)为旋转螺杆时压板向下偏转的锁紧机构;图 3.43(c)为旋转螺杆时压块右移的锁紧机构;图 3.43(d)为旋转螺钉时压块上移的锁紧机构。

如图 3.44 所示的锁紧机构是回转式分度夹具中应用最普遍的一种,它通过单手柄同时操纵分度副的对定机构和锁紧机构。

图 3.44 中 13 为分度台面,即分度板,其底面有一排分度孔。定位销操纵机构则安装在分度台的底座 14 上。夹紧箍 3 是一个带内锥面的开口环,它被套装在一个锥

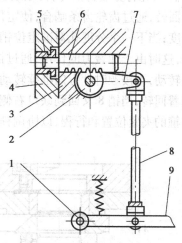

图 3.42　脚踏式齿轮-齿条对定机构
1—枢轴;2—齿轮;3—座梁;
4—分度盘;5—定位衬套;6—定位销;
7—摇臂;8—连杆;9—踏板

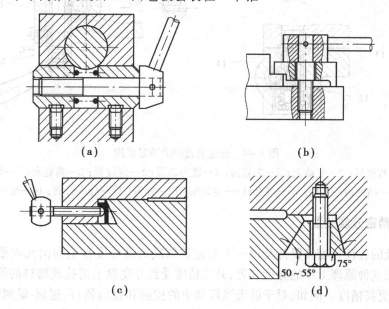

(a)　　　　　　　　　　(b)

(c)　　　　　　　　　　(d)

图 3.43　简单的锁紧机构

形轴圈 4 上,锥形轴圈则和分度台立轴相连。当顺时针转动手柄 9 时,通过螺杆 7 顶紧夹紧箍 3,夹紧箍收缩时因内锥面的作用使锥形轴圈 4 带动立轴向下,将分度台面压紧在底座 14 的支承面上,依靠摩擦力起到锁紧作用。

当转动手柄 9 时,通过挡销 8 带动齿轮套 6 旋转,与齿轮套相啮合的带齿条定位销 11 便插入定位孔中或从孔中拔出。由于齿轮套 6 的端部开有缺口(见 C—C 剖面),因而可以实现

先松开工作台再拔销或先插入定位销再锁紧工作台的要求。其动作顺序是:逆时针方向转动手柄9,先将分度台松开;再继续转动手柄,挡销8抵住了齿轮套缺口的左侧面,开始带动齿轮套回转,通过齿轮齿条啮合,使定位销11从定位孔中拔出,这时便可自由转动分度台面,进行分度;当下一个分度孔对准定位销时,在弹簧力的作用下,定位销插入分度孔中,完成对定动作,这时由于弹簧力的作用,通过挡销8(此时仍抵在缺口的左侧面),会使手柄9按顺时针方向转动;再按顺时针方向继续转动手柄9,又使分度台面锁紧,由于缺口的关系,齿轮套6不会跟着回转,挡销8又回到缺口右侧的位置,为下一次分度作好准备。定程螺钉1用来调节夹紧箍的夹紧位置和行程,以协调锁紧、松开工作台和插入、拔出定位销的动作。

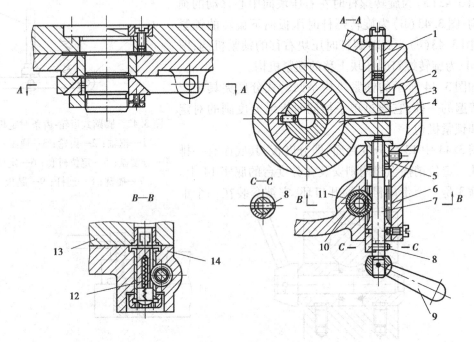

图 3.44 分度装置中的锁紧机构

1—定程螺钉;2—止动销;3—夹紧箍;4—锥形轴圈;5—螺纹套;6—齿轮套;7—螺杆;
8—挡销;9—手柄;10—导套;11—定位销;12—弹簧;13—分度台面;14—底座

3.6.4 精密分度装置

前面提及的各种分度装置都是以一个对定销依次对准分度盘上的销孔或槽口实现分度定位的。按照这种原理工作的分度装置,分度精度受到分度盘上销孔或槽口的等分误差的影响,较难达到更高精度。例如,对于航天飞行器中的控制和发信器件、遥感-遥测装置、雷达跟踪系统、天文仪器设备乃至一般数控机床和加工中心的转位刀架或分度工作台等,都需要非常精密的分度或转位部件,不用特殊手段是很难达到要求的。以下介绍的两种分度装置,其对定原理与前面所述的不同,从理论上来说,分度精度可以不受分度盘上分度槽等分误差的影响,因此能达到很高的分度精度。

(1)端齿分度装置

如图 3.45 所示为端面齿分度台(也称鼠牙盘)。转盘 10 下面带有三角形端面齿,下齿盘 8 上也有同样的三角形端面齿,两者齿数相同,互相啮合。根据要求,齿数 z 可分为 240,300,

360,480 等,分度台的最小分度值为 360/z。下齿盘 8 用螺钉和圆锥销紧固在底座上。分度时将手柄 4 顺时针方向转动,带动扇形齿轮 3 和齿轮螺母 2,齿轮螺母 2 和移动轴 1 以螺纹连接,齿轮螺母 2 转动,使移动轴 1 上升,将转盘 10 升起,使之与下齿盘 8 脱开,这时转盘 10 即可任意回转分度。转至所需位置后,将手柄反转,工作台下降,直至转盘的端面齿与下齿盘 8 的端面齿紧密啮合并锁紧。为了便于将工作台转到所需角度,可利用定位器 6 和定位销 7,使用时先按需要角度将定位销预先插入刻度盘 5 的相应小孔中,分度时就可用定位器根据插好的销实现预定位。因为转盘的端面齿与下齿盘的端面齿全部参加工作,各齿的不等分误差有正有负可以互相抵消,使误差得到均化,提高了分度精度。一般端面齿分度台的分度误差不大于 30″,高精度分度台误差不大于 5″。

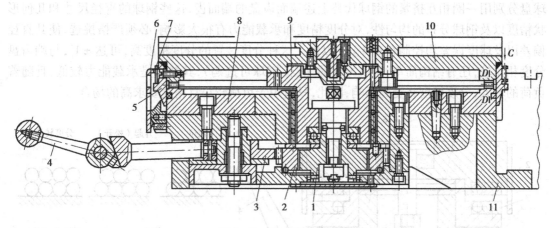

图 3.45　端面齿分度台

1—移动轴;2—齿轮螺母;3—扇形齿轮;4—手柄;5—刻度盘;6—定位器;7—定位销;
8—下齿盘;9—轴承内座圈;10—转盘(上齿盘);11—底座

端齿分度装置有以下特点:

1)分度精度高

端齿分度装置是"平面齿轮"多齿啮合的"误差平均效应"在圆分度器中的应用。端齿盘实际是两个直径、齿数、齿形相同的"平面齿轮"。当齿轮的两个相对表面旋转一个角度强迫进入啮合时(齿根对齿顶),它就锁紧在一个由大多数齿面接触状况共同确定的某一位置,不能再旋转和侧向移动。其实,上齿盘相当于一般分度装置中的分度动盘,下齿盘上的全部齿相当于对定销。正是由于上下齿盘的全部齿都参加对定,因此端齿盘的分度输出误差就因"误差平均效应"而大大减小。

端齿盘一般分度精度为 ±3″ ~ ±6″,最高可达 ±0.1″。根据分度精度的高低,目前我国生产的端齿盘分为普通级、精密级及超精密级。

2)分度范围大

端齿盘的齿数可任意确定,以适应各种角度的分度需要。齿数为 360 的端齿盘,最小分度值为 1°;齿数为 720 的端齿盘,最小分度值为 0.5°;齿数为 1 440 的端齿盘,最小分度值为 15′。

3)精度的重复性和保持性好

一般的机械分度装置,随着使用时间的增长而引起磨损,分度精度逐渐降低。而端齿盘却与此相反。

端齿盘的精加工是依靠多次异位研磨,"肥"的齿研得多,"瘦"的齿研得少,因此齿盘上齿的尺寸、形状、节距都趋向均匀一致,故可得到很高的精度。在端齿盘的使用过程中,即相当于上下齿盘在继续不断地进行对研,因此使用越久,上下齿盘啮合越好,分度精度的重复性和保持性也就越好。

4)刚度高

在工作中,整个端齿盘分度装置,由于齿面的共同锁紧,形成一个整体,因而刚度高。

(2)钢球分度装置

如图3.46(a)所示为钢球分度装置。这种分度装置同样利用误差均化原理,上下两个钢球盘分别用一圈相互挤紧的钢球代替上述端面齿盘的端面齿,这些钢球的直径尺寸和几何形状精度以及钢球分布的均匀性,对分度精度和承载能力有很大影响,必须严格挑选,使其直径偏差以及球度误差均控制在 $0.3~\mu m$ 以内。这种分度装置的分度精度高,可达 $\pm 1''$,与端齿盘分度相比较,还有结构简单、制造方便的优点(钢球可选购),其缺点是承载能力较低,且随着负荷的增大,分度精度将受到影响,因此,只适用于负荷较小且精度要求高的场合。

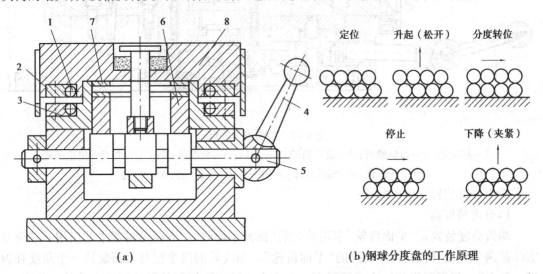

(a)　　　　　　　　　　(b)钢球分度盘的工作原理

图 3.46　钢球分度装置

1—钢球;2—上齿盘;3—下齿盘;4—手柄;5—偏心轴;6—套筒;7—止推轴承;8—工作台

(3)电感分度装置

如图3.47所示为精密电感分度台。分度台转台1的内齿圈和两个嵌有线圈的齿轮2,3组成电感发信系统——分度对定装置。转台1的内齿圈与齿轮2,3的齿数 z 相等,z 根据分度要求而定,外齿用负变位,内齿用正变位。齿轮2,3装在转台底座上固定不动,每个齿轮都开有环形槽,内装线圈 L_1 和 L_2。安装时,齿轮2和3的齿错开半个齿距。线圈 L_1 和 L_2 接入如图3.48所示的电路中。L_1 和 L_2 的电流大小与各自的电感量有关,但 L_1 和 L_2 的电流方向相反,两者的电流差值为 $i_1 - i_2$。分度时转台的内齿圈转动,L_1 和 L_2 的电感量将随着齿轮2,3与转台内齿圈的相对位置不同而变化。如图3.48所示,齿顶对齿顶时,电感量最大;齿顶对齿根时,电感量最小。因此,转台转动时,L_1 和 L_2 的电感量将周期性变化。由于两个绕线齿轮在安装时错开半个齿距,因此一个线圈的电感量增加时,另一个的电感量必然减少,因而 i_1

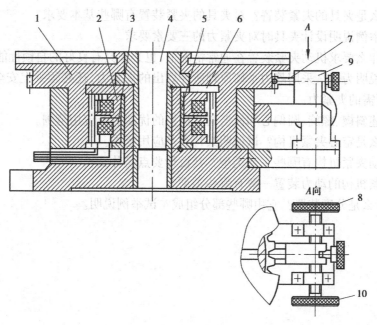

图 3.47　电感分度台

1—分度转台;2,3—嵌线圈的齿轮;4—中心轴;5—套筒;6—底座;
7—插销;8,10—调整螺钉;9—插销座

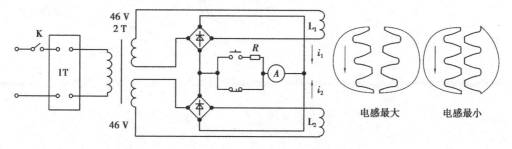

图 3.48　电感分度台电路

和 i_2 也随之增加或减少,故电流表指针在一定范围内左右摆动。

当处于某一中间位置时,两个线圈的电感量相等,此时电流表示值为零。转台每转过去一转,电流表指针便回零一次。分度时通常以示值为零时作为起点,拔出插销 7,按等分需要转动转台 1 至所需位置,然后再将插销插入转台 1 的外齿圈内(齿数与内齿圈相同),实现初对定后,再利用上述电感发信原理,拧动调整螺钉 8 或 10,通过插销座 9 和插销 7,带动转台一起回转,进行微调,当电流表示值重新指在零位时,表示转台已精确定位,分度完成。

由于电测系统可获得较高的灵敏度,而系统中的电感量是综合反映内外齿轮齿顶间隙变化的,因而轮齿不等分误差可以得到均化,故而分度精度较高。

复习与思考题

3.1　"工件在夹具中被夹紧后,工件的定位即得到保证",这句话是否正确? 为什么?

3.2　什么是夹具的夹紧装置？对夹具的夹紧装置有哪些基本要求？

3.3　试举例说明设计夹具时对夹紧力的三要素要求。

3.4　为什么要求机动夹紧装置在通常情况下，也必须具有良好的自锁性能？

3.5　试说明为什么采用静力平衡原理所计算出的夹紧力，还必须乘上安全系数，方能作为工件实际所需的夹紧力。

3.6　试述斜楔、螺旋、圆偏心和铰链夹紧机构的优缺点及应用范围。

3.7　什么是定心夹紧机构？试说明其特点及应用范围。

3.8　联动夹紧机构有哪些主要类型？其设计要点是什么？

3.9　夹紧机构的动力装置一般有哪些类型？

3.10　什么是分度装置？它由哪些部分组成？试举例说明。

第 **4** 章
典型机床夹具

夹具设计是在零件的机械加工工艺规程确定后,根据某一工序的技术要求而进行的。在制订工艺规程时,应当考虑到夹具实现的可能性。在进行夹具设计时,如果确有必要也可对工艺规程提出修改意见。夹具设计质量的好坏,要以能否保证加工质量稳定,生产效率高,加工成本低,操作简便安全,排屑方便及制造安装维修容易等作为衡量指标。

4.1　夹具在机床上的定位

工件在夹具中的定位,对保证加工精度起着重要的作用。在加工之前,必须使工件相对于刀具和机床占有正确的加工位置,包括工件在夹具中的定位、夹具在机床上的安装以及夹具对刀具和整个工艺系统的调整等工作过程。

4.1.1　夹具在机床上定位的目的

为了保证工件的尺寸精度和位置精度,工艺系统各环节之间必须具有正确的几何关系。一批工件通过其定位基准面和夹具定位元件表面的接触或配合,占有一致的、确定的位置,这是满足上述要求的一个方面。夹具的定位元件表面相对于机床工作台和导轨或主轴轴线具有正确的位置关系,是满足上述要求另一个极为重要的方面。只有同时满足这两方面的要求,才能使夹具定位元件表面以及工件加工表面相对刀具切削成形运动处于理想位置。

如图 4.1 所示为铣键槽夹具在机床上的定位简图。为保证键槽在竖直平面及水平面内与工件母线平行,要求夹具在工作台上定位时,保证 V 形块中心线与切削成形运动(工作台纵向走刀运动)平行。在垂直平面内这种平行度要求是由 V 形块中心线对夹具体底平面的平行度,以及夹具体底平面(夹具安装面)与工作台上表面(机床装卡面)的良好接触来保证的。在水平面内的平行度要求,是由 V 形块中心线对两定向键某一侧面的平行度,以及定向键与T 形槽的配合精度来保证的。

由此可知,夹具在机床上的定位,其本质是夹具定位元件对切削成形运动的定位。为此,就要解决好夹具与机床的连接与配合问题以及正确规定定位元件定位面对夹具安装面的位置要求。

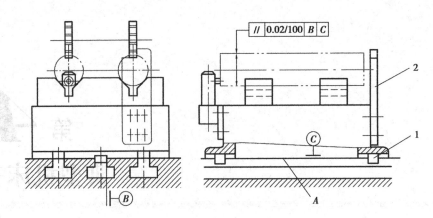

图 4.1　夹具的定位

1—定向键;2—对刀块

4.1.2　夹具在机床上的定位方式

工件的定位是指保证一批工件在夹具中占有一致的、正确的加工位置,同时还要考虑夹具在机床上的定位、固定,这样才能保证夹具(含工件)相对机床主轴(或刀具)、机床的运动导轨有准确的位置和方向。夹具在机床上常用的定位形式有两种:一种是夹具安装在机床的工作台平面上,用夹具的底平面定位,如铣床、刨床、钻床、镗床、平面磨床等机床上的夹具;另一种是将夹具安装在机床的回转主轴上,如车床、外圆磨床等机床上的夹具。

(1)夹具在平面工作台上的连接定位

这类夹具的夹具体底平面是夹具的主要基准面,要求底面经过比较精密的加工,夹具的各定位元件相对于该底平面有较高的位置精度要求。

夹具在平面工作台上是用夹具安装面 A 及定向键 1 定位的(见图 4.1)。为了保证夹具安装面与工作台面有良好的接触,夹具安装面的结构形式及加工精度都应有一定的要求。除夹具安装面 A 之外,一般还通过两个定向键或定位销与工作台上的 T 形槽相配合,以限制夹具在定位时所应限制的自由度,并承受部分切削力矩,增强夹具在工作过程中的稳定性。

(2)夹具在主轴上的连接定位

夹具在机床回转主轴上的连接定位方式,取决于机床主轴端部结构。如图 4.2 所示为常见的 3 种连接定位方式。

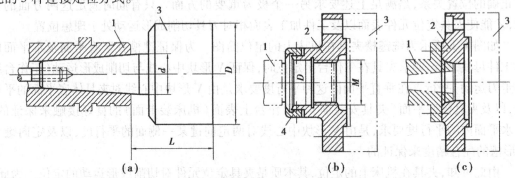

图 4.2　车床夹具与机床主轴的连接方式

1—主轴;2—过渡盘;3—专用夹具;4—压块

如图 4.2(a)所示车床夹具以长锥柄装夹在主轴锥孔中,锥柄一般为莫氏锥度。根据需要可用拉杆从主轴尾部将夹具拉紧。这种连接定位方式由于没有配合间隙,定位精度较高,即可以保证夹具的回转轴线与机床主轴轴线有很高的同轴度。但是刚度较低,当夹具悬伸较大时,应加尾顶尖。适用于切削力较小的小型夹具,如刚性心轴、自动定心心轴等。

如图 4.2(b)所示车床夹具是靠圆柱面 D 和左端面定位,由螺纹连接和压板防松。这种连接方式制造方便,但是定位精度低。

如图 4.2(c)所示车床夹具是靠短锥面和端面定位,由螺钉固定。这种方式不但定心精度高,而且连接刚度也高,但是其定位方式属于过定位,对夹具体上的锥孔和端面制造精度要求高,一般要经过与主轴端部的配磨加工。

4.1.3　夹具在机床上的定位误差

实际生产中,夹具安装在机床上时,由于夹具定位元件对夹具体安装基面存在位置误差,夹具安装面本身存在制造误差,夹具安装面与机床装卡面又有连接误差,这就使得夹具定位元件相对机床装卡面存在位置误差,另外工件的定位基准也存在各种误差,故一批工件在夹具中占有的位置是不可能一致的,这将导致加工误差的产生。但是,只要工件在夹具中的位置变化所引起的加工误差没有超出本工序所允许的误差范围,则仍可以认为工件在夹具中已被确定的位置是正确的。

为提高工件在夹具中加工时的加工精度,必须研究夹具定位误差的计算方法及减少这些误差的措施。

(1)车床夹具的定位误差

车床夹具定位误差可分为心轴和专用夹具两种情况。

1)心轴

夹具的定位误差是由心轴工作表面的轴线对顶尖孔或心轴锥柄轴线的同轴度误差造成的。有时心轴安装基面本身存在的形状误差也会产生影响。因此,应对这些误差加以控制。

2)专用夹具

如图 4.3 所示,由于这类夹具通常采用过渡盘和机床主轴轴颈连接,夹具的定位误差应由两部分组成:夹具定位面对过渡盘安装基面的同轴度误差(包括定位面对止口的同轴度误差)和过渡盘安装基面与主轴轴颈的配合间隙。由于该配合间隙及过渡盘安装基面对端面垂直度误差的存在,在过渡盘依靠螺纹紧固后,可能产生转角误差,其最大值为

$$\Delta_\beta = \arctan\left(\frac{\Delta_{\max}}{L}\right) \tag{4.1}$$

式中　L——过渡盘安装基面与主轴轴颈连接长度;

　　　$\Delta_{\max}$——过渡盘安装基面与主轴轴颈的配合间隙。

如果过渡盘 B 面就地加工,还可以进一步减少夹具的定位误差。

如果车床夹具为角铁式夹具(见图 4.4),当定位元件工作面与夹具回转轴线有位置尺寸要求时,夹具上尺寸 H 的公差,即为夹具在机床上的定位误差。

(2)铣床夹具的定位误差

铣床夹具依靠夹具体底面和定向键侧面与机床工作台上平面及 T 形槽相连接,以保证定位元件对工作台和导轨具有正确的相对位置。实际相对位置与正确相对位置的偏离程度即

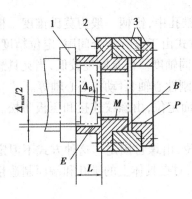

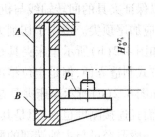

图 4.3　车床专用夹具安装方式　　　　　　　图 4.4　车床角铁式夹具
1—主轴;2—过渡盘;3—夹具

为夹具的定位误差,从而产生零件相应的加工尺寸误差。

如图 4.5 所示,T 形槽方向上的加工尺寸误差数值,可根据夹具安装时的偏斜角、定位元件对夹具定向键侧面的位置误差和加工面长度等有关参数加以计算。

其中铣床夹具安装时的偏斜角为

$$\Delta_\beta = \arctan\left(\frac{\Delta_{\max}}{L}\right) \tag{4.2}$$

由此可知,为减小此项误差,安装定向键时,应使它们靠向 T 形槽的同一侧。

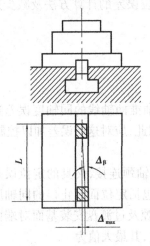

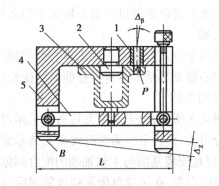

图 4.5　铣床夹具的偏斜角度　　　　　　图 4.6　钻模的偏斜角度
1—钻套;2—定位元件;3—工件;4—夹紧元件;5—夹具体

(3)钻床夹具的定位误差

用夹具钻孔时(见图 4.6),工件上孔的位置尺寸决定于钻套距定位元件的位置尺寸。而加工表面位置误差则要受夹具本身定位误差的影响。若夹具定位面 P 对安装基面 B 存在平行度误差,则由它所产生的夹具倾斜角会造成加工孔轴线与工件基准面的垂直度误差。由图可知

$$\Delta_\beta = \arcsin\left(\frac{\Delta_z}{L}\right) \tag{4.3}$$

为减小夹具在机床上的定位误差,设计夹具时,定位元件定位面对夹具在机床上的安装

面的位置要求,应在夹具装配图上标出,作为夹具验收标准之一。

各项要求的允许误差取决于工序的加工精度,一般夹具的定位误差取工序有关尺寸或位置公差的 $\frac{1}{5} \sim \frac{1}{3}$。

4.1.4　提高夹具在机床上定位精度的措施

当工序的加工精度要求很高时,夹具的制造精度及装配精度也要相应提高,有时会给夹具的加工和装配造成困难。这时可采用下述方法保证定位元件定位面对机床成形运动的位置精度。

(1)对夹具进行找正安装

在安装如图 4.7(a)所示铣键槽夹具时,在 V 形块内放入精密心棒 2,用固定在机床或主轴上的千分表 1 进行找正,就可以获得所需要的夹具准确位置。

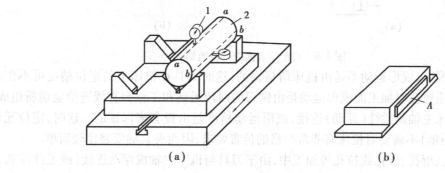

图 4.7　夹具的找正安装
1—千分表;2—精密心棒

找正夹具在水平面内的位置时,移动工作台,用表沿心棒侧母线 bb 进行测量。根据表针示值,调整夹具在水平面内的位置,直至表针摆动在允许范围内。找正垂直平面内的位置时,用表沿心棒上母线 aa 测量,根据表针示值变化,在夹具底面与机床工作台面间加减薄垫片,调整夹具的高度,直至表针摆动在允许范围内。只要测量表精度高,找正细心,就可以使夹具达到很高的位置精度。但夹具刚度可能下降,因此只能用于轻切削。

定向精度要求高的夹具和重型夹具,不宜采用定向键,而是在夹具体上加工出一条窄长高精度平面作为找正基面 A,来校正夹具的安装位置(见图 4.7(b))。

这种方法是直接按成形运动确定定位元件定位面位置的,避免了前述很多中间环节误差的影响,而且定位元件的定位面与夹具安装面的位置精度也不需过分严格要求,因而便于夹具的制造。但是该法需要较长的找正时间和较高的技术水平。因此,适用于夹具不更换或很少更换,以及用前述方法达不到夹具定位精度要求的情况。

(2)对定位元件定位面进行就地加工

在机床上,夹具初步找正好位置后,借助于机床本身对定位元件定位面进行加工,以"校准"其位置。如图 4.8(a)所示,机床主轴装上三爪卡盘后,再改用未经淬硬的卡爪内夹上圆盘 1,在夹紧状态下把卡爪定位面按照夹紧工件所需尺寸加工出来,这样用切削成形运动本身来形成定位元件的定位面,便能准确地保证三爪的定位弧面 D 的中心线与主轴回转中心同轴,其平面 B 与回转轴线垂直。

同样,在铣床、刨床、磨床上加工时,也可以在机床上对定位元件的定位面进行就地加工。如图4.8(b)所示,用两个直线的切削成形运动形成定位元件的定位面,来达到对成形运动的平行度要求(铣、刨只限于加工不淬硬的定位元件的定位面)。

这种方式之所以能得到较高的夹具定位精度,也是由于避免了很多中间环节误差的影响。

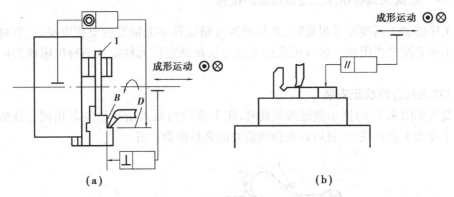

图4.8 对定位表面进行就地加工

在某些情况下,成形运动不是由机床所提供的,这时夹具在机床上的定位精度可不作严格要求。在镗模镗孔时加工的成形运动是由镗刀的回转运动和工作台直线进给运动所组成。由于镗杆与机床主轴是柔性(浮动)连接,成形运动精度是由镗套来保证的。这时,定位元件定位面(一面两销)不需要对机床有非常严格的位置要求,因而夹具的安装比较简单。

此外,铰孔、珩孔、研孔或拉孔等加工中,由于刀具与机床主轴成浮动连接(或工件浮动),以加工表面本身为定位基准面,因而夹具相对于机床的位置也不需要严格要求。

4.2 钻床夹具

在机器零件上,存在很多不同用途的孔或孔系。加工孔用的刀具尺寸受到孔的尺寸限制,致使孔的加工要比其他表面的加工困难得多。为了保证加工精度和较高的生产率,生产中广泛采用钻床夹具来加工孔及孔系。

在钻床上进行孔的钻、扩、铰、锪及攻螺纹时所用的夹具,称为钻床夹具,俗称钻模。钻模上均设置钻套,用以引导刀具。

4.2.1 钻模的主要类型及其适用范围

钻床夹具主要用于加工零件上的孔及孔系。钻床夹具的种类较多,按照钻床夹具在机床上的安装方式可分为固定式和非固定式两类;按照钻床夹具的结构特点可分为普通式、盖板式、翻转式、滑柱式、回转式及斜孔式等。

钻床夹具主要用于加工中等精度、尺寸较小的孔或孔系。使用钻床夹具可提高孔及孔系间的位置精度,结构简单、制造方便。

(1)非固定式钻模

在立式钻床加工直径小于10 mm的小孔或孔系,钻床夹具的质量小于15 kg时,由于钻削扭矩较小,加工时借助人力扶持,因此,钻床夹具不需要固定在钻床上。这类可以自由移动的钻床夹具称为非固定式钻模。如果其结构上没有独特的特点,则称为非固定式普通钻模。这类钻床夹具应用最广。

(2)固定式钻模

在立式钻床上加工直径大于 10 mm 的单孔或在摇臂钻床上加工较大的平行孔系,或钻模质量超过 15 kg 时,因钻削扭矩较大且人力移动费力,故需要固定在钻床上。这种加工一批工件时位置固定不动的钻床夹具称为固定式钻模。如果其结构上没有独特的特点,则称为固定式普通钻模。这类钻模加工精度较高。

如图 4.9(a)所示为用来加工工件上 ϕ12H8 孔的钻模。如图 4.9(b)所示为零件加工该孔的工序简图。从图中可知,孔 ϕ12H8 的设计基准是端面 B 和内孔 ϕ68H7;与 ϕ68H7 孔的对称度公差为 0.1 mm、垂直度公差为 0.05 mm。因此,选定工件以端面 B 和 ϕ68H7 内圆表面为定位基准,符合基准重合的原则,限制了 5 个自由度,满足工序要求,钻孔的直径大于 10 mm,切削力较大,不能采用手扶持加工的方式,故设计成固定式钻模,如图 4.9(a)所示。定位元件 7 以 ϕ68H7 短外圆柱面和其肩部端面为定位面,搬动手柄 11 借助圆偏心轮 12 的作用,通过拉杆 3 与开口垫圈 2 夹紧工件。反方向搬动手柄,拉杆在弹簧 8 的作用下松开工件,快换钻套 6 是用来引导刀具的。

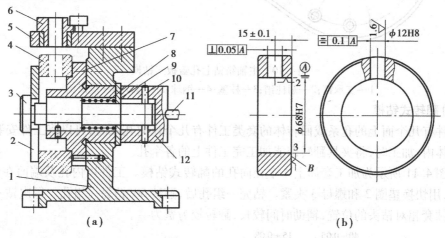

图 4.9　螺钉定位法兰固定式钻模

1—夹具体;2—开口垫圈;3—拉杆;4—工件;5—钻模板;6—快换钻套;
7—定位元件;8—弹簧;9—压板;10—销;11—手柄;12—圆偏心轮

(3)盖板式钻模

如图 4.10 所示为主轴箱七孔盖板式钻模,需加工两个大孔周围的 7 个螺纹底孔,工件其他表面均已加工完毕。以工件上两个大孔及其端面作为定位基准面,在钻模板的圆柱销 2、棱形销 6 及 4 个定位支承钉 1 组成的平面上定位。钻模板在工件上定位后,旋转螺杆 5,推动钢球 4 向下,钢球同时使 3 个柱塞 3 外移,将钻模板夹紧在工件上。该夹紧机构称为内涨器。

盖板式钻模的特点是定位元件、夹紧装置及钻套均设在钻模板上,钻模板在工件上装夹,有时为了减轻其质量,钻模板上可设置加强筋。常用于床身、箱体等大型工件上小孔的加工,也可用于在中小工件上钻孔。加工小孔的盖板式钻模,因切削力矩较小,可以不设置夹紧装置。

盖板式钻模结构简单、制造方便、成本低廉、加工孔的位置精度较高,在单件小批量生产中也可使用,因此应用很广。

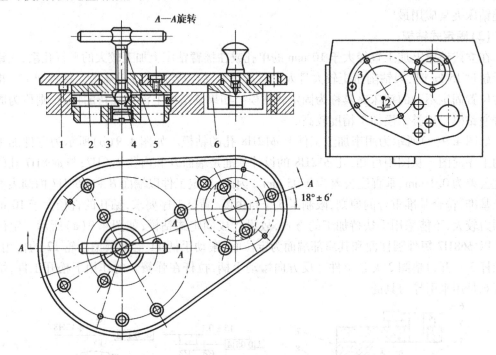

图 4.10 主轴箱钻七孔盖板式钻模
1—支承钉;2—圆柱销;3—柱塞;4—钢球;5—螺杆;6—棱形销

(4)翻转式钻模

工件有几个面上的孔系或回转体的套类工件有几个径向孔系时,可以将工件安装于特殊的夹具体内,加工时,将夹具翻转即能加工完工件上的各个孔。

如图 4.11 所示为加工套筒上 4 个径向孔的翻转式钻模。工件以内孔及端面在台阶销 1 上定位,用快换垫圈 2 和螺母 3 夹紧。钻完一组孔后,翻转 60°钻另一组孔。每次钻一组孔都需找正钻套相对钻头的位置,辅助时间较长,翻转较为费力。

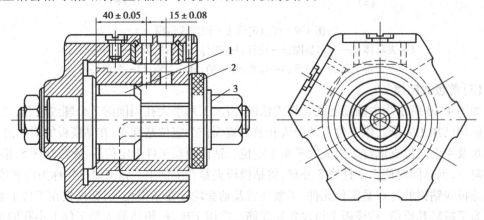

图 4.11 翻转式钻模
1—定位销;2—快换垫圈;3—螺母

该工件加工孔径尺寸精度要求不高,利用钻头的尺寸精度保证即可。各个孔之间的位置精度由夹具的制造精度来保证。

翻转式钻模适用于工件上钻孔直径小于 $\phi8 \sim \phi10$ mm,加工精度要求不高、生产批量不太大的场合。在加工过程中由于需要人工进行翻转,故夹具连同工件的质量不能很大,工件和夹具的总质量应不大于 10 kg。

(5)滑柱式钻模

滑柱式钻模的钻模板固定在可以上下滑动的滑柱上,并通过滑柱与夹具体相连接,这是一种标准的可调夹具。

如图 4.12 所示为一种生产中广泛应用的滑柱式钻模,该钻模用于同时加工形状对称的两工件的 4 个孔。工件以底面和直角缺口定位,为使工件可靠地与定位座 4 中央的长方形凸块接触,设置了 4 个浮动支承 3。转动手柄 5,小齿轮 6 带动滑柱 7 及与滑柱相连的钻模板 1 向下移动,通过浮动压块 2 将工件夹紧。钻模板上有 4 个固定钻套 8,用以引导钻头。

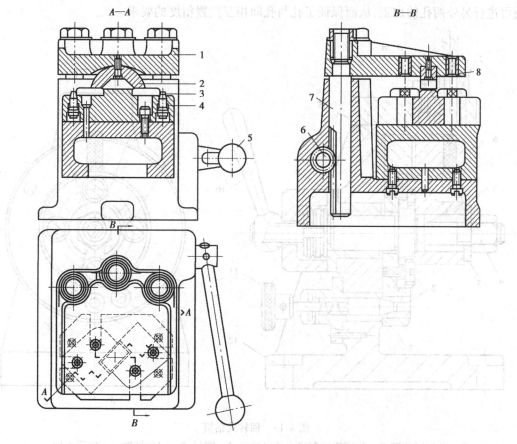

图 4.12 双滑柱式钻模

1—钻模板;2—浮动压板;3—浮动支承;4—定位座;5—手柄;6—小齿轮;7—滑柱;8—固定钻套

滑柱式钻模操作方便、迅速,其通用结构已经标准化、系列化,可从专业生产厂购买。使用部门仅需设计定位、夹紧和导向元件,从而可以缩短设计和制造周期。但是滑柱与导向孔之间的配合间隙会影响加工孔的位置精度。夹紧工件时,钻模板上将承受夹紧反力。为了避免钻模板变形而影响加工精度,钻模板应有一定的厚度,并设置加强筋,以增加刚度。滑柱式钻模适用于钻、铰中等精度的孔和孔系。

(6)回转式钻模

在钻削加工中,回转式钻模使用较多,主要用于加工同一圆周上的平行孔系,或分布在圆周上的径向孔。包括立轴、卧轴和斜轴回转3种基本形式。由于回转台已经标准化,并有专业化工厂进行生产,因此,回转式夹具的设计,在一般情况下可设计专用的工作夹具与标准回转台联合使用,但是必要时应设计专用的回转式钻模。

如图4.13所示为一种回转式钻模,用来加工扇形工件6上的3个彼此相距20°±10′的小孔。工件以大孔与定位销轴5上的短外圆柱面配合、工件端面与定位销轴5的台阶面紧靠,其侧面靠紧在挡销13上,实现完全定位。拧紧螺母4,通过开口垫圈3将工件夹紧,钻头由钻套7引导进行钻孔,以保证钻头与工件的相对位置。加工完一个孔后,转动手柄10,可将分度盘8松开,利用捏手11将分度定位销1从分度定位套2中拔出,由分度盘8带动工件一起回转20°后,将分度定位销1插入分度定位套2′或2″中,实现分度。转动手柄10将分度盘锁紧,便可进行另外两孔的加工,从而保证了孔与孔间相互位置精度的要求。

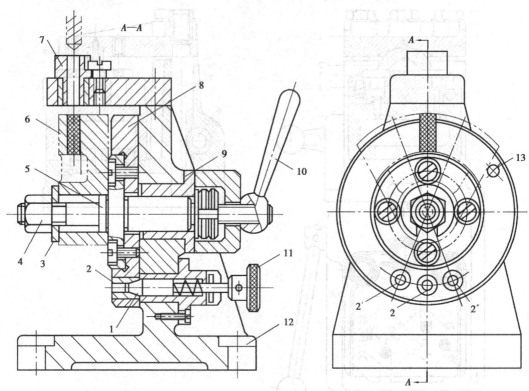

图4.13 回转式钻模

1—分度定位销;2—分度定位套;3—开口垫圈;4—螺母;5—定位销轴;6—扇形工件;
7—钻套;8—分度盘;9—衬套;10—手柄;11—捏手;12—夹具体;13—挡销

4.2.2 钻床夹具中刀具的对准和导引

在钻床夹具中,通常用钻套实现刀具的对准(见图4.14),加工中只要钻头对准钻套,则钻孔的位置就能达到工序要求。

钻套是钻模上的导向元件,安装在钻模板或夹具体上。钻套的作用是用来确定工件上被加工孔的位置,引导刀具,防止其在加工过程中的偏斜,提高刀具在加工过程中的刚性和防止加工中的振动。

(1)钻套的种类

按其结构和使用情况,可分为固定钻套、可换钻套、快换钻套及特殊钻套4种类型,其中固定钻套、可换钻套、快换钻套均已标准化。

1)固定钻套

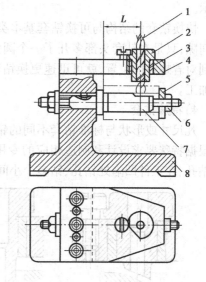

如图4.15(a)所示为固定钻套的两种结构形式(即无肩和带肩),有肩的能在保持原有导引长度下用于钻模板较薄的情况。这种钻套与钻模板或夹具体之间采用 H7/n6 或者 H7/r6 的配合形式。安装时,直接将钻套压入钻模板或夹具体。这种钻套主要用于在加工时不需要更换钻套的情况。钻孔的位置精度较高,经济性较好。但是固定钻套磨损后不易更换。因此主要用于只钻一次的孔、加工孔距较小及孔距精度较高的中小批量生产。

为了防止切屑堵塞在钻套与钻模板的装配缝隙中,钻套上、下端面应稍微凸出钻模板为宜,一般不要低于钻模板平面。

图4.14　用钻套对刀

1—钻头;2—钻套;3—衬套;4—钻模板;
5—开口垫圈;6—螺母;7—心轴;8—夹具体

2)可换钻套

如图4.15(b)所示为可换钻套,其凸缘上铣有台阶,钻套螺钉的圆柱头压在该台阶上加以固定,可防止加工过程中钻套的转动,也避免退刀时钻套随钻头的退回而被带出。当钻套磨损报废后,只要拧下螺钉,便可在较短时间内更换新的钻套。适用于中小批量单工步孔加工。

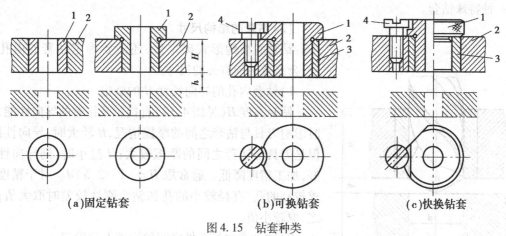

(a)固定钻套　　　　　(b)可换钻套　　　　　(c)快换钻套

图4.15　钻套种类

1—钻套;2—钻模板;3—衬套;4—螺钉

可换钻套与衬套之间采用 H7/g6 或 H7/h6 配合,衬套与钻模板之间采用 H7/r6 配合。可换钻套用螺钉、衬套经过淬硬处理,其作用可以减少磨损。

3)快换钻套

当工件上被加工孔需要依次进行钻扩铰等工艺时,由于刀具直径逐次增大,则需要采用外径相同而内孔尺寸随刀具变更的钻套来引导刀具,这就需要采用快换钻套,如图4.15(c)所示。

快换钻套的结构与可换钻套基本类似,但其紧固螺钉的突肩比钻套上的相靠面略高而形成间隙,只是在钻套头部多开了一个圆弧状或直线状缺口,更换时不必拧下螺钉,只要将缺口转到对着螺钉的位置,就可迅速更换钻套。适用于一道工序中要连续进行钻、扩、铰或攻螺纹的加工。

4)特殊钻套

凡尺寸或形状与标准钻套不同的钻套都称为特殊钻套,这种情况下不能使用标准钻套,可根据特殊要求设计和制造相应的专用钻套。特殊钻套用于特殊加工的场合,例如,在斜面上钻孔、在工件凹陷处钻孔、钻多个小间距孔等,如图4.16所示。

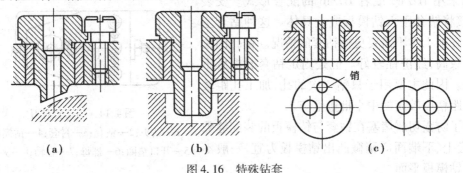

图4.16　特殊钻套

图4.16(a)是用于斜面或圆弧面上钻孔的钻套,防止因切削力作用不对称使钻头引偏甚至折断钻头。

图4.16(b)是当工件钻孔表面距钻模板较远时用的加长钻套,钻套孔上部直径加大是为了减小导引孔长度,以减轻与刀具的摩擦。

图4.16(c)是用于加工两孔间距较小时的内孔,这种情况下,无法分别采用钻套时所用的一种特殊钻套。

(2)钻套的结构尺寸

钻套的结构形式确定后,还需要确定钻套的内孔尺寸、公差及其他有关的尺寸。

1)钻套内孔的导向长度 H 的确定

钻套高度 H(见图4.17)直接影响钻套的导向性能,同时影响刀具与钻套之间的摩擦情况,H 较大时,导向性好,但是刀具与钻套之间的摩擦较大;H 过小时,则导向性不好,加工精度降低。通常取 $H = (1 \sim 2.5)d$。对于精度要求较高的孔、直径较小的孔和钻头刚性较差时取大值;反之,取较小值。

2)钻套端面与工件之间的距离 h 的确定

钻套和工件之间应留有排屑间隙,该间隙应适当,如图4.17所示。

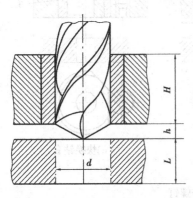

图4.17　钻套高度和排屑间隙

加工铸铁、黄铜等脆性材料时,一般可取 $h = (0.3 \sim 0.7)d$;加工钢件等韧性材料时,一般可取 $h = (0.7 \sim 1.5)d$。如果 h 太大,会增加钻头的倾斜量,钻套不能很好地导向;h 过小,切屑排出困难,不仅会增大工件加工表面的表面粗糙度,有时还可能将钻头折断。材料越硬,系数取小值,钻头直径越小,刚性越差,系数取大值。当孔的位置精度要求很高时,也可取 $h = 0$;钻深孔(长径比大于 5)时,h 一般取 $1.5d$;钻斜孔或在斜面上钻孔时,h 尽量取小一些。

3)钻套内孔尺寸 d 及其偏差的确定

钻套内孔尺寸 d 及其偏差是根据刀具的种类和被加工孔的尺寸精度来确定的。

为了保证刀具与钻套内孔有一定的间隙,钻套内孔的基本尺寸等于刀具的最大极限尺寸,并按间隙配合确定其配合性质。再根据工件被加工孔的尺寸精度来确定钻套孔的精度(即公差),进而也就确定了钻套内孔尺寸的偏差。一般情况下,工件被加工孔尺寸精度低于 IT8 时,钻套孔径可按基轴制 F8 或 G7 制造,若被加工孔的尺寸精度高于 IT8 时,则按 H7 或 G6 制造。

如果钻套引导的是刀具的刀柄部分,这时可按基孔制选取配合 H7/f7,H7/g6 或 H6/g5。此外,钻套内孔与外圆的同轴度一般应小于 $\phi 0.01$ mm。在加工过程中,各种钻套的内孔与刀具间均会产生摩擦,故钻套应具有很高的耐磨性。当钻套孔径 $d \leqslant 25$ mm 时,材料用优质碳素工具钢 T10A 制造,热处理硬度 $60 \sim 64$HRC;当钻套孔径 $d > 25$ mm 时,材料用 20 钢或 20Cr 钢制造,表面渗碳深度 $0.8 \sim 1.2$ mm,淬硬至 $60 \sim 64$HRC。至于衬套的材料及硬度要求,可与钻套相同或稍低一些。根据材料与热处理的情况不同,钻套寿命取 $5\,000 \sim 15\,000$ 次。

4)钻床夹具钻套的位置尺寸

钻套轴心线距离定位元件定位面的距离,取该工序相应的工序尺寸的平均值来确定,其公差为该工序尺寸公差的 $1/5 \sim 1/3$。

5)影响对刀精度的因素

对于钻床夹具,影响对刀精度的因素很多,如图 4.18 所示,主要包括以下几项:

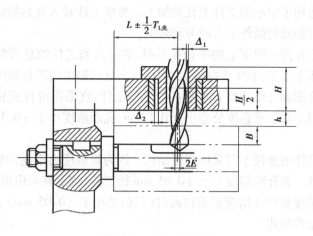

图 4.18　钻模对刀误差

①钻模板底孔(装衬套)中心线到定位表面的距离公差 $T_{L夹}$。

②钻头与快换钻套的最大配合间隙 Δ_1。

③快换钻套内外圆的同轴度公差 $\Delta_{钻套}$。

④衬套内外圆的同轴度公差 $\Delta_{\text{衬套}}$。

⑤衬套与快换钻套的最大配合间隙 $\Delta_2 = D_{\max} - d_{\min}$。

⑥钻套中钻头末端的偏斜量 E。

$$E = \Delta_1 \cdot \frac{B + h + \dfrac{H}{2}}{H} \qquad (4.4)$$

式中　B——工件的加工厚度,mm;

$\quad\quad h$——钻套与工件间的距离,mm。

由于误差因素很多,且都有独立随机的性质,故对刀误差应按概率法合成,即

$$\delta_{\text{对刀}} = \sqrt{T_{\text{L夹}}^2 + \Delta_2^2 + \Delta_{\text{钻套}}^2 + \Delta_{\text{衬套}}^2 + (2E)^2} \qquad (4.5)$$

通常将与夹具相对刀具及切削成形运动位置有关的加工误差,称为夹具的对定误差,用 $\delta_{\text{对定}}$ 表示。其中,包括与夹具相对刀具位置有关的加工误差 $\delta_{\text{对刀}}$ 和与夹具对成形运动的位置有关的加工误差 $\delta_{\text{对机}}$,即

$$\delta_{\text{对定}} = \delta_{\text{对刀}} + \delta_{\text{对机}}$$

对定误差应小于等于该工序尺寸公差的1/3。

4.2.3　钻模结构设计要点

(1)钻模的类型选择

在设计钻模时,首先需要根据工件尺寸、形状、质量和加工要求,并考虑生产批量、工厂现有的工艺装备的技术状况等具体的生产条件来选择夹具的结构类型。在选择夹具类型时应注意以下6点:

①工件上被钻孔的直径大于10 mm时(特别是钢类构件),钻床夹具应固定连接在机床工作台上,以保证操作安全。

②翻转式钻模适用于中小型工件上孔的加工。要求工件装入夹具后的总质量不宜太重,以保证加工顺利进行和减轻操作工人的劳动强度。

③当加工多个不在同一圆周上的平行孔系时,如夹具和工件的总质量太重,则宜采用固定式钻模在摇臂钻床上加工,若生产批量大,则可以在立式钻床或组合钻床上采用多轴钻孔。

④对于孔的垂直度和孔距精度要求不高的小型工件,宜采用滑柱式钻模,以缩短夹具的设计与制造周期。但是对于垂直度公差小于0.1 mm,孔距精度小于±0.15 mm的工件,则不宜采用滑柱式钻模。

⑤钻模板与夹具体的连接不宜采用焊接结构。因为焊接应力不能彻底消除,影响夹具制造精度的长期保持性。如孔距精度小于±0.05 mm的工件,就不宜采用焊接结构。

⑥当孔的位置精度和尺寸精度要求较高时(其公差小于±0.05 mm),应采用固定式钻模板和固定式钻套的结构形式。

(2)钻模板的结构

用于安装钻套的钻模板,要求具有一定的强度和刚度,以防止变形而影响钻套的位置精度和导向精度。按其与夹具体连接的方式可分为固定式、铰链式、分离式及悬挂式等。

1)固定式钻模板

固定式钻模板上的钻套多采用过盈配合固定(见图4.19)。固定式钻模板可采用销钉定

位,螺钉紧固的方式与夹具体连接(见图4.19(a));也可采用整体铸造结构(见图4.19(b))
或者焊接结构(见图4.19(c))。这种结构形式比较简单,制造容易。

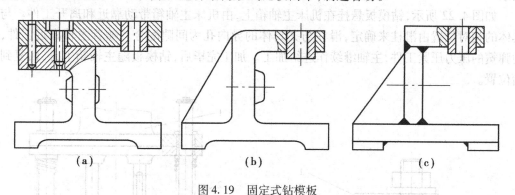

| (a) | (b) | (c) |

图4.19　固定式钻模板

2)铰链式钻模板

如图4.20所示,钻模板用铰链与夹具体
进行连接,钻模板可以绕着铰链轴翻转,便于
装卸工件,翻转后用经过淬火的平面支承钉限
位,保证钻模板处于水平位置。再将菱形夹紧
螺钉压在钻模板的边缘使其固定,或者在钻模
板的另一端有开口槽,加工过程中,利用菱形
夹紧螺钉与开口槽对准或成90°,钻模板便可
翻转或者紧固。

钻模板翻起后,利用钻模板铰链处上部的
凸缘,与铰链支座的边缘接触,以便将钻模板
搁置在稍大于垂直面的适当位置处,而不至于
翻转过大,影响快速操作。

钻模板与夹具体间在铰链处的轴向间隙,
利用配合精度(H8/g7)或垫片来调整,控制间
隙为 0.01 ~ 0.02 mm,当钻孔的位置精度要求
较高时,应予以配制。

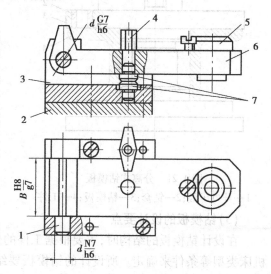

图4.20　铰链式钻模板
1—铰链轴;2—夹具体;3—铰链支座;
4—菱形夹紧螺钉;5—钻套;6—钻模板;7—支承钉

铰链轴与钻模板上相应孔的配合为基轴制间隙配合 G7/h6,与夹具体上的铰链支座孔为
基轴制过盈配合 N7/h6。

其特点是装卸工件较为方便,对于钻孔后还需攻丝或锪平面的工件更为适宜(攻丝、锪平
面不需要使用钻套,只需将钻模板翻开即可进行加工)。但其结构较复杂。铰链处存在间隙,
因此,其加工精度不如固定式钻模板高。

3)分离式钻模板

如图4.21所示,分离式钻模板与夹具体之间是分离的。工件在夹具中每装卸一次,钻模
板也要装卸一次。使用分离式钻模板,装卸工件比较费时费力,且钻孔位置精度较低。故在
其他钻模不便于装卸工件的场合才采用。

4)悬挂式钻模板

悬挂式钻模板悬挂在机床主轴箱上,由机床主轴箱带动靠近和离开工件。与夹具体之间

的相对位置由滑柱来确定。这种钻模板多与组合机床的多轴箱联用,便于加工工件上的平行孔系。

如图4.22所示,钻模板悬挂在机床主轴箱上,由机床主轴箱带动靠近和离开工件。与夹具体的相对位置由滑柱来确定,滑柱与夹具体的导向孔为间隙配合。随着主轴靠近工件,借助弹簧的压力压紧工件,主轴继续作进给加工。加工完毕后,钻模板随主轴箱上升,回复到原始位置。

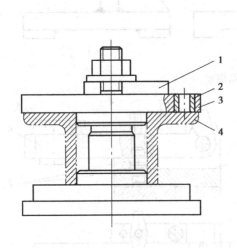

图4.21　分离式钻模板

1—开口压板;2—钻套;3—钻模板;4—工件

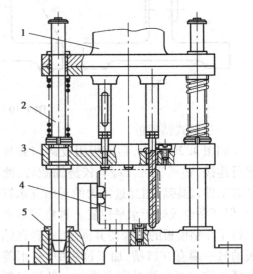

图4.22　悬挂式钻模板

1—主轴箱;2—滑柱;3—钻模板;4—工件;5—定位套

(3)钻模板的设计要点

在设计钻模板的结构时,主要根据工件的外形大小、加工部位、结构特点和生产规模以及机床类型等条件来确定。所设计的钻模板要结构简单、使用方便、制造容易。在设计钻模板时,需要注意以下4点:

①在保证钻模板有足够刚度的前提下,要尽量减轻其质量。在生产中,钻模板的厚度往往根据钻套的高度来确定,一般为10~30 mm。如果钻套过长,可将钻模板局部加厚。此外,钻模板一般不宜承受夹紧力。

②钻模板上安装钻套的底孔与定位元件间的位置精度直接影响工件上加工孔的位置精度。在各种钻模板结构中,以固定式钻模板钻套底孔的位置精度最高,而悬挂式钻模板钻套底孔的位置精度最低。

③要保证加工过程的稳定性。如用悬挂式钻模板,则其滑柱上的弹簧力必须足够大,以使钻模板在夹具体上能维持所需要的定位压力;当钻模板本身质量超过80 kg时,滑柱上可不装弹簧;为保证钻模板移动平稳和可靠,钻模板处于原始位置时,装在滑柱上经过预压的弹簧长度一般应小于工作行程的3倍,其预压力不小于150 N。

④焊接式结构的钻模板往往因焊接内应力不能彻底消除,而不易保持精度。一般当工件孔距公差大于±0.1 mm时才采用。若孔距公差小于±0.05 mm时,应采用装配式钻模板。

(4)钻模用支脚设计

为了减少钻模夹具体底面与钻床工作台的接触面积,使夹具体沿四周与工作台接触,保证钻模更加稳定可靠地放在钻床工作台上,钻模上与工作台接触的安置表面,都设置有支脚。尤其是翻转式钻模,夹具体上各工作表面都要依次与工作台接触,所以钻模上需要接触的各个表面必须设置支脚。如图4.23所示,支脚的断面可采用矩形或圆柱形,可以和夹具体做成一体,也可以做成装配式的,但均应注意以下4点:

①支脚必须采用4个,要在同一平面上,因此若有一脚下垫有切屑,稍摇晃钻模就能发现,这样可及时避免折断钻头或出现废品。

②矩形断面支脚的宽度或圆形断面支脚的直径必须大于机床工作台上T形槽的宽度,以免支脚陷入槽中。

③夹具的重力和承受的切削力必须落在4个支脚所围成的支承平面之内。

④钻套轴线与支脚所形成的支承平面必须垂直或平行,以保证被加工孔的位置精度。

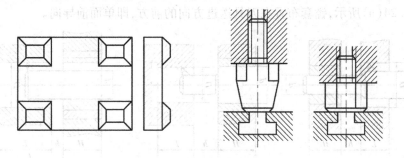

图4.23　钻床夹具支脚

4.3　镗床夹具

镗床夹具一般是在镗床上加工箱体类、支座类工件上的孔所采用的夹具,镗床夹具大多具有下述特点:

①利用镗床夹具所加工的孔,一般为孔径尺寸大于30 mm的大、中型孔。

②大多数镗床夹具都采用各种镗套引导镗杆或刀具,以提高刀具系统的刚性,保证同轴孔系及深孔的加工形状、位置精度要求。

③利用镗套的精确引导,镗床夹具还可用在经过一定设备改装的普通车床、铣床、钻床及具有旋转动力和进给传动的简单设备上,夹具应用较为灵活。

④受加工孔径的限制,镗孔刀具的刀杆较细,切削用量一般不大,加上镗孔加工一般为连续切削,其过程较平稳,故对镗床夹具体本身的刚性要求不高,甚至简单的支架结构也能进行镗孔,因此,镗床夹具结构比较轻巧。

4.3.1　镗模的主要类型及其适用范围

镗床夹具也称镗模,与钻床夹具类似,除了具有与普通夹具具有的一般元件之外,也采用引导刀具的导套(镗套),镗套根据工件被加工孔或孔系的位置设置在一个专用零件——导向支架(镗模架)上。

镗模按照使用的机床形式,可分为卧式和立式;按照镗套布置的位置,可分为镗套位于被加工孔前方的,镗套位于被加工孔后方的,镗套在被加工孔前、后方的,以及没有镗套的。

采用镗模加工,孔的位置尺寸精度除了采用刚性主轴加工外都是依靠镗模导向来保证的,而不决定于机床成形运动的精度。镗模导向装置的布置、结构和制造精度是保证镗模精度的关键。因而设计时必须解决。

(1)单面导向

镗模中只用一个镗套做导向元件的称为单面导向镗模。镗套可以位于刀具的前面或后面进行导向,分别称为单面前导向和单面后导向。这种情况下,镗杆与机床主轴采用刚性连接,即镗杆插入机床主轴的莫氏锥孔中,应保证镗套中心线与主轴轴线重合。采用这种布置方式,机床主轴的回转精度将会影响工件的镗孔精度。这种镗模适用于加工小孔或短孔。

1)单面前导向

如图4.24(a)所示,镗套布置在刀具送进方向的前方,即单面前导向。

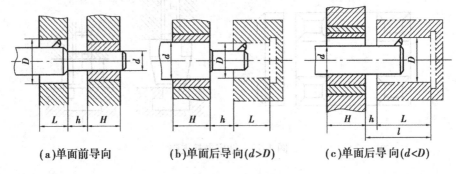

(a)单面前导向　　　(b)单面后导向(d>D)　　　(c)单面后导向(d<D)

图4.24　单面导向

这种导向的优点:

①镗套处于刀具的前方,加工过程中便于观察、测量,特别适合锪平面和攻丝工序。

②加工孔径 D 视工件要求可以不同,但是镗杆的导柱直径 d 可以统一为同一尺寸,便于在同一个镗套中使用多种刀具,有利于组织多工位或多工步的加工,可以不必更换镗套。

③镗杆上导向柱直径比镗孔小,镗套可以做得小,故能镗削孔间距很小的孔系。

这种导向的缺点:

①立镗时,切屑容易落入镗套中,使镗刀杆与镗套过早磨损或发热咬死。

②装卸工件时,刀具引进退出的距离较长。

为了减小支撑距离,镗套与工件间距 h 应尽量小些,但考虑安装、测量、观察及清屑的方便, h 不应小于20 mm。一般情况下,按 $h=(0.5\sim1.0)D$ 来确定。

多用于加工孔径 $D>60$ mm、孔深 $L<D$ 的通孔。

2)单面后导向

如图4.24(b),(c)所示,镗套布置在刀具送进方向的后方,即介于工件和机床主轴之间,主要用于镗削 $D<60$ mm 的通孔和盲孔。

为了尽量增大刀杆的直径,提高刀具的刚性,这种结构的镗模又根据镗孔长径比 L/D 的比值分为两种类型:

①当所加工孔距精度高和镗孔 $L/D<1$(即镗削浅孔)时,一般不需要刀具的引导部分伸入工件被加工孔内,故允许镗杆或刀杆引导部直径 d 大于工件孔径 D,使刀具得到足够的刚性。如图4.24(b)所示。其特点如下:

a. 镗孔长度小,导柱直径大,刀具悬伸长度也短,故镗杆刚性好,加工精度高。

b. 与单支承前导向一样,这种布置形式也可以利用同一尺寸的镗套,进行多工位多工步的加工。

c. 镗杆引进、退出长度缩短,装卸工件和更换刀具比较方便。

d. 用于立镗时,切屑不会落入镗套。

② 当所镗孔 $L/D > 1 \sim 1.5$(即镗削深孔)时,镗杆仍为悬臂式,则应采用导柱直径 d 小于所镗孔孔径 D 的结构形式,如图 4.24(c)所示,这种结构形式,镗杆能进入孔中,可以减小镗杆的悬伸量,从而缩短镗杆长度。在采用单刃刀具的单支承后导向镗孔时,镗套上需开有引刀槽,此时,h 值可减至最小。在卧式镗床上镗孔时,一般取 $h = (0.5 \sim 1.0)D$,其值需为 20 ~ 80 mm。在立式镗床上镗孔时,与钻模类似,可以参考钻模设计中的 h 值。

3)单面双导向

单面双导向即为在工件的一侧装有两个导向支架,如图 4.25 所示。镗杆与机床主轴采用浮动(柔性)连接。

其结构参数:$H > (1.25 \sim 1.5)L, H_1 = H_2 - (1 \sim 2)d$

由于镗杆为悬臂梁,故镗杆伸长的距离 L 一般不大于镗杆直径的 5 倍,以免镗杆悬伸过长。

保证镗杆的导引长度,可有利于增强镗杆的刚性和轴向移动的平稳性。

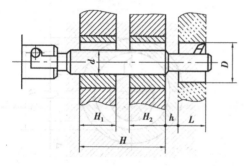

图 4.25 单面双导向

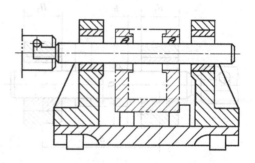

图 4.26 双面单导向

(2)双面导向

如图 4.26 所示为双面单导向镗模。这种镗模的镗杆与机床主轴采用浮动连接。浮动接头如图 4.27 所示。所镗孔的位置精度主要取决于镗模架镗套孔间的位置精度,而不受机床工作精度的影响。因此,两个镗套孔的轴线必须严格调整到同一轴线上。

按照两个镗模的布置又可分为双面单导向和双面双导向两种形式。

1)双面单导向

如图 4.28 所示。两个镗套分别布置在工件的前后。这种导向方式主要用于加工长径比比较大($L/D > 1.5$)的通孔,或排在同一轴线

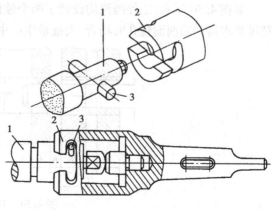

图 4.27 浮动接头
1—镗杆;2—接头体;3—拨动销

上的几个短孔,且孔距精度或同轴度精度要求较高的场合。这种方式镗杆与机床主轴采用浮动连接。

这种导引方式的缺点是镗杆较长,刚性差,更换刀具不方便。在设计这种导向方式的镗模时,应注意:当工件同一轴线上的孔数较多时,两侧镗模支架间距很大,当 $S > 10d$ 时,应设置中间支承;在采用单刃刀具镗削同一轴线上的几个等径孔时,镗模应设计让刀机构,一般采用工件抬起一个高度的办法。此时所需要的最小让刀量(即抬起高度)为 h_{min}(见图4.29),即

$$h_{min} = t + \Delta_1 \tag{4.6}$$

式中 t——孔的单边余量,mm;

  Δ_1——刀尖通过毛坯所需要的间隙,mm。

镗杆最大直径为

$$d_{max} = D - 2(h_{min} + \Delta_2) \tag{4.7}$$

式中 D——毛坯孔直径,mm;

  Δ_2——镗杆与毛坯间所需要的间隙,mm。

镗套长度 H 的取值如下:

固定式镗套: $H_1 = H_2 = (1.5 \sim 2)d$

滑动回转式镗套: $H_1 = H_2 = (1.5 \sim 3)d$

滚动式回转镗套: $H_1 = H_2 = 0.75d$

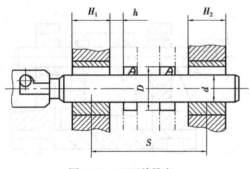

图4.28 双面单导向

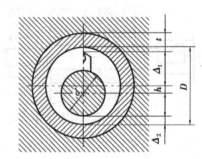

图4.29 确定让刀量示意图

2)双面双导向

如图4.30所示,工件两侧均设置了两个镗模支架,这种导向方式适用于专用联动镗床或精度要求高而需两面镗孔的场合,大批量生产中应用较广。

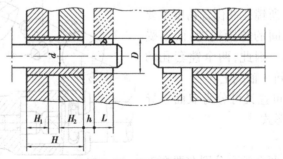

图4.30 双面双导向

(3)无导向

当工件在刚性好、精度高的坐标镗床、加工中心或金刚镗床上镗孔时,夹具不设置镗套,

被加工孔的尺寸精度和位置精度由机床精度保证。

4.3.2　镗模设计要点

镗床夹具设计的关键问题是必须很好地解决镗杆的导向问题,即要正确选择和设计镗套、合理布置镗套。

(1)镗套的结构形式

镗套的结构形式和精度直接影响被加工孔的精度。镗套根据其运动形式可分为固定式镗套和回转式镗套两种。

1)固定式镗套

如图 4.31 所示,固定式镗套的结构与快换钻套相似,固定在镗模的导向支架上,在镗孔过程中是不随镗杆转动的,镗杆在镗套内,既有相对转动又有相对移动。固定式镗套外形尺寸小,结构简单,中心位置准确,在一般扩孔、镗孔(或铰孔)中得到较为广泛的应用。

如图 4.31(b)所示为带有压配式油杯的镗套,内孔开有油槽(直槽或螺旋槽),该种形式镗套上自带润滑油孔,用油枪注入润滑油。加工时可适当提高切削速度。由于镗杆在镗套内回转和轴向移动,镗套容易磨损,故不带油杯的镗套(见图 4.31(a))只适于低速切削。否则,镗杆与镗套间容易因相对运动发热过高而咬死,或者造成镗杆迅速磨损。

为了减小镗杆与镗套的接触面积,可以在镗杆上镶装淬火钢条。镗套材料选用耐磨的如青铜、粉末冶金等材料。

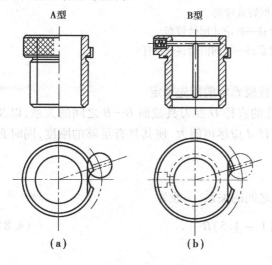

图 4.31　固定镗套

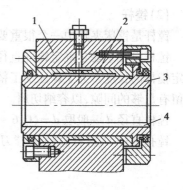

图 4.32　滑动式回转镗套
1—镗模支架;2—滑动轴承;
3—镗套;4—键槽

2)回转式镗套

回转式镗套要随镗杆一起转动,故镗套必须另用轴承支承。按所用轴承形式的不同,回转式镗套可分为滑动式和滚动式两类。其中,滚动式又根据轴承的安装位置不同,可分为内滚式和外滚式两种。

如图 4.32 所示为滑动式回转镗套。镗套可在滑动轴承内回转,镗模支架上设置有油杯,经过油孔将润滑油送到回转副,使其充分润滑。镗套内孔开有键槽,镗杆通过键带动镗套回转。这种镗套的径向尺寸较小,适用于孔心距较小的孔系加工,且有较高的回转精度和较好的减振性,承载能力大,摩擦面的线速度不能大于 0.3 ~ 0.4 m/s,常用于精加工。

如图 4.33 所示的左端 a 为内滚式镗套。这种镗套是将回转部分安装在镗杆上,并成为镗杆的一部分,由于它的回转部分安装在导向滑套 3 的里面,故称为内滚式回转镗套。

镗套 2 固定不动,镗杆 4、轴承和导向滑套 3 在固定镗套 2 内可作轴向移动,镗杆可转动,这种镗套两轴承支承距离较远,尺寸较长,导向精度高,多用于镗杆的后导向,即靠近机床主轴端。

如图 4.33 所示的右端 b 为外滚式镗套。这种镗套是将回转部分安装在镗套的外面,故称为外滚式回转镗套。镗套 5 装在轴承内孔,镗杆 4 右端与镗套为间隙配合,通过键连接,可以与镗套和轴承内圈一起回转,而且镗杆可以在镗套内相对移动而无相对转动。外滚式镗套尺寸较小,导向精度稍低一些,一般多用于镗杆的前导向。

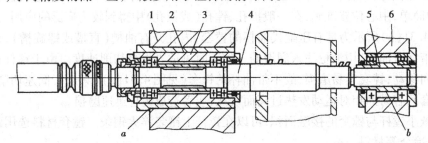

图 4.33　回转式镗套

a—内滚式回转镗套;b—外滚式回转镗套

1,6—镗模支架;2,5—镗套;3—导向滑套;4—镗杆

(2)镗杆

镗杆是镗床夹具中一个很重要的零件,在镗模确定前需先确定。

镗杆设计主要是确定镗杆直径 d 与所镗孔的直径 D 及刀具截面 B—B 之间的关系,以及确定镗杆的长度。为了保证加工精度,镗杆直径 d 应尽可能大,使其具有足够的刚度,同时必须留有足够的间隙,以容纳切屑。

镗杆直径 d 一般取 $d = (0.6 ~ 0.8)D$。

镗孔直径 D、镗杆直径 d、镗刀截面 B—B 之间的关系,一般为

$$\frac{D - d}{2} = (1 ~ 1.5)B \tag{4.8}$$

或者参考如表 4.1 所示。

表 4.1　镗孔直径 D、镗杆直径 d、镗刀截面 B—B 之间的关系/mm

镗孔直径 D	30 ~ 40	40 ~ 50	50 ~ 70	70 ~ 90	90 ~ 100
镗杆直径 d	20 ~ 30	30 ~ 40	40 ~ 50	50 ~ 65	65 ~ 90
镗刀截面 B—B	8 × 8	10 × 10	12 × 12	16 × 16	16 × 16 20 × 20

镗杆的结构有整体式和镶条式两种。

当镗杆导向部分直径 d < 50 mm 时,常采用整体式结构;镗杆导向部分直径 d > 50 mm

时,常采用镶条式结构,如图 4.34 所示。图 4.34(a)为开有油槽的镗杆,镗杆和镗套的接触面积大,磨损严重,若切屑从油槽进入镗套,容易出现"卡死",但是镗杆的刚度和强度较好。图 4.34(b)、图 4.34(c)有较深的直线和螺旋油槽的镗杆,这种结构可以大大减少镗杆和镗套的接触面积,槽内有一定的容屑空间,可以减少"卡死"。但是刚性较差。图 4.34(d)是镶条式镗杆结构,镶条应采用耐磨且摩擦系数小的材料,如青铜,有利于提高切削速度。镶条的数量一般为 4~6 条。镶条磨损后,可在底部加垫片,再用磨外圆的方法重新修磨后使用。这种结构的摩擦面积较小,容屑空间较大,不易"卡死"。

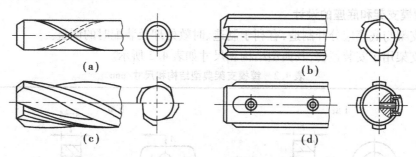

(a)　　　　　　　　　　　(b)

(c)　　　　　　　　　　　(d)

图 4.34　用于固定镗套的镗杆导向部分的结构

若镗套内开有键槽,在镗杆的导向部分前端则应有相应的键,键下装有压缩弹簧,键的前部加工出斜面,如图 4.35 所示。无论镗杆以何位置进入镗套,平键均能自动进入键槽,带动镗套回转。

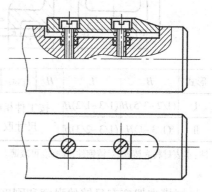

镗杆的长度与孔的长度或孔的轴向距离以及送进方式有关。因为镗杆长度过长会影响孔的加工精度。设计时,应尽量缩短前后镗套的距离。对于有前后导引的镗杆,其工作长度与镗杆直径不超过 10∶1 为宜,最大不超过 20∶1。对于悬臂工作状态下的镗杆,其悬伸长度与导向部分直径之比小于 4~5 为宜。

镗刀在镗杆上的安装,应尽量减小镗杆的变形和平衡切削力。若安装数把镗刀时,应尽可能对称布置,以使径向切削力平衡,减少镗杆的变形;同一镗模支架上同时有几根镗杆时,各镗刀方向尽量错开。

图 4.35　用于回转镗套的镗杆引进结构

镗杆的精度一般比加工孔的精度高两级。镗杆的直径公差,粗镗时选 g6,精镗时选 g5;表面粗糙度值 R_a 选 0.2~0.4 μm;圆柱度公差取直径公差的一半,直线度要求为 0.01/500。

镗杆的表面硬度应高于镗套的硬度,其内部应有较好的韧性。镗杆材料通常选用 45 钢或 40Cr,淬火硬度为 40~45HRC;也可用 20 钢或 20Cr 钢,渗碳淬火,渗碳层厚度 0.8~1.2 mm,淬火硬度为 61~63HRC。

(3)浮动接头

浮动接头又称浮动卡头,用于机床主轴与镗杆间同轴度误差较大时,为避免机床主轴与镗杆因不同轴造成的传动"别动",影响正常镗削;通过浮动接头把镗杆与主轴间实行浮动连接,使二者按各自的轴线进行正常回转,互不影响。

浮动接头的结构形式较多,图 4.27 是常用的一种。镗杆 1 与接头体 2 之间留有足够的浮动间隙,镗杆 1 上拨动销 3 插入接头体 2 的槽中,接头体的锥柄安装在主轴锥孔中。主轴的回转运动通过接头体的开口销槽结构,经拨动销传给镗杆,从而消除镗杆与主轴间的同轴度误差影响。

镗杆连接端的销孔位置应保证与镗杆轴线垂直,其垂直度误差不大于 0.01 mm。采用浮动连接结构,应注意主轴与镗杆间的同轴度误差不能太大,以防止同轴度误差造成的镗杆回转的不等速,影响镗孔切削速度的均匀性和镗孔表面质量。

(4)镗模支架和底座的设计

镗模支架与底座应分开制造,有利于制造、时效处理及装配时的调整。

镗模支架用于安装镗套,其典型结构和尺寸如表 4.2 所示。

表 4.2　镗模支架典型结构和尺寸/mm

形式	B	L	H	s_1, s_2	l	a	b	c	d	e	h	k
I	$(1/2 \sim 3/5)H$	$(1/3 \sim 1/2)H$	按工件相应尺寸取		$10 \sim 20$	$15 \sim 20$	$30 \sim 40$	$3 \sim 5$	$20 \sim 30$	$20 \sim 30$	$3 \sim 5$
II	$(1/3 \sim 1)H$	$(1/3 \sim 2/3)H$										

注:本表材料为铸铁,对铸钢件,其厚度可减薄。

镗模支架应有足够的强度和刚度,在结构上应考虑有较大的安装基面和设置必要的加强筋,而且不能在镗模支架上安装夹紧机构,以免夹紧反力使镗模支架变形,影响镗孔精度。

镗模底座上要安装各种装置和工件,并承受切削力、夹紧力,因此应有足够的强度和刚度,并应有较好的精度稳定性。其典型结构和尺寸如表 4.3 所示。

镗模底座上应设置加强筋,常采用十字形筋条。镗模底座上安放定位元件和镗模支架等的平面应铸出高度为 3 ~ 5 mm 的凸台,凸台需要刮研,使其对底面(安装基准面)有较高的垂直度和平行度。

为了找正镗模底座在机床上的位置以及其上安装的其他元件的相对位置,常在镗模底座的侧面设计一窄长的找正基准面,其平面度公差为 0.05 mm,与安装基准的垂直度公差为 0.01 mm。

为了方便搬运,应在镗模底座上设计出起吊和搬运的耳座。

镗模支架与底座多为铸铁件,一般为 HT200,毛坯应时效处理。

表 4.3　镗模底座典型结构和尺寸/mm

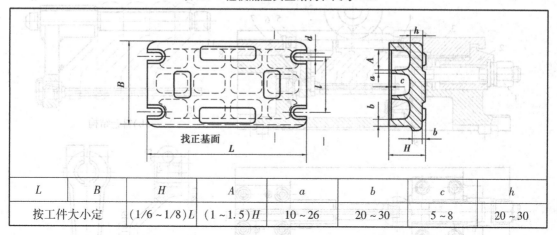

L	B	H	A	a	b	c	h
按工件大小定	$(1/6 \sim 1/8)L$	$(1 \sim 1.5)H$	$10 \sim 26$	$20 \sim 30$	$5 \sim 8$	$20 \sim 30$

4.4　铣床夹具

4.4.1　铣床夹具的主要类型及其适用范围

铣床夹具主要用于加工零件上的平面、凹槽、键槽、花键、缺口及各种成形面。铣削加工时切削力很大,并且铣刀刀齿的不连续工作,致使切削力的变化而引起加工过程的振动,进而影响工件的既定位置,因此,铣床夹具的夹紧力较大,铣床夹具对各部分装置的刚度和强度要求也较高。

由于铣削加工通常是夹具随工作台一起做进给运动,按进给方式不同铣床夹具可分为直线进给式铣床夹具、圆周进给式铣床夹具和靠模铣床夹具 3 种类型。

(1)直线进给式铣床夹具

这类铣床用得最多。夹具安装在铣床工作台上,加工中随工作台按直线进给方式运动。根据工件质量、结构及生产批量,将夹具设计成单件多点、多件平行和多件连续依次夹紧的联动方式,有时还要采用分度机构,均为了提高生产效率。

如图 4.36 所示为料仓式铣床夹具,铣削侧面及切槽。工件装在料仓 5 里,由圆柱销 12、棱形销 10 和端面对工件定位。然后将料仓安装在夹具上,利用销 12 的两圆柱端 11 和 13,及棱形销 10 的两圆柱端分别对准夹具体上对应的缺口槽 7 和 9。再拧紧螺母 1,经钩形压板 2 推动压块 3 前进,并使压块上孔 4 套住料仓上的圆柱端 11,继续向右移动压块,直至夹紧全部工件。夹具配备两个及以上料仓,可使切削和装卸工件的时间部分重合。

(2)周向进给式铣床夹具

这类夹具一般用于回转圆形工作台立式铣床上。工作台同时安装多套相同的夹具,实现多工位或多工件加工。加工时,工件在机床工作台上做连续回转运动,完成连续周向进给,工件依次经过切削区加工,在非切削区装卸工件,从而实现不间断地连续作业。机动时间与辅助时间重叠,生产率较高,另外结构紧凑,操作方便,一般用于大批大量生产。

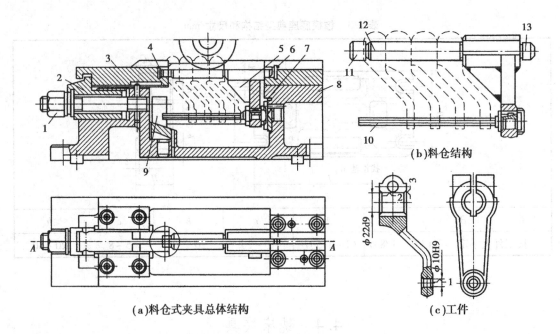

图 4.36　直线进给式铣床夹具

1—螺母;2—钩形压板;3—压块;4,6—压块孔;5—料仓;7,9—缺口槽;

8—夹具体;10—棱形销;11,13—圆柱端;12—圆柱销

　　如图 4.37 所示为一圆周进给式铣床夹具。为实现不间断地高速铣削,机床回转工作台上沿圆周设置 12 部液动夹具进行自动夹紧。工件拨叉以内孔及其下端面和拨叉外侧面在夹具定位销 5 和挡销 1 上定位,并由液压缸 3 驱动拉杆 6 经快换垫圈 4 将工件夹紧。

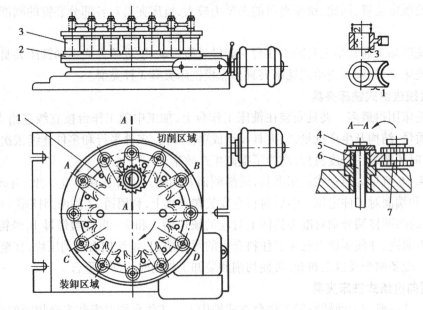

图 4.37　圆周进给式铣床夹具

1—挡销;2—回转工作台;3—液压缸;4—快换垫圈;5—定位销;6—拉杆;7—铣刀

　　整个回转工作台分成 *AB* 切削区和 *CD* 装卸区两大部分,并由电机通过蜗杆减速机构带

动实现不停车的连续回转。这样,只需在 CD 区域设置自动装卸机构,或者专门安排工人进行工件的装卸,即可维持机床高效率的加工。

此例是用一个铣刀头加工的,根据加工要求,也可用两个铣刀头同时进行粗、精加工。

(3)靠模铣床夹具

带有靠模的铣床夹具称为靠模铣床夹具。用于专用或通用铣床上加工各种非圆曲线轮廓的工件。靠模的作用是在机床基本进给运动的同时,由靠模获得一个辅助的进给运动,通过两个运动的合成,加工出所需要的成形表面。这种辅助进给的方式一般都采用机械靠模装置。因此,按照主进给运动的运动方式,靠模铣床夹具又可分为直线进给和圆周进给两种。

1)直线进给式靠模铣床夹具

如图 4.38 所示为直线进给式靠模铣床夹具示意图。靠模 3 与工件分别装在夹具上,夹具安装在铣床工作台上,滚子滑座 5 和铣刀滑座 6 两者固联为一体,且保持两者轴线间距离为 k 不变,该滑座组合件在重锤或弹簧拉力 F 的作用下,使滚子 4 始终压紧在靠模 3 上,铣刀 2 则保持与工件接触。当工作台作纵向直线进给时,滑座及铣刀即获得滚子沿靠模曲线轮廓的相对运动轨迹,铣刀便在工件上铣出所需的形状。这种加工一般在靠模铣床上进行。

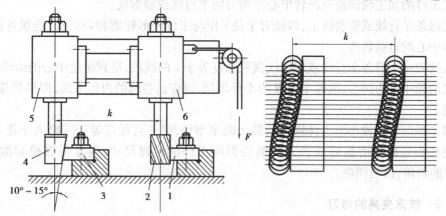

图 4.38　直线进给式靠模铣床夹具
1—工件;2—铣刀;3—靠模;4—滚子;5—滚子滑座;6—铣刀滑座

2)圆周进给式靠模铣床夹具

如图 4.39 所示为圆周进给式靠模铣床夹具示意图。工件 3 和靠模 4 安装在回转工作台 5 上,并保持三者间严格的同轴关系。回转工作台安装在滑座 6 上。滑座受重锤或弹簧拉力的作用使靠模 4 与滚子 1 始终保持压紧接触。滚子 1 与铣刀 2 不同轴,两轴相距 k。当回转工作台带动工件及靠模一起回转时,靠模滚子轴线相对回转工作台轴线间的距离,将由于靠模凸轮曲线的向径变化而随转角发生变化,从而使铣刀 2 在工件上加工出与靠模曲线相似的曲线。

在机械加工中,经常遇到各类非圆曲线、特形曲面,采用靠模铣成形工件曲面,是一种经常采用的工艺方法。这种方法只需通过一块精密的曲线模板,就可以在普通设备或专用铣床上,完成特形曲面轮廓的批量生产。

图 4.38 和图 4.39 反映了滚柱与铣刀的相对运动轨迹,即工件轮廓和靠模板轮廓之间的关系。靠模板轮廓曲线的绘制过程如下:

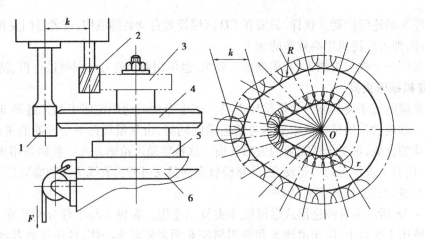

图 4.39　圆周进给式靠模铣床夹具

1—滚子;2—铣刀;3—工件;4—靠模;5—回转工作台;6—滑座

①画出工件的准确外形。

②从工件的加工轮廓面或回转中心作均分的平行线或辐射线。

③在每条平行线或辐射线上,以铣刀半径 r 作与工件外形轮廓相切的圆,连接各圆心,即得到铣刀中心的运动轨迹。

④从铣刀中心沿各平行线或辐射线截取长度等于 k 的线段,得到滚轮中心的运动轨迹。

⑤以滚轮中心为圆心,滚轮半径 R 为半径画圆,再作这些圆的内包络线,即得到靠模板的轮廓曲线。

铣刀半径应等于或小于工件轮廓的最小曲率半径,滚柱直径应等于或略大于铣刀半径。为防止滚柱和靠模板磨损后或铣刀刃磨后影响工件的轮廓尺寸,通常将靠模和滚柱做成 $10° \sim 15°$ 的斜角,以便调整。

4.4.2　铣床夹具的对刀

对刀装置由对刀块和塞尺组成,用来确定夹具和刀具的相对位置。如图 4.40 所示为几种常见的对刀装置。对刀装置的结构形式取决于加工表面的形状。对刀块常用销钉定位和螺钉紧固在夹具体上。对刀装置应设置在便于对刀而且是工件切入的一端,不妨碍工件装卸。

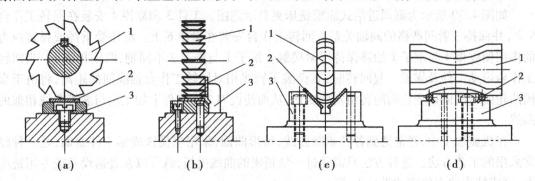

图 4.40　几种常见的对刀装置

1—铣刀;2—塞尺;3—对刀块

对刀块对刀时,移动机床工作台,使刀具靠近对刀块,在刀具刃口与对刀块工作表面之间塞进一规定尺寸塞尺,其目的是便于操作者通过塞尺的松紧程度来控制刀具的位置,也可避免刀具与对刀块直接接触而损坏刀刃或造成对刀块过早磨损。

图4.40(a)为用于铣平面时的高度对刀块;图4.40(b)为用于铣槽或加工阶梯表面时的直角对刀块;图4.40(c)、图4.40(d)是根据工件被加工表面形状和刀具结构而自行设计的成形对刀块。

塞尺有平塞尺和圆柱形塞尺两种,如图4.41所示。图4.41(a)为平塞尺,按照厚度不同有1,2,3,4,5 mm 5个规格。

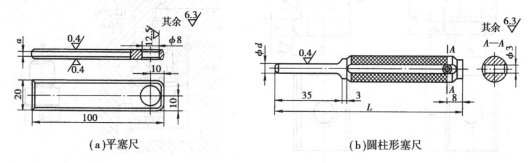

(a)平塞尺　　　　　　　　　　　　　(b)圆柱形塞尺

图4.41　塞尺

图4.41(b)为圆柱形塞尺,有3 mm和5 mm两种规格。这两种塞尺都按照h8的公差制造。

对刀块和塞尺均已标准化(设计时可查阅相关手册),使用时,夹具总图上应标明对刀块工作面到定位元件的定位面之间的尺寸及精度要求,以减小基准转换误差,该尺寸的公差应为工件该尺寸公差的1/5~1/3。对刀块和塞尺的材料均选用T8,淬火至55~60HRC。

4.4.3　铣床夹具设计要点

由于铣削加工切削用量及切削力较大,又是多刃断续切削,加工时易产生振动,因此设计铣床夹具时应注意:夹紧力要足够且反行程自锁;夹具的安装要准确可靠,即安装及加工时要正确使用定向键、对刀装置;夹具体要有足够的刚度和稳定性,结构要合理。

(1)定向键

铣床夹具,夹具体底面是夹具的主要基准面,要求底面经过比较精密的加工,夹具的各定位元件相对于此底平面应有较高的位置精度要求。为了保证夹具具有相对切削运动的准确方向,夹具体底平面上开设有定向键键槽,安装两个定向键(也称定位键),夹具靠这两个定向键定位在工作台面中心线上的T形槽内,再用T形螺栓固定夹具,确定夹具在机床上的正确位置。两定向键间的距离越大,定向精度越高。除了定位外,定向键还能承受部分切削扭矩,减轻夹具固定螺栓的负荷,增加夹具的稳定性,因此,铣平面时有时也装有定向键。

定向键有矩形和圆形两种结构形式,如图4.42所示。常用的是矩形定向键,其结构尺寸已经标准化。

矩形定向键有两种结构形式:A形和B形。A型定向键(见图4.42(a))的宽度,按统一尺寸B(h6或h8)制造,适用于夹具定向精度要求不高的场合;B形定向键(见图4.42(b))的侧面开有沟槽,沟槽的上部与夹具体的键槽配合,其宽度尺寸B按照H7/h6或JS6/h6与键槽配合。沟槽的下部宽度为B_1,与铣床工作台的T形槽配合,如图4.42(c)所示。因为T形槽公差为 H8 或 H7,故 B_1 一般按照 h8 或 h6 制造。为了提高夹具的定位精度,在制造定向键时,B_1 应留有磨削量 0.5 mm,以便与工作台 T 形槽修配。

在有些小型夹具中,可采用如图 4.42(d) 所示的圆柱形定向键,这种定向键制造方便,但是容易磨损,定向稳定性不如矩形定向键好,故应用较少。

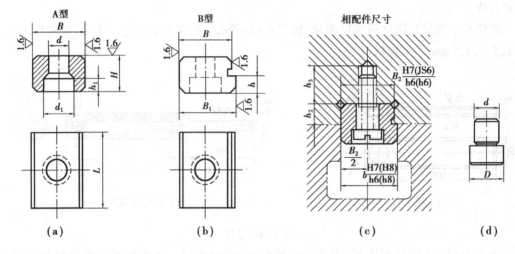

图 4.42　定向键

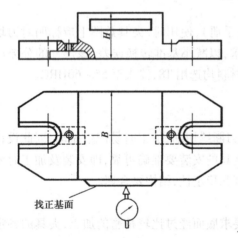

图 4.43　夹具的找正基面

定向精度要求高或重型夹具不宜采用定向键,而是在夹具体上的侧面加工出一窄长平面作为找正基面来校正夹具的安装位置,通过找正获得较高的定向精度,如图 4.43 所示。

(2)夹具体设计

铣床夹具的结构形式取决于定位装置、夹紧装置及其他元件的结构与分布状况。在进行夹具设计时,应尽量将夹具布置得紧凑一些,为提高铣床夹具在机床上安装的稳固性,减轻其断续切削可能引起的振动,夹具体不仅要有足够的刚度和强度,而且还应使工件加工表面尽量靠近工作台面,以降低夹具重心,夹具体的高度和宽度比一般取 $H/B \leqslant 1 \sim 1.25$。此外,还要合理地设置耳座,耳座是铣床夹具与工作台的连接部位。由于连接要求牢固稳定,夹具体上 T 形螺栓连接的垫圈所接触的表面要加工平整,为此常在该处做一凸台,便于加工,也可以沉下去,如图 4.43 所示。若夹具体较宽,可设置 4 个耳座,在同一侧的两个耳座间的距离必须与铣床工作台 T 形槽间距相适应;对重型铣床夹具,夹具体两端还应设置吊装孔或吊环等以便搬运。

铣床夹具体的材料常用铸铁。其结构除了要考虑各装置的连接外,还要有足够的排屑空间,方便清理切屑。

4.5 车床和圆磨床夹具

车床和圆磨床夹具主要用于加工零件的内外圆柱面、圆锥面、回转成形面、螺纹及端平面等。

4.5.1 车床夹具的主要类型及其设计

在车床上用来加工工件的内外回转面及端面的夹具称为车床夹具。车床夹具多数安装在车床主轴上;少数安装在车床的床鞍或床身上,应用较少,该类夹具属于机床改装。

(1)车床夹具的主要类型

安装在车床主轴上的车床夹具,加工时夹具随机床主轴一起旋转,切削刀具做送进运动。根据工件的定位基准和夹具本身的结构特点,车床夹具可分为 4 种类型。

1)心轴类车床夹具

心轴类车床夹具是以工件内孔为定位基准加工外圆柱面的车床夹具,如心轴以莫氏锥柄与机床主轴锥孔配合连接,用拉杆拉紧。有的心轴以中心孔与车床前后顶尖配合使用,由鸡心夹头或自动拨盘传递扭矩。

2)卡盘类车床夹具

卡盘类车床夹具加工的零件大多是回转体或对称零件,因而其结构基本上是对称的,回转时不平衡影响较小。

3)角铁式车床夹具

角铁式车床夹具主要适用于以下两种情况:

①工件的主要定位基准是平面,要求被加工表面的轴线对定位基准面保持一定的位置关系(平行或成一定角度),这时夹具的平面定位件必须相应地设置在车床主轴轴线相平行或成一定角度的位置上。

②工件定位基准虽然不是与被加工表面的轴线平行或成一定角度的平面,但由于工件外形的限制,不适于采用卡盘式夹具,而必须采用半圆孔或 V 形块定位的情况。

4)花盘式车床夹具

花盘式车床夹具的基本特征是夹具体为一个大圆盘形零件。在花盘式夹具上加工的工件一般形状都比较复杂,工件的定位基准多数是用圆柱面和与圆柱面垂直的端面,因而夹具对工件多数也是端面定位和轴向夹紧的。

当工件定位表面为单一圆柱表面或与被加工表面相垂直的平面时,可采用各种通用车床夹具,如三爪自定心卡盘、四爪单动卡盘、顶尖、花盘等;当工件定位面较为复杂或有其他特殊要求时,应该设计专用车床夹具。

(2)车床夹具示例

夹具体呈角铁状的车床夹具称为角铁式车床夹具,其结构不对称,用于加工壳体、支座、杠杆、接头等零件上的回转面和端面,如图 4.44 所示。

图 4.44 是加工图示的开合螺母上 $\phi 40^{+0.027}_{0}$ mm 孔的专用夹具。工件的燕尾面和两个 $\phi 12^{+0.019}_{0}$ mm 孔已经加工,两孔距离为 38 ± 0.1 mm, $\phi 40^{+0.027}_{0}$ mm 孔已经经过粗加工。本道工

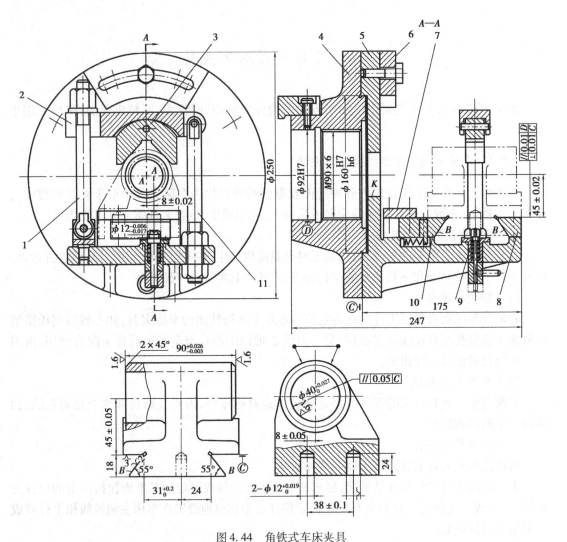

图 4.44 角铁式车床夹具

1,11—螺栓;2—压板;3—摆动 V 形块;4—过渡盘;5—夹具体;6—平衡块;7—盖板;
8—固定支承板;9—活动棱形销;10—活动支承板

序为精镗 $\phi40^{+0.027}_{0}$ mm 孔及车端面,加工要求是 $\phi40^{+0.027}_{0}$ mm 的孔轴线至燕尾底面 C 的距离为 45 ± 0.05 mm,$\phi40^{+0.027}_{0}$ mm 的孔轴线与 C 面的平行度为 0.05 mm,与 $\phi12^{+0.0197}_{0}$ mm 孔的距离为 8 ± 0.05 mm。遵循基准重合的原则,工件用燕尾面 B 和 C 在固定支承板 8 及活动支承板 10 上定位(两板高度相等),限制 5 个自由度;用 $\phi12^{+0.0197}_{0}$ mm 孔与活动棱形销 9 配合,限制一个自由度;工件装卸时,可从上方推开活动支承板 10 将工件插入,靠弹簧力使工件靠紧固定支承板 8,并略推移工件使活动棱形销 9 弹入 $\phi12^{+0.0197}_{0}$ mm 定位孔内。采用带摆动 V 形块 3 的回转式螺旋压板机构夹紧。用平衡块 6 来保持夹具的平衡。

如图 4.45 所示为花盘角铁式车床夹具,工件 6 由夹具体 4 上角铁平面、圆柱销 2 和棱形销 1 定位元件实现定位,两螺钉压板分别在两定位销孔旁把工件夹紧。导向套 7 用来引导加工轴孔的刀具,8 是平衡块。夹具上还设置有轴向定程基面 3,它与圆柱定位销保持确定的轴线距离,以控制刀具的轴向行程。该夹具以主轴外圆柱面做成安装定位基准。用平衡块 8 来保持夹具的平衡。

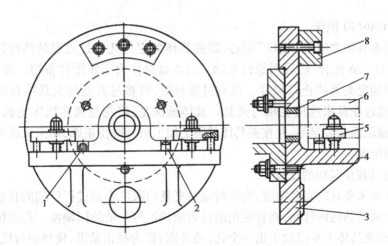

图4.45　花盘角铁式车床夹具

1—棱形销;2—圆柱定位销;3—轴向定程基面;4—夹具体;
5—压板;6—工件;7—导向套;8—平衡块

(3)车床夹具设计要点

车床夹具的主要特点是与机床主轴连接,工作时由机床主轴带动做高速回转。应考虑以下方面:

1)车床夹具在机床主轴上的连接方式

车床夹具与机床主轴的连接精度直接影响到夹具的回转精度,从而造成工件的误差。因此,要求夹具的回转轴线与车床主轴回转轴线具有较高的同轴度和可靠的连接。

车床夹具与机床主轴的连接结构形式取决于主轴前端的结构形式。主轴的结构形式可见车床的使用说明书和有关手册。车床主轴前端一般都车有锥孔和外锥面,或轴颈与凸缘端面等结构提供给夹具的连接基准。但要注意,不同生产厂家生产的同类机床的尺寸可能有很大差异。最可靠的是去现场测量,以免造成错误和损失。

确定夹具与机床主轴连接结构,一般根据夹具径向尺寸的大小来确定。其连接方式通常有以下几种方式:

①径向尺寸 $D < 140$ mm 或 $D < (2 \sim 3)d$ 的小型车床夹具,一般通过主轴锥孔与机床主轴连接。当夹具体两端有中心孔时,夹具安装在车床的前后顶尖上。夹具体带有锥柄时,夹具通过莫氏锥柄直接安装在主轴的锥孔中,并用螺栓拉紧,防止加工过程中受力松脱,如图4.2(a)所示。这种连接方式结构简单,安装误差小,定心精度高。

②径向尺寸较大的车床夹具,一般通过过渡盘与机床主轴连接,过渡盘安装在主轴的头部,过渡盘与主轴配合处的形状取决于主轴前端的结构。

如图4.2(b)所示的过渡盘,以内孔在主轴前端的定心轴颈定位(采用H7/h6或H7/js6配合),用螺纹紧固,轴向由过渡盘端面与主轴前端的台阶面接触。为了防止停车和倒车时因惯性作用使两者松开,用压块4将过渡盘压在主轴上。这种安装方式的安装精度受配合精度的影响,常用于C6140机床。

如图4.2(c)所示的过渡盘,以锥孔和端面在主轴前端的短圆锥面和端面上定位。安装时,先将过渡盘推入主轴,使其端面与主轴端面之间有 0.05 ~ 0.1 mm 的间隙,用螺钉均匀拧紧后,产生弹性变形,使端面与锥面全部接触,这种安装方式定心准确、刚性好,但加工精度要求高,常用于 CA6140 机床。

过渡盘与夹具体之间用"止口"定心,即夹具体的定位孔与过渡盘的凸缘以 H7/f6,H7/h6,H7/js6 或 H7/n6 配合,然后用螺钉紧固。过渡盘常作为车床附件备用。设计夹具时,应按过渡盘凸缘确定夹具的止口尺寸。没有过渡盘时,可将过渡盘与夹具体合成一个零件设计,也可采用通过花盘来连接主轴与夹具。具体做法是:将花盘装在机床主轴上,车一刀端面,以消除花盘端面安装误差,并在夹具体外圆上加工出一段找正圆,用来保证夹具相对于主轴轴线的径向位置。

2)车床夹具找正基面的设置

为了保证车床夹具的安装精度,安装时应对夹具的限位表面进行仔细的找正。若夹具的限位面为与主轴同轴的回转面,则直接用限位表面找正与主轴的同轴度。若限位表面偏离回转中心,则应在夹具体上专门加工出一个孔(或外圆)作为找正基准,使该面与机床主轴同轴,同时,也作为夹具设计、装配和测量的基准。

为了保证加工精度,车床夹具的设计中心(即限位面或找正基面)对主轴回转中心的同轴度应控制在 $\phi 0.01$ mm 之内,限位端面(或找正基面)对主轴回转中心的跳动量也不应大于 0.01 mm。

3)定位元件的设置

设置定位元件时,应考虑使工件加工表面的轴线与主轴轴线重合。对于回转体或对称零件,一般采用心轴或定心夹紧式夹具,以保证工件的定位基面、加工表面和主轴三者的轴线重合。

对于壳体、支架、托架等形状较为复杂的工件,由于被加工表面与工序基准之间有尺寸和相互位置要求,所以各定位元件的限位表面应与机床主轴旋转中心具有正确的尺寸和位置关系。

为了获得定位元件相对于机床主轴轴线的准确位置,有时可以采用"临时加工"的方法,即限位面的最终加工就在使用该夹具的机床上进行,加工完后夹具的位置不再变动,避免了很多中间环节对夹具位置精度的影响。采用不淬火三爪自定心卡盘的卡爪,装夹工件前,先对卡爪"临时加工",以提高装夹精度。

4)夹紧装置的设置

车床夹具的夹紧装置必须安全可靠。夹紧力必须克服切削力、离心力等外力的作用,且自锁可靠。对高速切削的车床夹具,应进行夹紧力克服切削力和离心力的验算。若采用螺旋夹紧机构,一般要加弹簧垫圈或使用锁紧螺母。

5)夹具的平衡

对角铁式、花盘式等结构不对称的车床夹具,设计时应采取平衡措施,消除回转的不平衡现象,以减少由于离心力产生的振动和主轴轴承的不正常磨损,保证加工质量和刀具寿命。平衡重的位置应可以调节,或采用加工减重孔的方式。对低速切削的车床夹具只需进行静平衡验算。

6)夹具的结构其他要求

①车床夹具是在高速回转和悬臂状况下工作的,因此车床夹具的夹具体应设计成圆柱形,结构要简单、紧凑、质量小、刚性好,悬伸长度尽可能短,使重心尽可能靠近主轴。车床夹具的悬伸长度过长,会加剧主轴轴承的磨损,同时引起振动,影响加工质量。因此,夹具的悬

伸长度 L 与其外轮廓直径 D 之比应加以控制。

直径小于 150 mm 的夹具, $L/D \leqslant 2.5$。

直径在 150～300 mm 的夹具, $L/D \leqslant 0.9$。

直径大于 300 mm 的夹具, $L/D \leqslant 0.6$。

②夹紧装置除应使夹紧迅速、可靠外,还应注意夹具旋转的惯性力不应使夹紧力有减小的趋势,以防回转过程中夹紧元件的松脱。

③夹具体上的定位夹紧元件及其他装置的布置不应伸出夹具体的轮廓之外;靠近夹具外缘的元件,不应该有突出的棱角,若不可避免有不规则的突出部分,或有切削液飞溅及切屑缠绕时,应设计防护罩。

④当主轴有高速转动、急刹车等情况时,夹具与主轴之间的连接应该有放松装置。

⑤在加工过程中,工件在夹具上应尽可能用量具测量,切屑能顺利排出或清理。

4.5.2 圆磨床夹具设计要点

内、外圆磨床夹具设计要点与车床夹具设计要点基本一致,车床夹具设计要点同样适合外圆磨床和内圆磨床夹具。但是磨削一般是精加工,内、外圆磨床夹具的精度高,夹紧力小,因而多采用定心精度高、结构简单、效率高的轻型结构。为了防止夹伤工件表面,故夹紧元件的夹紧面要采用精加工表面,必要时可镶焊软质材料。

如图 4.46 所示为采用齿轮分度圆定位磨内孔的内圆磨床夹具。被加工齿轮采用 3 个均布(或近似均布)定心圆柱 6 插入齿间,实现分度圆定位。

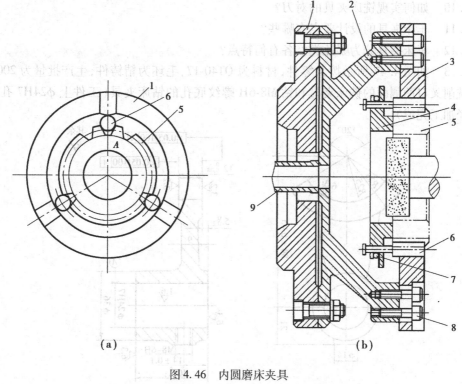

图 4.46 内圆磨床夹具

1—夹具体;2—弹性薄膜盘;3—卡爪;4—保持架;5—工件;

6—定心圆柱;7—弹簧;8—螺钉;9—推杆

117

右移推杆9,使薄膜盘中部向右凸起,卡爪张开,可安装工件。当推杆的推力取消后,薄膜盘在弹性恢复力的作用下,通过卡爪,将工件夹紧。该类卡盘定心精度高,但是夹紧力有限。该夹具在内圆磨床上使用。以齿轮节圆定位,磨齿轮内孔,可保证被加工孔与齿面有较好的同轴度。

复习与思考题

4.1 夹具在机床上的定位方式有哪些?车床夹具常采用的是哪一种?

4.2 提高夹具在机床上定位精度的措施有哪些?

4.3 什么叫钻模?钻模保证零件的尺寸精度、位置精度的原理是什么?

4.4 钻套按其结构形式分为哪几种类型?各适用于什么场合?如何确定钻套的导向长度与钻套下端面至工件之间的距离?

4.5 钻模的结构形式分为哪几类?各适用于什么场合?

4.6 钻模的设计要点有哪些?

4.7 镗模按照镗套的布置有哪些形式?各有什么特点?镗套的结构形式有哪几种?各适用于什么场合?

4.8 镗模的设计要点有哪些?

4.9 铣床夹具设计的要点有哪些?

4.10 如何实现铣床夹具的对刀?

4.11 车床夹具的设计要点有哪些?

4.12 车床夹具分为哪几类?各有何特点?

4.13 如图4.47所示拨叉零件,材料为QT40-17,毛坯为精铸件,生产批量为200件,试设计铣削叉口两侧面的铣床夹具和钻M8-6H螺纹底孔的钻床夹具(工件上ϕ24H7孔及两端面已经加工完成)。

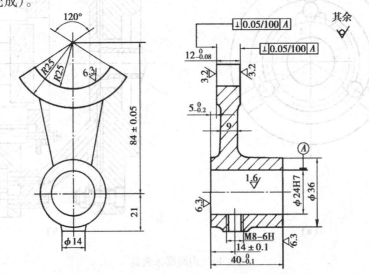

图4.47

4.14　在 CA6140 车床上镗如图 4.48 所示轴承座上的 ϕ32K7 孔, A 面和两个 ϕ9H7 孔已经加工好,试设计所需的车床夹具。

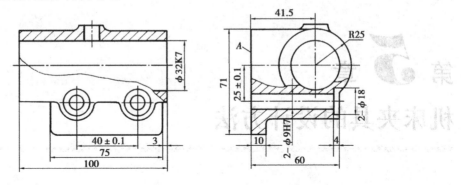

图 4.48

第 **5** 章

机床夹具的设计方法

夹具设计一般是在零件的机械加工工艺过程制订之后按照某一工序的具体要求进行的。制订工艺过程,应充分考虑夹具实现的可能性,而设计夹具时,如确有必要也可以对工艺过程提出修改意见。夹具的设计质量的高低,应以能否稳定地保证工件的加工质量,生产效率高,成本低,排屑方便,操作安全、省力和制造、维护容易等为其衡量指标。

5.1 夹具设计的方法和步骤

5.1.1 夹具的生产过程和基本要求

(1)夹具的生产过程

一般夹具的生产过程如图 5.1 所示。

图 5.1 夹具的生产过程

进行夹具生产的第一步是由工艺人员在编制工艺规程时提出相应的夹具设计任务书。该任务书应有设计理由、使用车间(分厂或公司)、使用设备及需要设计夹具工序的工序简图。工序图上须标明本道工序的加工要求、定位面及夹紧部位。夹具设计人员在做了相应的准备工作后,就可进行夹具结构设计。完成夹具结构设计之后,由夹具使用部门、制造部门就夹具的使用性能、结构合理性、结构工艺性及经济性等方面进行审核后交付制造。制成的夹具要由设计人员、工艺人员、使用部门、制造部门等各有关方面人员进行验证。若该夹具能满足该道工序的加工要求,能提高生产率,且操作安全、方便,维修简单,就可交付生产使用。

(2)对夹具的基本要求

一个优良的机床夹具必须满足下列基本要求:

①保证工件的加工精度。保证加工精度的关键,首先在于正确地选定定位基准、定位方法和定位元件,必要时还需进行定位误差分析,还要注意夹具中其他零部件的结构对加工精

度的影响,确保夹具能满足工件的加工精度要求。

②提高生产效率。专用夹具的复杂程度应与生产纲领相适应,应尽量采用各种快速高效的装夹机构,保证操作方便,缩短辅助时间,提高生产效率。

③工艺性能好。专用夹具的结构应力求简单、合理,便于制造、装配、调整、检验、维修等。专用夹具的制造属于单件生产,当最终精度由调整或修配保证时,夹具上应设置调整和修配结构。

④使用性能好。专用夹具的操作应简便、省力、安全可靠。在客观条件允许且又经济适用的前提下,应尽可能采用气动、液压等机械化夹紧装置,以减轻操作者的劳动强度。专用夹具还应排屑方便。必要时可设置排屑结构,防止切屑破坏工件的定位和损坏刀具,防止切屑的积聚带来大量的热量而引起工艺系统变形。

⑤经济性好。专用夹具应尽可能采用标准元件和标准结构,力求结构简单、制造容易,以降低夹具的制造成本。因此,设计时应根据生产纲领对夹具方案进行必要的技术经济分析,以提高夹具在生产中的经济效益。

5.1.2　夹具设计的一般步骤

(1)夹具设计规范化的意义

研究夹具设计规范化程序的主要目的在于:

1)保证设计质量,提高设计效率

夹具设计质量主要表现在:

①设计方案与生产纲领的适应性。

②高位设计与定位副设置的相容性。

③夹紧设计技术经济指标的先进性。

④精度控制项目的完备性以及各控制项目公差数值规定的合理性。

⑤夹具结构设计的工艺性。

⑥夹具制造成本的经济性。

有了规范的设计程序,可以指导设计人员有步骤、有计划、有条理地进行工作,提高设计效率,缩短设计周期。

2)有利于计算机辅助设计

有了规范化的设计程序,就可以利用计算机进行辅助设计,实现优化设计,减轻设计人员的负担。利用计算机进行辅助设计,除了进行精度设计之外,还可以寻找最佳夹紧状态,利用有限元法对零件的强度、刚度进行设计计算,实现包括绘图在内的设计过程的全部计算机控制。

3)有利于初学者尽快掌握夹具设计的方法

近年来,关于夹具设计的理论研究和实践经验总结已日趋完善,在此基础上总结出来的夹具规范化设计程序,使初级夹具设计人员的设计工作提高到了一个新的科学化水平。

(2)夹具设计精度的设计原则

要保证设计的夹具制造成本低,规定零件的精度要求时应遵循以下原则:

1)对一般精度的夹具

①应使主要组成零件具有相应终加工方法的平均经济精度。

②应按获得夹具精度的工艺方法所达到的平均经济精度,规定基础件夹具体加工孔的形位公差。

对一般精度或精度要求低的夹具,组成零件的加工精度按此规定,既达到了制造成本低,又使夹具具有较大精度裕度,能使设计的夹具获得最佳的经济效果。

2)对精密夹具

除遵循一般精度夹具的两项原则外,对某个关键零件,还应规定与偶件配作或配研等,以达到无间隙滑动等。

(3)夹具设计的一般步骤

1)明确设计要求,认真调查研究,收集设计资料

①仔细研究零件工作图、毛坯图及其技术条件。

②了解零件的生产纲领、投产批量以及生产组织等有关信息。

③了解工件的工艺规程和本工序的具体技术要求,了解工件的定位、夹紧方案,了解本工序的加工余量和切削用量的选择。

④了解所使用量具的精度等级、刀具和辅助工具等的型号、规格。

⑤了解本企业制造和使用夹具的生产条件和技术现状。

⑥了解所使用机床的主要技术参数、性能、规格、精度以及与夹具连接部分结构的联系尺寸等。

⑦准备好设计夹具用的各种标准、工艺规定、典型夹具图册和有关夹具的设计指导资料等。

⑧收集国内外有关设计、制造同类型夹具的资料,吸取其中先进而又能结合本企业实际情况的合理部分。

2)确定夹具的结构方案

在广泛收集和研究有关资料的基础上,着手拟定夹具的结构方案,主要包括:

①根据工艺的定位原理,确定工件的定位方式,选择定位元件。

②确定工件的夹紧方案和设计夹紧机构。

③确定夹具的其他组成部分,如分度装置、对刀块或引导元件、微调机构等。

④协调各元件、装置的布局,确定夹具体的总体结构和尺寸。

在确定方案的过程中,会有各种方案供选择,但应从保证精度和降低成本的角度出发,选择一个与生产纲领相适应的最佳方案。

3)绘制夹具总图

绘制夹具总图通常按以下步骤进行:

①遵循国家制图标准,绘图比例应尽可能选取1:1,根据工件的大小,也可用较大或较小的比例;通常选取操作位置为主视图,以便使所绘制的夹具总图具有良好的直观性;视图剖面应尽可能少,但必须能够清楚地表达夹具各部分的结构。

②用双点画线绘出工件轮廓外形、定位基准和加工表面。将工件轮廓线视为"透明体",并用网纹线表示出加工余量。

③根据工件定位基准的类型和主次,选择合适的定位元件,合理布置定位点,以满足定位设计的相容性。

④根据定位对夹紧的要求,按照夹紧五原则选择最佳夹紧状态及技术经济合理的夹紧系

统,画出夹紧工件的状态。对空行程较大的夹紧机构,还应用双点画线画出放松位置,以表示出和其他部分的关系。

⑤围绕工件的几个视图依次绘出对刀、导向元件以及定向键等。

⑥最后绘制出夹具体及连接元件,把夹具的各组成元件和装置连成一体。

⑦确定并标注有关尺寸,即夹具总图上应标注的 5 类尺寸。

⑧规定总图上应控制的精度项目,标注相关的技术条件,即夹具总图上应标注的 4 类技术条件。

⑨编制零件明细表,夹具总图上还应画出零件明细表和标题栏,写明夹具名称及零件明细表上所规定的内容。

4)夹具精度校核

在夹具设计中,当结构方案拟订之后,应该对夹具的方案进行精度分析和估算;在夹具总图设计完成后,还应该根据夹具有关元件的配合性质及技术要求,再进行一次复核。这是确保产品加工质量而必须进行的误差分析。

5)绘制夹具零件工作图

夹具总图绘制完毕后,对夹具上的非标准件要绘制零件工作图,并规定相应的技术要求。零件工作图应严格遵照所规定的比例绘制。视图、投影应完整,尺寸要标注齐全,所标注的公差及技术条件应符合总图要求,加工精度及表面光洁度应选择合理。

在夹具设计图纸全部完毕后,还有待于精心制造和实践与使用来验证设计的科学性。经试用后,有时还可能要对原设计作必要的修改。因此,要获得一项完善的优秀的夹具设计,设计人员通常应参与夹具的制造、装配、鉴定和使用的全过程。

6)设计质量评估

夹具设计质量评估,就是对夹具的磨损公差的大小和过程误差的留量这两项指标进行考核,以确保夹具的加工质量稳定和使用寿命。

5.2 夹具总图上尺寸、公差与配合和技术条件的标注

夹具总图上应标注 5 类尺寸和有关尺寸的公差与配合,还应标注 4 类技术条件。由于夹具总图上的调刀尺寸直接影响工件对应尺寸精度的保证,因而它是夹具总图中的重要尺寸。下面将对这些尺寸和技术要求的标注方法分别进行分析讨论。

5.2.1 夹具总图上应标注的 5 类尺寸

①夹具的外形轮廓尺寸。即夹具在长、宽、高 3 个方向上的外形最大极限尺寸。若夹具上有可动部分,应包括可动部分极限位置所占的空间尺寸。标注此类尺寸的作用在于避免夹具与机床或刀具发生干涉。如图 5.2 所示的外形轮廓尺寸 A。

②工件与定位元件的联系尺寸。主要是指工件定位面与定位元件定位工作面的配合尺寸和各定位元件之间的位置尺寸。如工件以孔在心轴或定位销上(或工件以外圆在内孔中)定位时,工件定位表面与夹具上定位元件间的配合尺寸。图 5.2 的尺寸 B 属此类尺寸。

③夹具与刀具的联系尺寸。用来确定夹具上对刀、导引元件位置的尺寸。对于铣、刨床

夹具,是指对刀元件与定位元件的位置尺寸;对于钻、镗床夹具,则是指钻(镗)套与定位元件间的位置尺寸,钻(镗)套之间的位置尺寸,以及钻(镗)套与刀具导向部分的配合尺寸等。图5.2 的尺寸 C 属于此类尺寸。

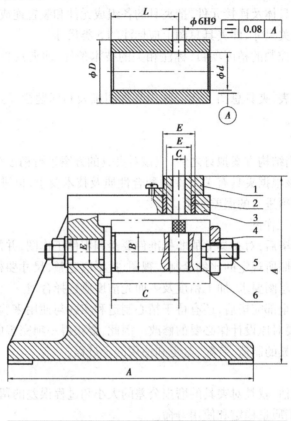

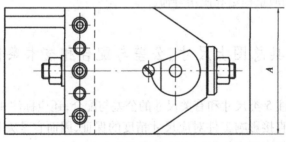

图 5.2　钻孔夹具

1—钻套;2—衬套;3—钻模板;4—开口垫片;5—夹紧螺母;6—定位心轴

④夹具与机床的联系尺寸。用于确定夹具在机床上正确位置的尺寸。对于车、磨床夹具,主要是指夹具与主轴端的配合尺寸;对于铣、刨床夹具,则是指夹具上的定向键与机床工作台上的 T 形槽的配合尺寸。标注尺寸时,常以夹具上的定位元件作为相互位置尺寸的基准。如图5.2 的尺寸 D 属于此类尺寸。

⑤夹具内部的配合尺寸。总图上凡是夹具内部有配合要求的表面,都必须按配合性质和配合精度标注配合尺寸。它们与工件、机床、刀具无关,主要是为了保证夹具装配后能满足规定的使用要求。图5.2 的尺寸 E 属于此类尺寸。

上述尺寸公差的确定可分为两种情况处理:一是夹具上定位元件之间,对刀、导引元件之间的尺寸公差,直接对工件上相应的加工尺寸发生影响,因此可根据工件的加工尺寸公差确定,一般可取工件加工尺寸公差的 1/5 ~ 1/3;二是定位元件与夹具体的配合尺寸公差,夹紧装置各组成零件间的配合尺寸公差等,则应根据其功用和装配要求,按一般公差与配合原则决定。

5.2.2　夹具总图上应标注的 4 类技术条件

夹具总图上应标注的 4 类技术条件,是指夹具装配后应满足的各有关表面的相互位置精度要求。它们有如下 4 个方面:

①定位元件之间的相互位置要求,其作用是保证定位精度。

②定位元件与连接元件(或找正基面)间的位置要求。夹具在机床上安装时,是通过连接元件或夹具体底面来确定其在机床上的正确位置的,而工件在夹具上的正确位置,是靠夹具上的定位元件来保证的。因此,定位元件与连接元件(或找正基面)之间应有相互位置精度要求。

③对刀元件与连接元件(或找正基面)间的位置要求。

④导引元件与定位元件的位置要求。

上述技术条件是保证工件相应的加工要求所必需的,其数量应取工件相应技术要求所规定数值的 1/5 ~ 1/3。当工件没注明要求时,夹具上的那些主要元件间的位置公差,可以按经验取为 $(0.02/100)$ ~ $(0.05/100)$ mm,或在全长上不大于 0.03 ~ 0.05 mm。

5.2.3　夹具调刀尺寸的标注

夹具的调刀尺寸一般是指夹具的调刀基准至对刀元件工作表面或导引元件轴线之间的位置尺寸。调刀尺寸是夹具中最常见的与工件加工尺寸要求直接相关的尺寸,也是夹具总图上关键的尺寸要求。

夹具的调刀尺寸一般按工件的设计尺寸(或工序尺寸)来直接标注。若工件的设计尺寸(或工序尺寸)与待标注的调刀尺寸直接对应,就可依据设计尺寸(或工序尺寸)直接标注调刀尺寸。

例如,在如图 5.3(a)所示的零件上铣上平面,要求保证加工表面至工件外圆下母线间的位置尺寸。如图 5.3(b)所示为夹具的定位方案。设所用的对刀平塞尺为 3 mm,不考虑对刀塞尺的制造误差,现计算应标注的调刀尺寸。

在夹具总图上应标注的调刀尺寸是 $H \pm \dfrac{T(H)}{2}$,它与零件图上的设计尺寸(即工序尺寸)直接对应。确定方法是:首先将尺寸换算成对称偏差分布的形式,41.92 就是计算调刀尺寸的依据,即 $H = 41.92 - 3 = 38.92$ mm,取 ±0.08 的 1/4 作为调刀尺寸公差,最后得到调刀尺寸及其偏差为 $H \pm \dfrac{T(H)}{2} = 38.92 \pm 0.02$ mm。

若设计尺寸在加工中是间接保证的尺寸,那么工序尺寸是未知数,这时就需通过尺寸链算出工序尺寸后再根据工序尺寸来标注调刀尺寸。

上述确定调刀尺寸的方法是在不考虑对刀塞尺制造误差的情况下进行的。若考虑对刀

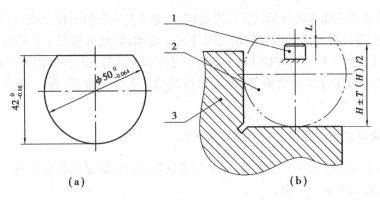

(a)　　　　　　　　　　　　　　　　**(b)**

图 5.3　调刀尺寸标注示例

1—对刀块;2—工件;3—定位元件;L—塞尺厚度,为 3 mm

塞尺的制造误差,则需通过尺寸链来确定调刀尺寸。此时,调刀尺寸和塞尺尺寸为尺寸链的组成环,工件的设计尺寸(或工序尺寸)为封闭环,通过解算该三环尺寸链确定调刀尺寸。封闭环的公差一般取工件设计尺寸(或工序尺寸)公差的 1/3。

5.3　夹具体的设计

夹具总体设计中,最后完成的主要元件是夹具体。夹具体是夹具的骨架和基础,组成夹具的各种元件、机构、装置都要安装在夹具体上。在加工过程中,它还要承受切削力、夹紧力、惯性力以及由此产生的振动和冲击。因此,夹具体是夹具中一个设计、制造劳动量大,耗费材料多,加工要求高的零件。在夹具成本中所占比重较大,制造周期也长,设计时要给予足够的重视。

5.3.1　夹具体设计的基本要求

对夹具体的要求有下列 3 点:

(1)有一定的形状和尺寸

夹具体的外形主要取决于安装在夹具体上的各种元件、机构和装置的形状及它们之间的布置位置。设计时,只要将组成该夹具的所有元件、机构和装置的结构及尺寸都设计好并布置好它们在图纸上的位置,就可由此勾画出夹具体的大致外形轮廓尺寸。

夹具体的壁厚取决于夹具体毛坯结构。铸造结构的夹具体,壁厚一般取为 8~25 mm,过厚处采取挖空等措施。如图 5.4(a)和图 5.4(c)所示的结构,其中部都比较厚,铸造时不易冷却,从而造成缩孔和很大的内应力,分别改为如图 5.4(b)和图 5.4(d)所示的结构,铸造时冷却均匀。如图 5.4(e)所示结构在 T 形槽周围壁既厚又笨重,应改为如图 5.4(f)所示的结构,可使壁厚减薄。若采用型材制作的焊接结构的夹具体,一般板厚 6~10 mm。若刚度不足,可增设加强筋。装配结构夹具体的厚度取决于标准毛坯或者标准零部件的厚度。

夹具体上不加工毛面与工件表面间应留有一定的间隙,以保证工件安装时不致与夹具体干涉。由于夹具铸造时的尺寸误差、拔模斜度,再加之工件外圆的毛坯误差,就可能出现工件装不进去的情况。一般情况,当夹具体是毛面,工件也是毛面时,取间隙 8~15 mm;若夹具体

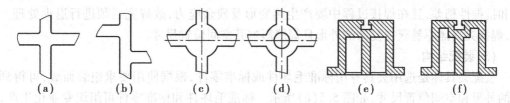

图 5.4　铸造夹具体结构对比

是毛面,工件是光面,这时间隙取 4 ~ 10 mm。

(2)有足够的强度和刚度

夹具体应具有足够的强度和刚度,以避免在加工过程中受到各种力的作用时产生弯曲和振动。若刚度不足,可增设加强筋或采用框形结构。一般加强筋的厚度取壁厚的 0.7 ~ 0.9倍,筋的高度不大于壁厚的 5 倍。

(3)有良好的结构工艺性

夹具体的结构应具有良好的工艺性,以便于制造、装配。夹具体上所有的安装表面都需经过加工,为减少加工面积,应铸出 3 ~ 5 mm 凸台。各加工表面最好位于同一平面或同一旋转面上,以方便加工。夹具体结构的设计还要便于这些表面的加工。顶面按配合零件形状在同一平面上做出 3 ~ 5 mm 凸台,底面做成中间凹进的形状,不仅节省材料、减少加工面积和工时,并且使接触更良好。

5.3.2　夹具体毛坯的制造方法

正确选择夹具体毛坯的制造方法是设计夹具体时要解决的首要问题。在选择夹具体毛坯时,应考虑毛坯的生产周期、工艺性、成本、抗振性、刚度等几方面的因素,同时结合工厂的具体条件加以选定。常见的毛坯结构有下列 3 种。

(1)铸造结构

铸造夹具体如图 5.5(a)所示。其优点是工艺性好,可铸出各种复杂的形面。铸件抗压强度大,刚度和抗振性都较好,因而可用于加工时切削负荷较大的场合。此外,铸件易加工,且成本低廉。但铸件生产周期长,铸造的圆角与拔模斜度,影响铸件空间尺寸。且由于铸造内应力缘故,对铸件必须进行时效处理。

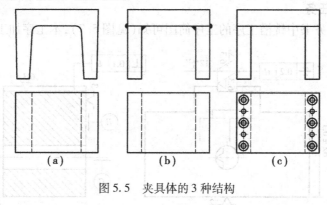

图 5.5　夹具体的 3 种结构

(2)焊接结构

如图 5.5(b)所示为焊接夹具体结构。与铸造夹具体相比,其优点是容易制造、生产周期短、成本低。焊接夹具体一般由钢板、型材经焊接而成。它比同等体积的铸造夹具体轻,但刚度和抗振性稍差,且在焊接过程中要产生热变形及残余应力,故焊完后须进行退火处理。此外,焊接夹具体不易获得复杂的外形且焊缝影响其空间位置尺寸。

(3)装配结构

装配夹具体是选用夹具专用标准毛坯件或标准零件,根据使用要求组装而成,可得到精确的外形和空间位置尺寸,如图5.5(c)所示。标准毛坯件和标准零件可组织专业化生产,这样不但可以大大缩短夹具体的制造周期,还可降低生产成本。要使装配夹具体在生产中得到广泛应用,必须实现夹具体零、部件的标准化、系列化。

5.4 机床夹具设计举例

设计如图5.6所示工件铣槽工序的专用夹具。零件材料为45钢。根据本章所讲的专用夹具设计方法,现将此铣槽夹具的设计过程讲解如下。

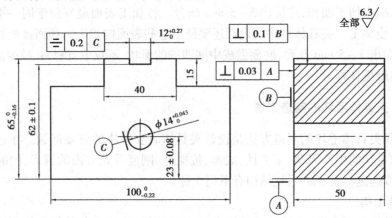

图5.6 铣槽零件图

5.4.1 明确设计任务,收集原始资料

(1)明确设计任务

由夹具设计任务书中铣槽工序的工序简图可知(见图5.7),本工序加工要求如下:

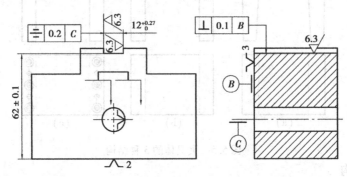

图5.7 工序简图

①槽宽 $12^{+0.27}_{\ 0}$ mm。

②槽底至工件底面的位置尺寸 62 ± 0.10 mm。

③槽子两侧面对 $\phi14^{+0.043}_{\ 0}$ 孔轴线的对称度为 0.2 mm。

④槽子底面对工件 B 面的垂直度为 0.10 mm。

该工序在卧式铣床上用三面刃铣刀加工。零件属中批量生产。

（2）收集原始资料

1）零件加工工艺过程

①铣前后两端面。X6132 卧铣。

②铣底面、顶面。X6132 卧铣。

③铣两侧面。X6132 卧铣。

④铣两台肩面。X6132 卧铣。

⑤钻、铰 $\phi14^{+0.043}_{\ 0}$ 孔。Z535 立钻。

⑥铣槽。X6132 卧铣。

由加工工艺知,零件其他表面均在铣槽工序前完成加工。

2）铣槽工序的工序卡

（略）

5.4.2　确定夹具结构方案

（1）确定定位方案,设计定位元件

1）验证基准选择的合理性

由工序简图知,该工序限制了工件 6 个自由度。现根据加工要求来分析其必须限制的自由度数目及基准选择的合理性。坐标系如图 5.8 所示。

为保证工序尺寸 62 ± 0.10,应以 A 面定位,限制工件 Z 移动。

为保证槽底相对工件 B 面的垂直度,应选 B 面作定位基准,需限制工件 X 和 Y 的转动。

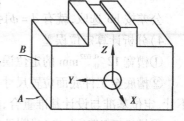

图 5.8　工件的坐系

为保证槽子两侧面对 $\phi14^{+0.043}_{\ 0}$ 孔轴线的对称度,应选 $\phi14^{+0.043}_{\ 0}$ 孔轴线、A 面和 B 面定位,需限制工件 Y 的移动、X 和 Z 的转动。

根据工件的加工要求,该工序必须限制工件 5 个自由度。但为了方便地控制刀具的走刀位置,还应限制 X 的移动自由度。因而工件的 6 个自由度都被限制。由分析知,要使定位基准与设计基准相重合,所选定位基准应是 B 面、$\phi14^{+0.043}_{\ 0}$ 孔和 A 面,与工序图相同。

2）选择定位元件

由工序简图知,本道工序工件的定位面是后平面 B、底平面 A 和 $\phi14^{+0.043}_{\ 0}$ 孔。夹具上相应的定位元件选为支承板、支承钉和菱形定位销（见图 5.9）。

3）确定定位元件尺寸、极限偏差和定位元件间位置尺寸及其极限偏差

定位后平面 B 所用的定位支承板参考《机床夹具零件及部件标准》中的定位支承板进行设计。定位底平面的定位支承钉以及菱形定位销按实际需要在《机床夹具零件及部件标准》中选取。

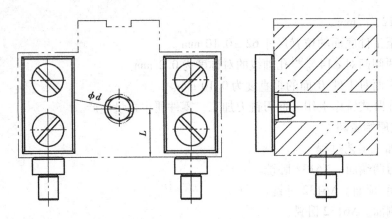

图5.9　夹具定位元件的选择

现需确定支承钉定位表面到菱形定位销中心的名义尺寸及其极限偏差 $L_J = L \pm [T(L_J)/2]$（见图5.9）。其中，L 取工件相应尺寸 23 ± 0.08 的平均尺寸，公差取 23 ± 0.08 公差的 1/4，极限偏差双向对称标注，就有 $L \pm [T(L_J)/2] = 23 \pm 0.02$ mm。

最后确定菱形定位销圆柱部分的直径 d 及其极限偏差。根据菱形销定位误差计算方法可计算菱形定位销和定位孔配合的最小间隙为

$$a = \delta L_x + \delta L_g = 0.04 + 0.16 = 0.2$$

又由《机床夹具零件及部件标准》查得菱形销的 $b = 4$ mm，则菱形定位销圆柱部分的直径为

$$d = D - \frac{2ab}{D} = 14 - \frac{2 \times 0.2 \times 4}{14} = 13.886 \text{ mm}$$

公差按 h6 选取，就有 $d = \phi 14 _{-0.125}^{-0.114}$ mm。

4）分析计算定位误差

①槽宽 $12 _{0}^{+0.027}$ mm 的定位误差。该尺寸由铣刀直接保证，不存在定位误差。

②槽底至工件底面位置尺寸 62 ± 0.10 mm 的定位误差。平面定位时，基准位移误差忽略不计，定位基准与设计基准重合，故不存在定位误差。

③槽子两侧面对 $\phi 14 _{0}^{+0.043}$ 孔轴线的对称度 0.2 mm 的定位误差。工件以 $\phi 14$ 孔轴线定位，定位基准和设计基准重合，没有基准不重合误差。但菱形定位销圆柱部分直径 $\phi 14 _{-0.125}^{-0.114}$ 和定位孔 $\phi 14 _{0}^{+0.043}$ 配合时产生的最大间隙为

$$\delta = D_{2\max} - d_{\min} = (14.043 - 13.875) \text{mm} = 0.168 \text{ mm}$$

这个配合间隙将直接影响对称度要求。δ 约等于对称度允许误差，应采取措施减小该项误差。

④槽子底面对工件 B 面的垂直度的定位误差。此时定位基准与设计基准重合，平面定位，基准位移误差忽略不计，故定位误差为零。

5）减少对称度定位误差的措施

①改变定位方案。为提高槽子两侧面对 $\phi 14$ 孔轴线的对称度，用圆柱销代替菱形销定位，并且将原定位底面的两个固定定位支承钉改为一个可移动的定位支承板。此时，因销和孔的最小配合间隙可取得尽可能小，故可减小槽子对 $\phi 14$ 孔轴线对称度的定位误差。但该定位方案因为定位基准（$\phi 14$ 孔轴线）和设计基准（工件底面）不重合，使工序尺寸 62 ± 0.10 产

生了 $\Delta = 0.08$ 的误差,方案不能保证 62 ± 0.10 的加工要求。且夹具结构复杂,操作不便,故此方案不宜采用。

②提高原方案定位精度。原方案对称度定位误差的主要来源为定位孔误差(0.043)和定位孔距 A 面位置尺寸误差(± 0.08),故采取提高这两个尺寸精度的措施。

将 $\phi 14$ 孔的精度提高到 IT7 级,即 $T(D) = 0.018$;相应地改变尺寸 23 ± 0.08 为 23 ± 0.02,此时,尺寸 L 为 $L = 23 \pm 0.005$,则

$$a = \delta L_x + \delta L_g = 0.01 + 0.04 = 0.05$$

$$d = D - \frac{2ab}{D} = 14 - \frac{2 \times 0.05 \times 4}{14} = 13.972 \text{ mm}$$

公差按 h6 选取,就有 $d = \phi 14^{-0.028}_{-0.039}$ mm。此时引起对称度误差为

$$\delta = D_{2\max} - d_{\min} = (14.018 - 13.961) \text{mm} = 0.057 \text{ mm}$$

这个误差是可以保证对称度的加工要求的。而通过钻、铰加工仍能保证 $\phi 14^{+0.043}_{0}$ 孔的加工要求。

(2)确定夹紧方式,设计夹紧机构

1)计算切削力及所需夹紧力

工件在加工时的受力情况如图 5.10 所示。加工时,工件受到切削合力 F' 的作用,F' 可分解为水平和垂直方向的切削分力 F_H 和 F_V,F_H 和 F_V 可通过切向铣削力分别乘一个系数得到。在对称铣削情况下,$F_H = (1 \sim 1.2)F_c$,$F_V = (0.2 \sim 0.3)F_c$。

$$F_c = 9.81 \times C_{F_c} \times a_e^{0.86} \times a_f^{0.72} \times d_0^{-0.86} \times a_p \times Z \times K_{F_c}$$

根据已知切削条件,查有关手册知:$a_e = 3$,$a_p = 12$,$a_f = 0.15$,$d_0 = 100$,$Z = 12$,$C_{F_c} = 68.3$,$K_{F_c} = 0.965$

计算得 $F_c = 1\ 159$ N

水平分力 $F_H = 1.1 \times F_c = 1\ 275$ N

垂直分力 $F_V = 0.3 \times F_c = 348$ N

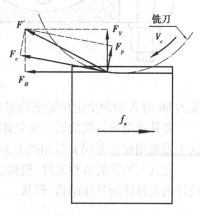

图 5.10 作用于工件上的切削力

由于工件主定位基面是 B 面,故选择夹紧力的作用方向为水平方向作用于 B 面上。当夹紧力水平作用在工件上时,所需要的计算夹紧力为

$$F_0 = F_H + (F_V/f) = 1\ 275 + (348/0.15) = 3\ 595 \text{ N}$$

式中,f 为工件与定位元件之间摩擦系数,$f = 0.15$。

实际所需夹紧力与计算夹紧力之间的关系为

$$F = KF_0 = 2.5 \times 3\ 595 = 8\ 988 \text{ N}$$

式中,K 为安全系数。

2)设计夹紧机构并验算机构所能产生的夹紧力

夹紧装置结构方案如图 5.11 所示。

(3)设计对刀元件、连接元件及夹具体

根据工件加工表面形状,对刀元件选用夹具零部件国家标准的直角对刀块。它的直角对刀面应和工件被加工槽形相对应(3 mm 塞尺厚度),并把它安装在夹具体的竖直板上。

根据所选 X6132 型铣床 T 形槽的宽度,决定选用国标 JB/T 8016—1999 宽度 $B = 14$,公差

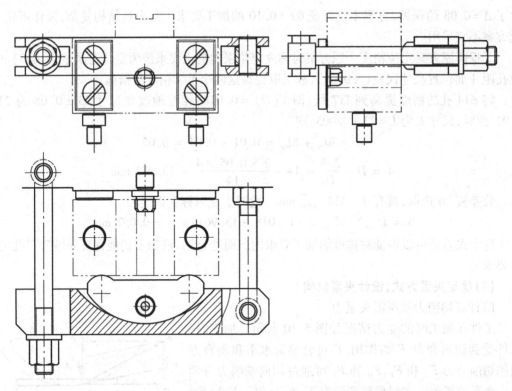

图 5.11　夹紧装置结构方案

带为 h6 的 A 型两个定位键来确定夹具在机床上的位置。

夹具选用灰铸铁的铸造夹具体。其基本厚度选为 22 mm,并要在夹具体底部两端设计出供 T 形槽用螺栓紧固夹具用的 U 形槽耳座。

夹具上所需的各种元件、机构、装置都已设计好,并布置好它们之间的相对位置后,就可设计出夹具体的具体结构、形状。

5.4.3　绘制夹具总图

如图 5.12 所示,夹具总图及其绘制步骤如下:
①根据工件在几个视图上的投影关系,分别画出其轮廓线。
②安排定位元件。
③布置夹紧装置。
④布置对刀元件、连接元件、设计夹具体并完成夹具总图。

5.4.4　标注总图上的尺寸、公差与配合和技术条件

(1)标注尺寸、公差与配合

1)夹具外形轮廓尺寸

夹具在长、宽、高 3 个方向的外形轮廓尺寸分别为 206 mm,168 mm 和 102 mm。

2)工件与定位元件间的联系尺寸

工件与定位元件间的联系尺寸有菱形定位销轴线的位置尺寸 23 ± 0.005 mm,菱形定位销定位圆柱部分直径尺寸 $\phi14_{-0.039}^{-0.028}$ mm。

132

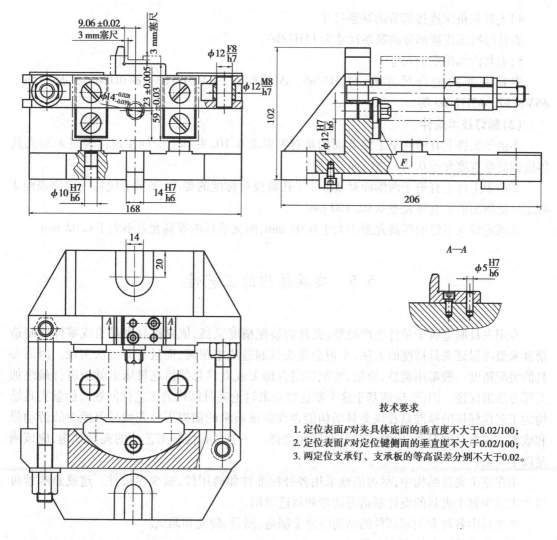

技术要求

1. 定位表面F对夹具体底面的垂直度不大于0.02/100；
2. 定位表面F对定位键侧面的垂直度不大于0.02/100；
3. 两定位支承钉、支承板的等高误差分别不大于0.02。

图 5.12　铣槽夹具总图

3）夹具与刀具的联系尺寸

该夹具的夹具与刀具之间的联系尺寸就是调刀尺寸,该调刀尺寸又分下列水平与垂直两个方向的尺寸。

①水平方向的调刀尺寸。水平方向的调刀尺寸为菱形定位销中心至对刀块侧面之间的距离。所铣槽的宽度尺寸及其极限偏差为 $12^{+0.27}_{0}$,其平均尺寸为 12.135。菱形定位销中心至工件上槽子左侧面的距离为 $12.135/2 \approx 6.067$,再加上 3 mm 的塞尺厚度,故水平方向调刀尺寸的基本尺寸取为 $6.06 + 3 = 9.06$ mm。由于定位误差 δ_1 有直接影响,故取工件相应要求公差（槽子两侧面对 $\phi 14^{+0.043}_{0}$ 孔轴线的对称度0.2）的1/3,就得到水平方向调刀尺寸的基本尺寸及其极限偏差为 9.06 ± 0.06 mm。

②垂直方向的调刀尺寸。垂直方向的调刀尺寸为定位元件（支承钉）工作面至对刀元件工作面之间的位置尺寸。工件上相应的尺寸为工件槽底至工件底面之间的位置尺寸 62 ± 0.10,减去 3 mm 的塞尺厚度,就得到垂直方向调刀尺寸的基本尺寸为 $62 - 3 = 59$,公差取工件尺寸 62 ± 0.10 公差的1/3,垂直方向调刀尺寸的基本尺寸及其极限偏差为 59 ± 0.03 mm。

4）夹具与机床连接部分的联系尺寸

夹具与机床连接部分的联系尺寸为 14H7/h6。

5）夹具内部的配合尺寸

夹具内部的配合尺寸有 $\phi12H7/n6$，$\phi10F8/h7$，$\phi10M8/h7$，$\phi10H7/n6$，$\phi6F8/h7$，$\phi6M8/h7$，$\phi5H7/n6$ 等。

（2）制订技术条件

①由于工件上有槽底至工件 B 面的垂直度要求 0.10，夹具上应标注定位表面 F 对夹具体底面的垂直度允差 0.02/100 mm。

②由于工件上有槽子两侧面对 $\phi14^{+0.043}_{0}$ 孔轴线对称度的要求，夹具上应标注定位表面 F 对定位键侧面的垂直度允差 0.02/100 mm。

③两定位支承钉的等高允差不大于 0.02 mm，两支承板的等高允差不大于 0.02 mm。

5.5　夹具结构的工艺性

专用夹具制造属于单件生产类型，夹具的装配精度又高，依靠提高夹具组成零件的制造精度来最终保证夹具精度的方法，不但会使夹具制造成本很高，而且有时无法实现。因而夹具的装配精度一般都用调整、修配、装配后组合加工或夹具总装后在机床上就地进行最终加工等方法来保证。因此，应该基于这个制造特点来讨论夹具结构的工艺性问题。衡量夹具结构的工艺性好坏的标准是看该夹具结构能否在保证质量的前提下以花费尽可能少的劳动量和成本完成夹具的制造、检验、装配、调试和维修。一个具有良好工艺性的夹具结构，应该满足以下 3 点：

①在整个夹具结构中，尽可能地采用各种标准件和通用件，减少专用件。这就意味着可以大大减少整个夹具的设计制造劳动量和制造费用。

②夹具中各种专用零部件的结构应易于制造、测量、装配和调试。

③夹具的维护和修理应方便。

5.5.1　测量工艺性

若工件上欲加工的是斜面、斜孔或斜槽，夹具设计时，其上某些与工件加工要求直接相关的位置尺寸就会与水平线或垂直线成某个角度关系。夹具制造装配时，这些尺寸往往无法测量，这就使夹具的装配精度成为空话。在夹具体上设计工艺孔就是解决这类测量问题的有效方法。

如图 5.13(a) 所示为要钻斜孔的工件，要求斜孔中心至大端面的距离为 H，至大孔中心的距离为 B，斜孔轴线与大孔轴线夹角为 θ。其钻夹具结构如图 5.13(b) 所示。为保证工件的加工要求，夹具装配图上应标注调刀尺寸 H' 和 B'，并保证钻套中心与定位销轴线夹具为 θ。但在生产实际夹具装配时，这些尺寸没办法测量出来，因而钻套孔轴线位置的确定就成为难题。解决的办法是在夹具体上设置一个孔，该孔中心位于钻套孔轴线与定位销轴线交点处。因为这个孔是专门为了夹具的装配设置的，故称为工艺孔。这时，在夹具总图上应标注的是位置尺寸 K 及钻套孔轴线通过工艺孔轴线的要求。测量时，一般在工艺孔中插入标准检验芯棒即可。

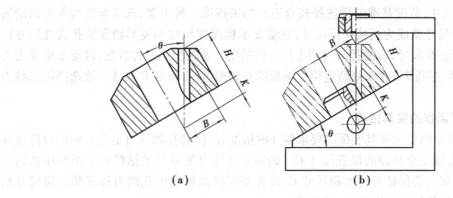

图 5.13　钻斜孔夹具的工艺孔

工艺孔的位置尺寸实质上是一种调刀尺寸标注的特殊形式。它是把夹具上难以标注的某些空间位置尺寸转换成工艺孔位置尺寸和以工艺孔轴线为基准的调刀尺寸的标注形式。在设置工艺孔时,应注意以下 4 点:

①工艺孔的位置须易于加工和测量,应尽可能设在夹具体上。

②工艺孔一般做在工件的对称轴线上,或使其中心线通过所钻孔或圆形定位元件的轴线,以减小计算的复杂性。

③工艺孔的直径一般为 $\phi6,\phi8$ 或 $\phi10$,与检验芯棒的配合采用 H7/h6。工艺孔的中心线对夹具安装基面的平行度、垂直度和对称度不大于 0.05/100 mm。

④工艺孔除在夹具制造中使用外,还要在夹具的维修中使用,故需要时可用盖板或螺塞予以保护。

5.5.2　装配工艺性

(1)正确选择装配基准

在用调整法、修配法保证夹具装配精度时,通常是通过调整各零部件间的相对位置,或修磨某一元件的表面,或在某些零部件间加垫片等方法实现的。为此,首先要正确选择装配基准。对装配基准的要求是:在夹具装配过程中,基准面不再进行修配或调整,在其他零件以此为装配基准进行修配时,不致无法通过修配来保证装配精度,当夹具上各元件以此为装配基准进行装配时,各元件相对装配基准的装配要求不会产生相互影响。

如图 5.14 所示的铣床夹具,工件以底面、侧面和小孔定位加工槽子。夹具装配后要求保证位置尺寸 A,B 和 C。从夹具装配要求可知,夹具的装配精度与定位支承和菱形销有关。为保证装配尺寸 A,B 和 C。装配基准的选择有两种方案:一种是以定位支承板的定位面作为菱形销的装配基准,保证 B 尺寸,然后再以菱形销和支承板为对刀块的装配基准,保证 A 和 C 尺寸;另一种是以菱形销作为支承板的装配基准,保证 B 尺寸,然后再以菱形销和支承板为对刀块的装配基准,保证 A 和 C 尺寸。

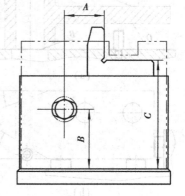

图 5.14　夹具装配基准选择示例

为保证 B 尺寸,装配基准怎样选择较合适?如果按第一种方案,选支承板为菱形销的装配基准,那么 B 尺寸就成为间接保证尺寸,它受支承板厚度尺寸和菱形销安装孔高度尺寸影响,那么为了保证 B 尺寸,就需提高这两个尺寸的精度。若选用第二种方案,以菱形销作为支承板的装配基准,装配时,只要修磨定位支承板的安装面,就可保证 B 尺寸。故选择第二种方案较为合理。

(2)采用可调整的夹具结构

如图 5.2 所示的钻床夹具装配时要求保证的精度有:钻套孔轴线对定位心轴的对称度和钻套孔距定位心轴支承环面的位置尺寸 C。如果夹具体及装钻套的钻模板采用整体式的铸造或焊接结构,那么要保证对称度和尺寸 C,首先要保证装钻套的孔的对称度和相应尺寸精度,这就使夹具体的加工难度增加,成本增大。

如果将钻模板与夹具体做成为采用螺钉紧固、销钉对定的可调整结构,如图 5.2 所示。装配时,根据钻模板在夹具体上的位置,先将钻模板用螺钉初步固定在夹具体上,之后用精确的测量和调整来保证对称度和尺寸 C。最后配铰销钉孔打入对定销,以便在夹具维修后重新装配时,能够很方便地保证原有精度。

(3)采用修配或装配后加工的方法

由于夹具的单件生产性质,因而在夹具制造中,大都不是靠组成环节的精度组合来直接保证装配后的最终精度,而是采用修配的方法或就地加工法等。所谓就地加工法,是指加工中预留一定的加工余量,装配后再进行最终加工。

5.5.3 其他工艺性

(1)设计运动部件时应考虑防屑的结构和措施

如夹具上分度装置的对定销、辅助支承等的运动部件,为防止切屑落入影响运动精度和加剧磨损,都应该增设密封圈或防屑罩,以防止切屑落入运动副间使动作失灵,影响夹具正常工作。

(2)夹具上的吊装装置

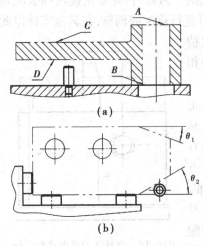

图 5.15　防止工件误装示例

夹具设计时,应使其搬用方便,使用安全,对在加工中要翻转或移动的夹具,通常要在夹具体上设置手柄或手扶部位以便于操作。对大型夹具则需在夹具体上设置起吊用的装置,一般采用吊环螺钉或起重螺栓。

(3)夹具体上设置防止工件误装的销钉

工件在夹具中安装时,有些形状较对称的零件,容易将工件装反,以致造成废品。可在夹具设计时巧妙地利用挡销来避免这种情况。

如图 5.15(a)所示,以 B 面定位加工零件上的孔。工件上 A,C 面间距离小于 B,D 面间的距离,设置挡销后防止工件装反,挡销的高度要大于 A,C 面间的距离。如图 5.15(b)所示工件外形基本对称,现加工孔。工件上 θ_1 小于 θ_2,设置挡销后可有效防止工件装反。

(4)夹具设计时要考虑切屑的排除

在加工过程中,为防止切屑聚积在定位元件的定位表面或其他装置上,影响工件的正确定位或妨碍夹具的正常工作。在夹具设计时,当加工产生的切屑不多时,可采用容屑的方法。当加工中产生大量切屑时,最好在夹具体上设计自动排屑用的斜面或出口,以使切屑自动由斜面处滑下而排在夹具体外。

此外,夹具设计制造过程中,还要考虑维修工艺性和制造工艺性,这里不再赘述。

复习与思考题

5.1　机床夹具设计的基本要求是什么?

5.2　进行夹具设计的基本依据是什么?

5.3　确定夹具的定位方案时应考虑哪些问题?

5.4　进行夹具设计时应该对设计任务做哪些方面的分析?

5.5　确定夹具的夹紧方案时应考虑哪些问题?

5.6　夹具总图上应标注哪几类尺寸?

5.7　夹具总图上应标注哪些方面的技术要求?

5.8　如何确定夹具的调刀尺寸?

5.9　夹具体设计应注意哪些方面的问题?

5.10　举例说明机床专用夹具设计的一般流程。

第**6**章
量规设计

量规是工件批量生产时用于快速检验零件合格性与否的定值专用量具。按其被检对象不同可分为光滑极限量规(用于圆形孔、轴类零件的尺寸验收)、直线尺寸量规(含高度规、深度规)、圆锥量规、螺纹量规以及形状和位置度量规等。尽管各种量规由于被检对象不同,其设计方法不尽相同,但总的来说,量规设计应遵循以下5个原则:

①应保证被检工件的实际尺寸、形位误差在图样上给定的公差带范围以内。

②量规测量面部分的结构形式,原则上通规测量面部分应采用全形量规,止规测量面部分应采用非全形、点状;量规定位部分原则上应和被检对象设计基准或工艺基准重合,并尽可能考虑选择在被检对象成品状态下仍然存在的部位作为基准,以保证在被检对象加工过程和成品状态下都可对其进行正确检测。

③在保证量规具有较高的检测精度和检测效率前提下,设计时应考虑其应具有良好的制造工艺性以及磨损后的可修复性。

④量规应具有足够的刚性,防止在制造和使用过程的过大变形,并尽可能降低质量;量规工作表面应具有较高的耐磨性和防腐蚀性。此外,为保证量规的外在美观和使用舒适性,其测量面和非测量面均应规定相应的表面粗糙度允许值。

⑤量规公差在特殊情况下可以不按照标准规定要求,而根据实际生产情况确定。

由于篇幅所限,本章重点讨论光滑极限量规、直线尺寸量规、圆锥量规及螺纹量规。

6.1　光滑极限量规

光滑极限量规是指被检验对象为没有台阶的光滑圆柱形孔或轴是否合格所用的极限量规的总称,简称量规。它是一种没有刻度的专用定值量具,由于使用上较通用计量器具方便快捷、使用成本低、检测效率较高;因此,广泛用于批量生产的零件合格性检验,但其不能获得被测工件尺寸的实际值。

6.1.1　光滑极限量规的结构形式

量规有塞规和卡规两种。检验工件孔径的量规一般称为塞规,检验工件轴径的量规一般称为卡规或环规。

塞规有"通规"和"止规"两部分,应成对使用,通规控制作用尺寸,止规控制实际尺寸。尺寸较小的塞规,其通规和止规直接布置在一个塞规体上的两端,尺寸较大的塞规,是做成片状或棒状的。塞规的通端按被测工件孔的 $MMS(D_{min})$ 制造,止规按被测孔的 $LMS(D_{max})$ 制造。使用时,塞规的通端若能通过被测工件孔,表示被测孔径大于其 D_{min};止规若塞不进工件孔,表示孔径小于其 D_{max}。因此,可知被测孔的实际尺寸如在规定的极限尺寸范围内,则此孔为合格的;否则,若通规塞不进工件孔,或者止规能通过被测工件孔,则此孔为不合格的。

同理,检验轴用的卡规,也有"通规"和"止规"两部分,且通端按被测工件轴的 $MMS(d_{max})$ 制造,止规按被测轴的 $LMS(d_{min})$ 制造。使用时,通端若能通过被测工件轴,而止规不能被通过,则表示被测轴的实际尺寸在规定的极限尺寸范围内,则为合格;否则,则为不合格。

(1)塞规

塞规是孔用光滑极限量规,如图 6.1(a) 所示。它的通规是根据孔的最大实体尺寸(即孔的最小极限尺寸)制造的,作用是防止孔的作用尺寸小于孔的最小极限尺寸。止规是按孔的最小实体尺寸(即孔的最大极限尺寸)制造的,作用是防止孔的实际尺寸大于孔的最大极限尺寸。检验孔时,塞规的通规能通过被检验的孔,塞规的止规不能通过被检验的孔,说明被检验的孔是合格的;反之,则为不合格。

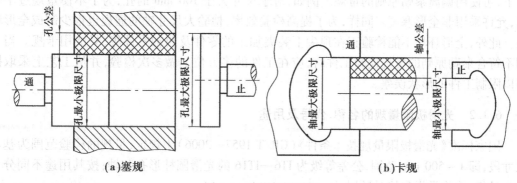

(a)塞规　　　　　　　　　　　　　　　(b)卡规

图 6.1　光滑极限量规

(2)卡规

卡规是轴用光滑极限量规,也称为环规,如图 6.1(b) 所示。它的通规是按轴的最大实体尺寸(即轴的最大极限尺寸)制造的,作用是防止轴的作用尺寸大于轴的最大极限尺寸。止规是按轴的最小实体尺寸(即轴的最小极限尺寸)制造的,作用是防止轴的实际尺寸小于轴的最小极限尺寸。检验轴时,卡规的通规能通过被检测的轴,卡规的止规不能通过被检验的轴,说明被检验的轴是合格的;反之,则为不合格。

用量规来检验工件时,只能判断工件是否在允许的极限尺寸范围内,而不能测出工件的实际尺寸。当图样上被测要素的尺寸公差和形位公差按独立原则标注时,一般使用通用计量器具分别测量。当单一要素的孔和轴采用包容要求标注时,则应使用量规来检验,把尺寸误差和形状误差都控制在尺寸公差范围内,如图 6.2 所示。

这里需要注意的是,实际使用时不同零件对于量规的形状要求不同,通规用来控制工件的作用尺寸,故通规应设计成全形量规,即其测量面应是与孔或轴形状相对应的完整表面,且测量长度等于配合长度。止规用来控制工件的实际尺寸,它的测量面应是两点式的(即不全形量规),且测量长度可以短些。

如图 6.2 所示,当孔存在形状误差时,若将止规制成全形量规,就不能发现孔的这种形状误差,而会将因形状误差超出尺寸公差带的零件误收为合格品。若将止规制成非全形规,检验时,它与被测孔是两点接触,只需稍微转动,就可能发现这种过大的形状误差。

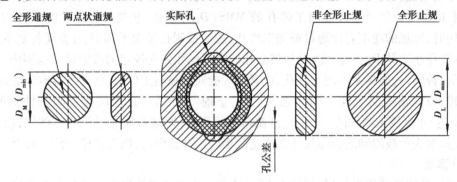

图 6.2   量规形状对检验结果的影响

严格遵守泰勒原则设计的量规,具有既能控制零件尺寸,同时又能控制零件形状误差的优点。但在量规的实际应用中,由于量规制造和使用方法的原因,要求量规形状完全符合泰勒原则是有困难的。因此国家标准规定,允许在被检验工件的形状误差不影响配合性质的条件下,可使用偏离泰勒原则的量规。例如,对于尺寸大于 100 mm 的孔,为了不使量规过于笨重,允许采用非全形塞规。同样,为了提高检验效率,检验大尺寸轴的通规也很少制成全形环规。此外,全形环规不能检验正在顶尖上装夹加工的零件及曲轴零件等,只能用卡规。当采用不符合泰勒原则的量规检验工件时,应在工件的多方位上做多次检验,并从工艺上采取措施以限制工件的形状误差。

6.1.2   光滑极限量规的名称、代号及用途

国家标准《光滑极限量规技术条件》(GB/T 1957—2006)中规定,量规的检验范围为基本尺寸段,即 1~500 mm 范围,公差等级为 IT6—IT16 的光滑圆柱形孔和轴;按其用途不同分为工作量规、验收量规和校对量规。

(1)工作量规

工作量规是在车间生产过程中加工人员检验工件合格性时所使用的量规,这也是使用最为广泛的一类量规。用于检验孔的通规用代号"T"表示,用于检验轴的止规用代号"Z"表示。

(2)验收量规

验收量规是检验部门或用户验收产品时所使用的量规。验收量规一般不需要另行制造,它是从磨损较多,但未超过磨损极限的工作量规中挑选出来的,验收量规的止规应接近工件最小实体尺寸。这样,操作者用工作量规自检合格的工件,当检验员用验收量规验收时也一定合格。

(3)校对量规

校对量规是检验轴用工作量规的量规。因为孔用工作量规便于用精密量仪测量,故国标未规定校对量规,只对轴用量规规定了校对量规。轴用校对量规有以下 3 种:

1)"校通—通"量规(代号为 TT)

用于检验轴用量规"通规"合格性的校对量规。能被 TT 通过,则认为该通规制造合格。因此,TT 的作用是防止通规尺寸过小,以保证工件应有的生产公差。

2)"校止—通"量规(代号为 ZT)

用于检验轴用量规"止规"合格性的校对量规。能被 ZT 通过,则认为该止规制造合格。因此,ZT 的作用是防止止规尺寸过小,以保证产品质量。

3)"校通—损"量规(代号为 TS)

用于检验轴用量规"通规磨损极限"是否已达规定的允许值上限的校对量规。通规在使用过程中不应该被 TS 通过;如果被 TS 通过,则认为该通规已超过极限尺寸,应予以报废,否则会影响产品质量。

具体各部分代号和使用规则如表 6.1 所示。

表 6.1　光滑极限量规各部分代号及使用规则(GB/T 1957—2006)

名　称	代　号	使用规则
通端工作环规	T	通端工作环规应通过轴的全长
"校通—通"塞规	TT	"校通—通"塞规的整个长度都应进入新制的通端工作环规孔内,而且应在孔的全长上进行检验
"校通—损"塞规	TS	"校通—损"塞规不应进入完全磨损的校对工作环规孔内,如有可能,应在孔的两端进行检验
止端工作环规	Z	沿着和环绕不少于 4 个位置上进行检验
"校止—通"塞规	ZT	"校止—通"塞规的整个长度都应进入制造的通端工作环规孔内,而且应在孔的全长上进行检验
通端工作塞规	T	通端工作塞规的整个长度都应进入孔内,而且应在孔的全长上进行检验
止端工作塞规	Z	止端工作塞规不能通过孔内,如有可能,应在孔的两端进行检验

6.1.3　光滑极限量规的公差

量规在制造过程中,不可避免地会因为各种原因产生误差,因此对量规也必须规定制造公差。考虑到通规在使用过程中经常通过被检零件,与被测工件表面全长接触,因此会逐渐磨损乃至报废。为了使通规具有一定的使用寿命,应在设计时就预留出适当的磨损储量,故标准规定通规公差由制造公差和磨损公差两部分组成;而止规由于一般不通过工件,使用中磨损极少,故不需要预留磨损量,标准只规定了制造公差。

(1)工作量规的公差带

量规设计时,以被检零件的极限尺寸为量规的基本尺寸。量规的公差带不得超越工件的公差带,本质是人为缩小了工件公差的范围,这样规定的目的在于提高了工件制造精度的同时也防止了出现误收现象,显然这对提高产品质量有利。虽然会将实际尺寸非常接近于工件公差带边缘的合格品判定为废品,但对于批量生产来说,工件实际尺寸分布基本处于正态分布,也就是处于工件公差带边缘的工件数量实际很少,因此误废现象更少,经济损失不大。

工作量规的公差带图如图 6.3 所示。图中,T 为量规制造公差,Z 为位置要素(即通规制造公差带中心到工件最大实体尺寸之间的距离),T,Z 值取决于工件的基本尺寸和公差等级。通规的公差带对称于 Z 值(位置要素),其允许磨损量以工件的最大实体尺寸为极限;止规的制造公差带是从工件的最小实体尺寸算起,分布在工件尺寸公差带之内。T,Z 具体数值如表 6.2 所示。

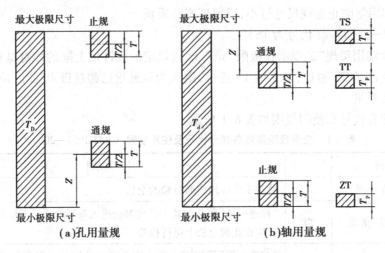

图 6.3　光滑极限量规的公差带图

表 6.2　工作量规的制造公差 T 和位置要素 Z 值/μm（GB/T 1957—2006）

尺寸范围	IT6			IT7			IT8			IT9			IT10			IT11		
/mm	IT6	T	Z	IT7	T	Z	IT8	T	Z	IT9	T	Z	IT10	T	Z	IT11	T	Z
~3	6	1	1	10	1.2	1.6	14	1.6	2	25	2	3	40	2.4	4	60	3	6
>3~6	8	1.2	1.4	12	1.4	2	18	2	2.6	30	2.4	4	48	3	5	75	4	8
>6~10	9	1.4	1.6	15	1.8	2.4	22	2.4	3.2	36	2.8	5	58	3.6	6	90	5	9
>10~18	11	1.6	2	18	2	2.8	27	2.8	4	43	3.4	6	70	4	8	110	6	11
>18~30	13	2	2.4	21	2.4	3.4	33	3.4	5	52	4	7	84	5	9	130	7	13
>30~50	16	2.4	2.8	25	3	4	39	4	6	62	5	8	100	6	11	160	8	16
>50~80	19	2.8	3.4	30	3.6	4.6	46	4.6	7	74	6	9	120	7	13	190	9	19
>80~120	22	3.2	3.8	35	4.2	5.4	54	5.4	8	87	7	10	140	8	15	220	10	22
>120~180	25	3.8	4.4	40	4.8	6	63	6	9	100	8	12	160	9	18	250	12	25
>180~250	29	4.4	5	46	5.4	7	72	7	10	115	9	14	185	10	20	290	14	29
>250~315	32	4.8	5.6	52	6	8	81	8	11	130	10	16	210	12	22	320	16	32
>315~400	36	5.4	6.2	57	7	9	89	9	12	140	11	18	230	14	25	360	18	36
>400~500	40	6	7	63	7	10	97	10	14	155	12	20	250	16	28	400	20	40

尺寸范围	IT12			IT13			IT14			IT15			IT16		
/mm	IT12	T	Z	IT13	T	Z	IT14	T	Z	IT15	T	Z	IT16	T	Z
~3	100	4	9	140	6	14	250	9	20	400	14	30	600	20	40
>3~6	120	5	11	180	7	16	300	11	25	480	16	35	750	25	50
>6~10	150	6	13	220	8	20	360	13	30	580	20	40	900	30	60
>10~18	180	7	15	270	10	24	430	15	35	700	24	50	1 100	35	75
>18~30	210	8	18	330	12	28	520	18	40	840	28	60	1 300	40	90
>30~50	250	10	22	390	14	34	620	22	50	1 000	34	75	1 600	50	110
>50~80	300	12	26	460	16	40	740	26	60	1 200	40	90	1 900	60	130
>80~120	350	14	30	540	20	46	870	30	70	1 400	46	100	2 200	70	150
>120~180	400	16	35	630	22	52	1 000	35	80	1 600	52	120	2 500	80	180
>180~250	460	18	40	720	26	60	1 150	40	90	1 850	60	130	2 900	90	200
>250~315	520	20	45	810	28	66	1 300	45	100	2 100	66	150	3 200	100	220
>315~400	570	22	50	890	32	74	1 400	50	110	2 300	84	170	3 600	110	250
>400~500	630	24	55	970	36	80	1 550	55	120	2 500	84	190	4 000	120	280

（2）验收量规的公差带

在量规国家标准中，没有单独规定验收量规公差，但规定了验收部门应使用磨损较多的通规，用户代表应使用接近工件最大实体尺寸的通规，以及接近工件最小实体尺寸的止规。之所以这样规定是因为由生产方使用工作量规检验合格的工件，再次由用户代表在使用磨损较多的工作量规进行验收时检验也能合格，可以避免二者因检验结果不一致而带来的争议。如果还有争议，国家标准中还规定了相应的仲裁办法，即通规尺寸等于或接近于 D_{min} 和 d_{max}；止规尺寸接近于 D_{max} 和 d_{min}。

（3）校对量规的公差带

3 种校对量规的尺寸公差均为被校对轴用量规尺寸公差的 50%，即 $T_p = 0.5T$；如图 6.3（b）所示。由于校对量规精度高，制造困难，而且目前测量技术又有了提高，因此，在生产中逐步用量块或计量仪器代替校对量规。

6.1.4 光滑极限量规尺寸偏差的计算

量规设计的任务就是根据工件的要求，设计出能够把工件实际尺寸控制在其设计图纸上给定的公差范围内的适用量具。

（1）量规的设计原则

量规设计包括结构形式的选择、结构尺寸的确定、工作尺寸的计算及量规工作图的绘制和给出相应制造技术要求 4 大部分。

设计量规时应遵守泰勒原则（极限尺寸判断原则），即孔或轴的作用尺寸不允许超过最大实体尺寸，且在工作长度任何位置上的实际尺寸不允许超过最小实体尺寸。因此，量规尺寸要求为：通规的基本尺寸应等于工件的最大实体尺寸；止规的基本尺寸应等于工件的最小实体尺寸。

（2）量规工作尺寸的计算

①确定被检验工件的极限偏差。

②确定工作量规的制造公差 T 和位置要素 Z 值（见表 6.2），并确定量规的形位公差。

③计算工作量规的极限偏差。

④画出工作量规的公差带图，并给出相应技术要求。

6.1.5 光滑极限量规的技术要求

由于量规也是制造出来的，不可避免地存在形位误差。因此，国标规定：工作量规的形位误差应在量规的尺寸公差带内，形状和位置公差一般为量规制造公差的 50%。当量规尺寸公差小于 0.002 mm 时，考虑到制造和测量困难，其形位公差仍取 0.001 mm。此外，量规的技术要求一般有以下 6 项：

①量规的测量面不应有锈蚀、毛刺、黑斑、划痕等明显影响外观和使用质量的缺陷。其他表面不应有锈蚀和裂纹。

②塞规的测头与手柄的连接应牢固可靠，在使用过程中不应松动。

③由于量规测量面的材料与硬度对量规的使用寿命有一定的影响，因此一般量规都使用耐磨性好的优质合金钢制造，常见的有合金工具钢（如 CrMn，CrMnW，CrMoV），碳素工具钢（如 T10A，T12A），渗碳钢（如 15 钢、20 钢）及其他耐磨材料（如硬质合金）。手柄一般用 Q235

钢、LY11 铝等材料制造。

④量规测量面硬度一般为 58～65HRC。钢制量规测量面的硬度不应小于 700 HV（或60HRC）。

⑤量规测量面的粗糙度，主要从量规使用寿命、工件表面粗糙度以及量规制造的工艺水平考虑。一般量规工作面的粗糙度要求比被检工件的粗糙度要求要严格些，量规测量面的表面粗糙度 R_a 值不应大于如表 6.3 所示的规定。量规非测量面的表面粗糙度 R_a 值一般为 1.6～3.2 μm（未经切削的表面除外）；与测量面相邻未经表面氧化处理的非测量面表面粗糙度 R_a 值一般不大于 1.6 μm；量规上刻印记表面必须磨光，其表面粗糙度 R_a 值一般不大于 0.8 μm。

⑥量规应经过稳定性处理。

表 6.3　工作量规测量面粗糙度 R_a 允许值（GB/T 1957—2006）

工作量规	工作量规的基本尺寸/mm		
	≤120	120 < 基本尺寸 ≤315	315 < 基本尺寸 ≤500
	工作量规测量面的表面粗糙度 R_a 值/μm		
IT6 级孔用工作塞规	0.05	0.10	0.20
IT7 级—IT9 级孔用工作塞规	0.10	0.20	0.40
IT10 级—IT12 级孔用工作塞规	0.20	0.40	0.80
IT13 级—IT18 级孔用工作塞规	0.40	0.80	
IT6 级—IT9 级轴用工作环规	0.10	0.20	0.40
IT10 级—IT12 级轴用工作环规	0.20	0.40	0.80
IT13 级—IT16 级轴用工作环规	0.40	0.80	

6.1.6　设计举例

例 6.1　设计检验配合代号为 $\phi25H8/f7$ 孔用和轴用工作量规，并画出量规公差带图。

解　1）确定 $\phi25H8$ 孔与 $\phi25f7$ 轴的极限偏差：

$$IT8 = 33 \text{ μm}, IT7 = 21 \text{ μm}, EI = 0 \text{ μm}, es = -20 \text{ μm}$$

故 $ES = (33 + 0) \text{ μm} = 33 \text{ μm}, ei = (-20 - 21) \text{ μm} = -41 \text{ μm}$。

2）查表 6.2 得出工作量规制造公差 T 和位置要素 Z 值，确定形位公差：

塞规：制造公差 $T = 3.4$ μm，位置 $Z = 5$ μm，形位公差 $T/2 = 1.7$ μm $= 0.0017$ mm；

卡规：制造公差 $T = 2.4$ μm，位置要素 $Z = 3.4$ μm，形位公差 $T/2 = 1.2$ μm $= 0.0012$ mm。

3）计算通、止端上、下偏差及工作尺寸：

① $\phi25H8$ 孔用塞规。

通规上偏差 $= EI + Z + T/2 = (0 + 5 + 1.7) \text{μm} = +6.7 \text{ μm} = +0.0067$ mm

下偏差 $= EI + Z - T/2 = (0 + 5 - 1.7) \text{μm} = +3.3 \text{ μm} = +0.0033$ mm

止规上偏差 $= ES = +33 \text{ μm} = +0.033$ mm

下偏差 $= ES - T = (+33 - 3.4) \text{μm} = +29.6 \text{ μm} = +0.0296$ mm

②$\phi25f7$ 轴用卡规。

通规上偏差 $= es - z + T/2 = (-20 - 3.4 + 1.2)\ \mu m = -22.2\ \mu m = -0.022\ 2\ mm$

下偏差 $= es - z - T/2 = (-20 - 3.4 - 1.2)\ \mu m = -24.6\ \mu m = -0.024\ 6\ mm$

止规(Z)：上偏差 $= ei + T = (-41 + 2.4)\ \mu m = -38.6\ \mu m = -0.038\ 6\ mm$

下偏差 $= ei = -41\ \mu m = -0.041\ mm$

计算结果如表 6.4 所示。

表 6.4　工作量规偏差计算结果

被检工件	量规种类	量规公差 $T(T_P)/\mu m$	位置要素 $Z/\mu m$	量规极限尺寸/μm		量规工作尺寸/mm
				最大	最小	
$\phi25H8$ 孔 $\phi25^{+0.033}_{0}$	T（通）	3.4	5	25.006 7	25.003 3	$\phi25.006\ 7^{\ 0}_{-0.003\ 4}$
	Z（止）	3.4		25.033	25.029 6	$\phi25.033^{\ 0}_{-0.003\ 4}$
$\phi25f7$ 轴 $\phi25^{-0.020}_{-0.041}$	T（通）	2.4	3.4	24.977 8	24.975 4	$\phi24.975\ 4^{+0.002\ 4}_{\ 0}$
	Z（止）	2.4		24.961 4	24.959 0	$\phi24.959\ 0^{+0.002\ 4}_{\ 0}$
	TT（通—通）	1.2		24.976 6	24.975 4	$\phi24.976\ 6^{\ 0}_{-0.001\ 2}$
	ZT（止—通）	1.2		24.960 2	24.959 0	$\phi24.960\ 2^{\ 0}_{-0.001\ 2}$
	TS（通—损）	1.2		24.980 0	24.978 8	$\phi24.980\ 0^{\ 0}_{-0.001\ 2}$

4）画量规公差带图，如图 6.4 所示。

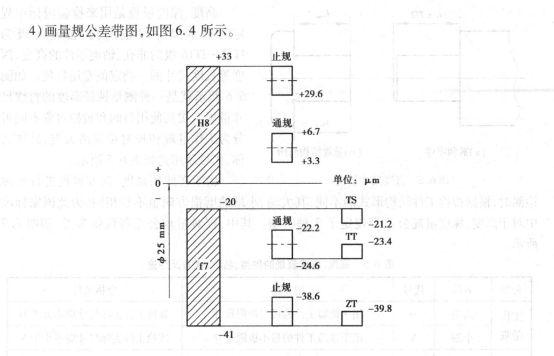

图 6.4　量规公差带图

5）绘制量规工作图，标注量规技术要求，如图 6.5 所示。

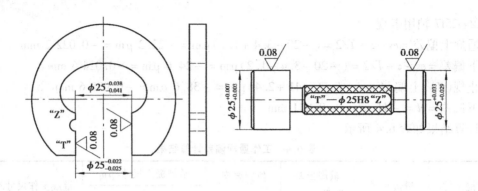

图 6.5　量规工作图

6.2　直线尺寸量规

对于非圆柱形孔、轴类零件的长度尺寸进行检验的量规称为直线尺寸量规,常见的为高度量规和深度量规两类。

6.2.1　高度量规和深度量规

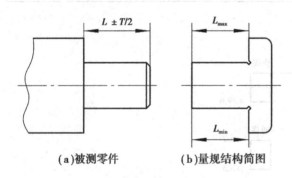

（a）被测零件　　（b）量规结构简图

图 6.6　直线尺寸量规

高度、深度量规是用来检验国标中规定的基本尺寸段范围内、公差等级为IT11—IT16 级的非孔、轴类零件的高度、深度等长度尺寸的一类定值专用量规。如图6.6 所示就是一种测量轴径高度的直线尺寸量规。按其使用目的和被检对象不同可分为工作量规和校对量规两大类,具体名称、代号及用途如表 6.5 所示。

由于在使用高度、深度量规进行实际检测时,根据被检工件结构形式的不同,其大端、小端的磨损方向也不尽相同,为此国家标准中对于高度、深度量规公差带规定了 3 种类型。其中,校对量规公差带仅供参考,如图 6.7所示。

表 6.5　高度、深度量规的种类、名称、代号及用途

种类	名称	代号	用　途	合格条件
工作量规	大端	D	用于检验工件的最大极限尺寸	被检工件实际尺寸应不大于 D
	小端	X	用于检验工件的最小极限尺寸	被检工件实际尺寸应不小于 X
校对量规	校一大	JD	用于检验大端工作量规的尺寸	被检量规大端尺寸应不大于 JD
	校一小	JX	用于检验小端工作量规的尺寸	被检量规小端尺寸应不小于 JX
	校一大损	DS	用于检验大端工作量规的磨损极限尺寸	被检量规大端尺寸应不小于 DS
	校一小损	XS	用于检验小端工作量规的磨损极限尺寸	被检量规小端尺寸应不小于 XS

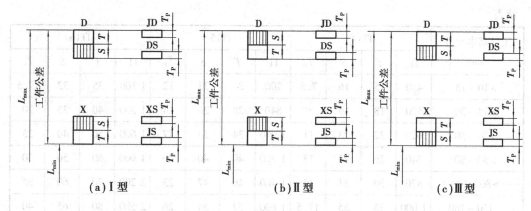

（a）I型　　　　　　　　　（b）II型　　　　　　　　　（c）III型

图6.7　高度、深度量规公差带图

国家标准也同时规定了高度、深度量规的工作量规尺寸公差 T 和允许最小磨损量 S 及校对量规尺寸公差 T_P。高度、深度量规的工作量规的形位误差和上节光滑极限量规的形位误差规定一样，都是形位误差带控制在其尺寸公差带范围内，形位公差值取量规尺寸公差值的 $1/2$。其具体数值如表6.6所示。

表6.6　高度、深度量规尺寸公差 T,T_P 及允许最小磨损量 $S/\mu m$

工件基本尺寸 /mm	IT11				IT12				IT13			
	IT	T	S	T_P	IT	T	S	T_P	IT	T	S	T_P
~3	60	3	3	1.5	100	4	4	2	140	6	6	3
>3~6	75	4	3	2	120	5	5	2.5	180	7	7	3.5
>6~10	90	5	4	2.5	150	6	6	3	220	8	9	4
>10~18	110	6	5	3	180	7	7	3.5	270	10	10	5
>18~30	130	7	6	3.5	210	8	9	4	330	12	12	6
>30~50	160	8	7	4	250	10	11	5	390	14	15	7
>50~80	190	9	9	4.5	300	12	13	6	460	16	18	8
>80~120	220	10	10	5	350	14	15	7	540	20	20	10
>120~180	250	12	12	6	400	16	17	8	630	22	24	11
>180~250	290	14	14	7	460	18	20	9	720	26	27	13
>250~315	320	16	16	8	520	20	22	10	810	28	31	14
>315~400	360	18	18	9	570	22	25	11	890	32	34	16
>400~500	400	20	20	10	630	24	28	12	970	36	37	18
工件基本尺寸 /mm	IT14				IT15				IT16			
	IT	T	S	T_P	IT	T	S	T_P	IT	T	S	T_P
~3	250	9	9	4.5	400	14	13	7	600	20	20	10
>3~6	300	11	11	5.5	480	16	17	8	750	25	22	12.5
>6~10	360	13	13	6.5	580	20	20	10	900	30	25	15

续表

工件基本尺寸 /mm	IT14				IT15				IT16			
	IT	T	S	T_P	IT	T	S	T_P	IT	T	S	T_P
>10 ~ 18	430	15	16	7.5	700	24	23	12	1 100	35	32	17.5
>18 ~ 30	520	18	19	9	840	28	26	14	1 300	40	35	20
>30 ~ 50	620	22	23	11	1 000	34	33	17	1 600	50	40	25
>50 ~ 80	740	26	27	13	1 200	40	40	20	1 900	60	50	30
>80 ~ 120	870	30	31	15	1 400	46	47	23	2 200	70	60	35
>120 ~ 180	1 000	35	35	17.5	1 600	52	54	26	2 500	80	65	40
>180 ~ 250	1 150	40	40	20	1 850	60	60	30	2 900	90	80	45
>250 ~ 315	1 300	45	44	22.5	2 100	66	67	33	3 200	100	100	50
>315 ~ 400	1 400	50	49	25	2 300	74	73	37	3 600	110	115	55
>400 ~ 500	1 550	55	53	27.5	2 500	80	80	40	4 000	120	130	60

此外,还有长度量规和宽度量规。长度量规是根据卡规工作原理设计的。宽度量规是根据塞规工作原理设计,用来检验槽的宽度是否合格,实际上是将孔用塞规的圆柱面展开,使其形成两个相互平行的工作面,这两个平行平面间的距离就是槽的宽度。

6.2.2 直线尺寸量规的技术要求

①高度、深度量规工作尺寸的极限偏差一般采用双向标注,有时也采用单向标注。

②量规材料为 T10A 或 20 钢,淬火硬度为 58 ~ 65HRC。

③量规工作面间的平行度允许为其制造公差的 2/3。

④量规工作面的粗糙度为 $R_a 0.2 ~ 0.4$,非工作面的粗糙度不低于 $R_a 2.5$。

⑤量规的通端与止端应标有记号"T"和"Z",或其他明显标记,结构允许时,通端一边做出倒角,止端一边做出圆角。

6.3 圆锥量规

圆锥量规是用来综合检验圆锥类零件锥度及圆锥直径的专用量具,目前最新颁布的国家标准是《圆锥量规公差与技术条件》(GB/T 11852—2003),《莫氏与公制圆锥量规》(GB/T 11853—2003)。与光滑极限量规相类似,圆锥量规用于检验内圆锥的称为塞规,用于检验外圆锥的称为环规。圆锥量规按具体使用要求不同分为工作量规、校对量规和标准圆锥量规 3 类,如表 6.7 所示。

工作量规用来检验锥度公差等级为 AT3—AT8 的圆锥类零件,分为通规和止规两种;按检验精度高低和制造精度高低不同依次分为 1 级(精度最高)、2 级和 3 级。校对量规用来校对工作环规,标准中只规定了校对塞规的精度等级为 1 级(最高)、2 级和 3 级;由于工作塞规可以使用其他外尺寸测量仪器检定,不必使用校对量规,因此标准中未作规定。标准圆锥量规用于锥角的量值传递,按制造精度分为一等和二等,只有塞规。

表 6.7　圆锥量规分类

量规名称	代　号	形　式	用　途
圆锥工作量规	G	外锥或内锥	检验工件的圆锥尺寸和锥角
	GD	外锥或内锥	检验工件的圆锥尺寸
	GR	外锥或内锥	检验工件的圆锥锥角
圆锥塞规		外锥	检验工件的内锥
圆锥环规		内锥	检验工件的外锥
圆锥校对塞规	J	外锥	检验工作环规的圆锥尺寸和锥角

6.3.1　圆锥量规的形式与尺寸

圆锥量规的形式有以下 3 种:

(1)莫氏和公制圆锥量规

莫氏和公制圆锥量规分为 A 型(带扁尾)和 B 型(不带扁尾),分别如图 6.8、图 6.9 所示,用来检验工件圆锥尺寸。B 型圆锥量规用于检验圆锥尺寸,不检验圆锥锥角。莫氏与公制圆锥塞规和环规的各部分尺寸可查阅 GB/T 11853—2003。

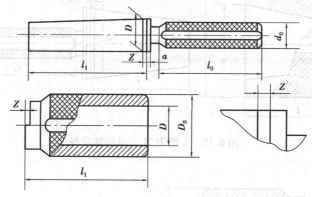

图 6.8　A 型圆锥量规

(2)7∶24 工具圆锥量规

7∶24 工具圆锥量规分为 A 型和 C 型,如图 6.10、图 6.11 所示。

(3)钻夹圆锥量规

钻夹圆锥量规如图 6.12 所示。

6.3.2　圆锥量规的公差

莫氏与公制 A 型圆锥的量规锥角公差 AT 等级符合 GB/T 11852—2003 的规定。其锥角极限偏差如表 6.8、表 6.9 和表 6.10 所示。表中,测量长度 L_P 的大小按下式计算,其起止位置如图 6.13 所示,即

$$L_P = L_3 - a - e_{max} \qquad (6.1)$$

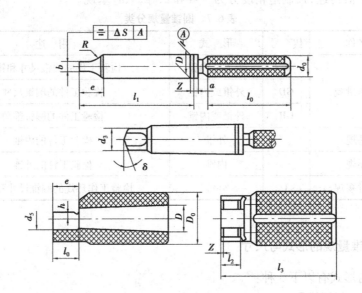

图 6.9　B 型圆锥量规

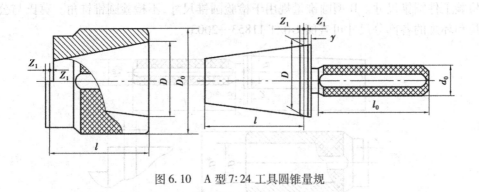

图 6.10　A 型 7:24 工具圆锥量规

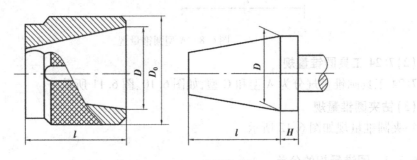

图 6.11　C 型 7:24 工具圆锥量规

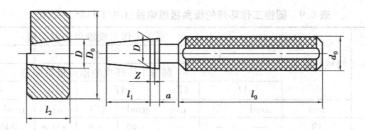

图 6.12 钻夹圆锥量规

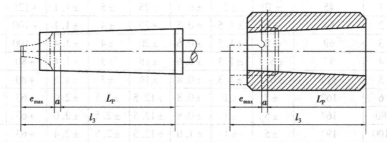

图 6.13 测量长度

表 6.8 圆锥工作塞规的锥角极限偏差(GB/T 11853—2003)

圆锥规格		测量长度 L_P	圆锥工作量规锥角公差等级								
			1			2			3		
			圆锥工作塞规的锥角极限偏差								
			AT_α		AT_{DP}	AT_α		AT_{DP}	AT_α		AT_{DP}
		mm	μrad	(″)	μm	μrad	(″)	μm	μrad	(″)	μm
公制圆锥	4	19	—	—	—	±40	±8	±0.8	−200	−41	−4
	6	26	—	—	—	±31.5	±6	±0.8	−160	−33	−4
莫氏圆锥	0	43	±10	±2	±0.5	±25	±5	±1.0	−125	−26	−5
	1	45	±10	±2	±0.5	±25	±5	±1.1	−125	−26	−6
	2	54	±8	±1.5	±0.5	±20	±4	±1.1	−100	−21	−5
	3	69	±8	±1.5	±0.6	±20	±4	±1.4	−100	−21	−7
	4	87	±6.3	±1.3	±0.6	±16	±3	±1.4	−80	−16	−7
	5	114	±6.3	±1.3	±0.8	±16	±3	±1.8	−80	−16	−9
	6	162	±5	±1	±0.8	±12.5	±2.5	±2.0	−63	−13	−10
公制圆锥	80	164	±5	±1	±0.8	±12.5	±2.5	±2.0	−63	−13	−10
	100	192	±5	±1	±1.0	±12.5	±2.5	±2.4	−63	−13	−12
	120	220	±4	±0.8	±0.9	±10	±2.0	±2.2	−50	−10	−11
	160	276	±4	±0.8	±1.1	±10	±2.0	±2.8	−50	−10	−14
	200	332	±3.2	±0.5	±1.1	±8	±1.5	±2.7	−40	−8	−13

表6.9 圆锥工作环规的锥角极限偏差(GB/T 11853—2003)

圆锥规格		测量长度 L_P	圆锥工作量规锥角公差等级								
			1			2			3		
			圆锥工作环规的锥角极限偏差								
			AT_α		AT_{DP}	AT_α		AT_{DP}	AT_α		AT_{DP}
		mm	μrad	(″)	μm	μrad	(″)	μm	μrad	(″)	μm
公制圆锥	4	19	—	—	—	±40	±8	±0.8	+200	+41	+4
	6	26	—	—	—	±31.5	±6	±0.8	+160	+33	+4
莫氏圆锥	0	43	±10	±2	±0.5	±25	±5	±1.0	+125	+26	+5
	1	45	±10	±2	±0.5	±25	±5	±1.1	+125	+26	+6
	2	54	±8	±1.5	±0.5	±20	±4	±1.1	+100	+21	+5
	3	69	±8	±1.5	±0.6	±20	±4	±1.4	+100	+21	+7
	4	87	±6.3	±1.3	±0.6	±16	±3	±1.4	+80	+16	+7
	5	114	±6.3	±1.3	±0.8	±16	±3	±1.8	+80	+16	+9
	6	162	±5	±1	±0.8	±12.5	±2.5	±2.0	+63	+13	+10
公制圆锥	80	164	±5	±1	±0.8	±12.5	±2.5	±2.0	+63	+13	+10
	100	192	±5	±1	±1.0	±12.5	±2.5	±2.4	+63	+13	+12
	120	220	±4	±0.8	±0.9	±10	±2.0	±2.2	+50	+10	+11
	160	276	±4	±0.8	±1.1	±10	±2.0	±2.8	+50	+10	+14
	200	332	±3.2	±0.5	±1.1	±8	±1.5	±2.7	+40	+8	+13

表6.10 校对塞规的锥角极限偏差(GB/T 11853—2003)

圆锥规格		测量长度 L_P	圆锥工作量规锥角公差等级								
			1			2			3		
			校对塞规的锥角极限偏差								
			AT_α		AT_{DP}	AT_α		AT_{DP}	AT_α		AT_{DP}
		mm	μrad	(″)	μm	μrad	(″)	μm	μrad	(″)	μm
公制圆锥	4	19	—	—	—	+40	+8	+0.8	+100	+21	+2
	6	26	—	—	—	+31.5	+6	+0.8	+80	+17	+2
莫氏圆锥	0	43	+10	+2	+0.5	+25	+5	+1.0	+63	+13	+2.5
	1	45	+10	+2	+0.5	+25	+5	+1.1	+63	+13	+3
	2	54	+8	+1.5	+0.5	+20	+4	+1.1	+50	+11	+2.5
	3	69	+8	+1.5	+0.6	+20	+4	+1.4	+50	+11	+3.5
	4	87	+6.3	+1.3	+0.6	+16	+3	+1.4	+40	+8	+3.5
	5	114	+6.3	+1.3	+0.8	+16	+3	+1.8	+40	+8	+4.5
	6	162	+5	+1	+0.8	+12.5	+2.5	+2.0	+31.5	+6	+5
公制圆锥	80	164	+5	+1	+0.8	+12.5	+2.5	+2.0	+31.5	+6	+5
	100	192	+5	+1	+1.0	+12.5	+2.5	+2.4	+31.5	+6	+6
	120	220	+4	+0.8	+0.9	+10	+2.0	+2.2	+25	+5	+5.5
	160	276	+4	+0.8	+1.1	+10	+2.0	+2.8	+25	+5	+7
	200	332	+3.2	+0.5	+1.1	+8	+1.5	+2.7	+40	+4	+6.5

莫氏与公制 B 型圆锥量规的锥角极限偏差,限制在其圆锥直径公差 T_D 所确定的圆锥直径公差空间区域之内,不再单独规定。

6.3.3　圆锥量规的技术要求

圆锥量规的主要技术要求如下：

①圆锥量规应选用优质工具钢、合金工具钢、轴承钢等，或同等性能以上的材料制造。

②圆锥量规测量表面的硬度应符合 1,2 级的圆锥量规、校对塞规不低于 60HRC；3 级及其他圆锥量规不低于 58HRC。

③A 型圆锥量规的形状公差 T_F 如表 6.11 所示；B 型圆锥量规的形状公差 T_F 应限制在圆锥直径公差 T_D 所限定的空间区域以内。

表 6.11　A 型圆锥量规的形状公差/μm

圆锥量规精度等级	公制圆锥		莫氏圆锥							公制圆锥				
	4	6	0	1	2	3	4	5	6	80	100	120	160	200
	工作量规形状公差 T_F/μm													
1 级	—		0.5							1.0				
2 级	0.5		0.7		0.9		1.3			1.6			1.7	
3 级	1.3		1.6		2.3		3.0			3.6			4.3	

④圆锥量规测量表面的粗糙度 R_a 值不大于如表 6.12 所示的数值。并且测量表面不得有划伤、裂纹、斑点及其他影响使用的严重缺陷；量规应进行稳定性、去磁和防锈处理。

表 6.12　圆锥量规测量表面粗糙度 R_a 值/μm

量规类型	圆锥量规的精度等级			检验工件圆锥直径的量规
	1 级	2 级	3 级	
圆锥塞规	0.025	0.05	0.1	0.1
圆锥环规	0.05	0.05	0.1	0.2

6.4　普通螺纹量规

螺纹在机械传动中是一种广泛使用的零件，主要用于结构连接、动力和运动传递、密封装置以及精密计数装置等；螺纹按照轴向截面形状不同，可分为三角形和异形（如圆弧）螺纹，也可分为普通圆柱螺纹和圆锥螺纹两大类。

螺纹量规是用于检验螺纹参数是否符合标准规定的专用量规，它能控制螺纹制件的极限尺寸；由于螺纹形式繁多，使用目的各不相同，用于检验其合格性的螺纹量规种类也很多，因此本节仅介绍使用最为广泛的普通螺纹量规。

6.4.1　普通螺纹量规概述

根据《普通螺纹量规技术条件》（GB/T 10920—2008）规定，普通螺纹量规是指具有标准普通螺纹牙型,检验牙型角为 60°,公称直径为 1 ~ 180 mm,螺距为 0.2 ~ 6 mm,能反映被检内、外螺纹边界条件,用于检验一般用途普通螺纹的测量器具。与用于检验孔轴类零件的光滑极限量规类似,螺纹量规也分为用于检测内螺纹的螺纹塞规和用于检验外螺纹的螺纹环规。

普通螺纹量规按照使用性能不同,可分为工作螺纹量规和校对螺纹量规。在螺纹加工过程中,由操作者使用的量规称为工作螺纹量规;在制造工作螺纹环规和检定使用中的工作螺纹环规是否已经磨损时所用的是校对螺纹量规。具体分类和代号及使用规则如表 6.13 所示。

表 6.13 普通螺纹量规名称、代号及使用规则

名　称	代号	功　能	特　征	使用规则
通端螺纹塞规	T	检验工件内螺纹的作用中径和大径	完整的外螺纹牙型	应与工件内螺纹旋合通过
止端螺纹塞规	Z	检验工件内螺纹的单一中径	截短的外螺纹牙型	允许与工件内螺纹两端的螺纹部分旋合,旋合量应不超过两个螺距(退出量规时测定)。若工件内螺纹的螺距少于或等于 3 个,不应完全旋合通过
通端螺纹环规	T	检验工件外螺纹的作用中径和小径	完整的内螺纹牙型	应与工件外螺纹旋合通过
止端螺纹环规	Z	检验工件外螺纹的单一中径	截短的内螺纹牙型	允许与工件外螺纹两端的螺纹部分旋合,旋合量应不超过两个螺距(退出量规时测定)。若工件内螺纹的螺距少于或等于 3 个,不应完全旋合通过
"校通—通"螺纹塞规	TT	检验新的通端螺纹环规的作用中径	完整的外螺纹牙型	应与通端螺纹环规旋合通过
"校通—止"螺纹塞规	TZ	检验新的通端螺纹环规的单一中径	截短的外螺纹牙型	允许与通端螺纹环规两端的螺纹部分旋合,旋合量应不超过一个螺距(退出量规时测定)
"校通—损"螺纹塞规	TS	检验使用中的通端螺纹环规的单一中径	截短的外螺纹牙型	
"校止—通"螺纹塞规	ZT	检验新的止端螺纹环规的单一中径	完整的外螺纹牙型	应与止端螺纹环规旋合通过
"校止—止"螺纹塞规	ZZ	检验新的止端螺纹环规的单一中径	完整的外螺纹牙型	允许与止端螺纹环规两端的螺纹部分旋合,旋合量应不超过一个螺距(退出量规时测定)
"校止—损"螺纹塞规	ZS	检验使用中的止端螺纹环规的单一中径	完整的外螺纹牙型	

6.4.2　普通螺纹量规的形式和尺寸

普通螺纹量规的形式如表 6.14 所示。

表6.14 普通螺纹量规的形式和尺寸

形式名称	公称直径 d/mm
锥度锁紧式螺纹塞规	$1 \leq d \leq 100$
双头三牙锁紧式螺纹塞规	$40 \leq d \leq 62$
单头三牙锁紧式螺纹塞规	$40 \leq d \leq 120$
套式螺纹塞规	$40 \leq d \leq 120$
双柄式螺纹塞规	$120 < d \leq 180$
整体式螺纹环规	$1 \leq d \leq 120$
双柄式螺纹环规	$120 < d \leq 180$

(1)锥度锁紧式螺纹塞规

①锥度锁紧式螺纹塞规的形式如图6.14所示,图示仅供图解说明,尺寸 L 如表6.15所示。

表6.15 锥度锁紧式螺纹塞规总体尺寸

公称直径 d/mm	螺距 P/mm	L/mm	公称直径 d/mm	螺距 P/mm	L/mm
$1 \leq d \leq 3$	0.2,0.25,0.3,0.35,0.4,0.45,0.5	58.5		1,1.5	146
$3 < d \leq 6$	0.35,0.5,0.6,0.7,0.75	70.5	$30 < d \leq 40$	2	150
	0.8,1	74		3	162
$6 < d \leq 10$	0.75	83		3.5,4	174
	1	84	$40 < d \leq 50$	1,1.5,2	154
	1.25,1.5	90		3	167
$10 < d \leq 14$	0.75,1	93		4	183
	1.25,1.5	99		4.5,5	191
	1.75,2	105	$50 < d \leq 62$	1.5,2	172
$14 < d \leq 18$	1	106		3	183
	1.5	112		4	197
	2	116		5	210
	2.5	124		5.5	217
$18 < d \leq 24$	1	124	$62 < d \leq 100$	1.5,2	172
	1.5	126		3	183
	2	132		4	200
	2.5	140		6	225
	3	144			
$24 < d \leq 30$	1,1.5	128			
	2	132			
	3	144			
	3.5,4	150			

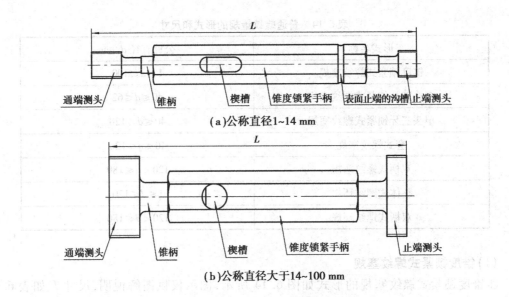

（a）公称直径1~14 mm

（b）公称直径大于14~100 mm

图6.14　公称直径 1 ~ 100 mm 的锥度锁紧式螺纹塞规

②锥度锁紧式螺纹塞规测头的形式如图6.15 所示，图示仅供图解说明，尺寸如表6.16 表示。

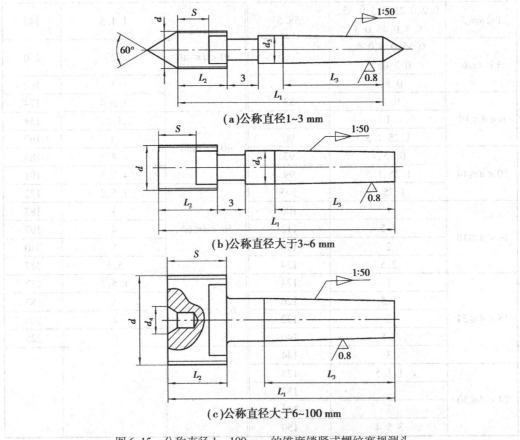

（a）公称直径1~3 mm

（b）公称直径大于3~6 mm

（c）公称直径大于6~100 mm

图6.15　公称直径 1 ~ 100 mm 的锥度锁紧式螺纹塞规测头

表 6.16　锥度锁紧式螺纹塞规测头形式与尺寸

公称直径 d/mm	螺距 P/mm	$L_1+0.3$ 通端	$L_1+0.3$ 止端	$L_2-0.3$ 通端	$L_2-0.3$ 止端	L_3+1	d_3	d_4	R	配套的手柄号
1≤d≤3	0.2,0.25,0.3,0.35,0.4,0.45,0.5	20	18.5	4.5	3	10	2.5	—	—	1
3<d≤6	0.35,0.5,0.6,0.7,0.75	24	22.5	6	4.5	12	4	—	—	2
	0.8,1	26	24	8						
6<d≤10	0.75	29	28	7	6	15	5.5	—	1.6	3
	1	30	28	8	6					
	1.25,1.5	34	30	12	8					
10<d≤14	0.75,1	36	34	8	6	20	7	—	2	4
	1.25,1.5	40	36	12	8					
	1.75,2	44	38	16	10					
14<d≤18	1	42	38	10	6	22	9	—	2.5	5
	1.5	46	40	14	8					
	2	48	42	16	10					
	2.5	52	46	20	14					
18<d≤24	1	48	44	12	8	22	12	6	2.5	6
	1.5	50	44	14	8					
	2	52	48	16	12					
	2.5	56	52	20	16					
	3	60	52	24	16					
24<d≤30	1,1.5	50	46	14	10	24	12	8	2.5	6
	2	52	48	16	12					
	3	60	52	24	16					
	3.5,4	64	54	28	18					
30<d≤40	1,1.5	54	50	14	10	24	16	12	4	7
	2	56	52	16	12					
	3	64	56	24	16					
	3.5,4	72	60	32	20					
40<d≤50	1,1.5,2	58	54	16	12	24	16	12	4	7
	3	67	58	25	16					
	4	74	67	32	25					
	4.5,5	82	67	40	25					
50<d≤60	1.5,2	60	60	16	16	24	21	15	4	10
	3	69	62	25	18					
	4	76	69	32	25					
	5	89	69	45	25					
	5.5	89	76	45	32					
62	1.5,2	66	66	16	16	30	24		4	10
	3	75	68	25	18					
	4	82	75	32	25					

续表

公称直径 d/mm	螺距 P/mm	$L_1 +0.3$		$L_2 -0.3$		$L_3 +1$	d_3	d_4	R	配套的手柄号
		通端	止端	通端	止端					
$62 < d \leqslant 100$	1.5,2	66	66	16	16	30	24	25	4	11
	3	75	68	25	18					
	4	82	75	35	25					
	6	100	85	50	35					

③锥度锁紧式螺纹塞规测头配套的手柄形式如图 6.16 所示,图示仅供图解说明,尺寸如表 6.17 所示。

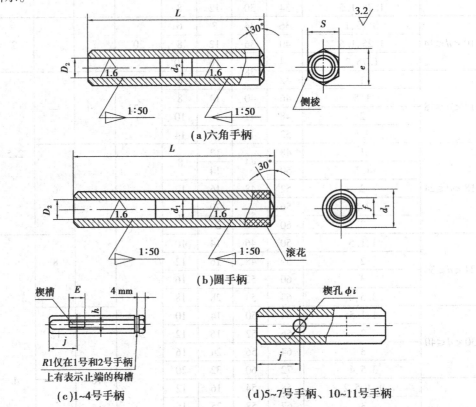

(a)六角手柄

(b)圆手柄

$R1$仅在1号和2号手柄
上有表示止端的构槽

(c)1~4号手柄

(d)5~7号手柄、10~11号手柄

图 6.16　公称直径 1~100 mm 的锥度锁紧式螺纹塞规测头配套用手柄

表 6.17　锥度锁紧式螺纹塞规测头配套用手柄

手柄号	D_2	d_2	d_3	f	L	s	$e \approx$	j	i	$h \times g$
1	2.5	2.2	5	3	40	5	5.8	11		2×6
2	4	3.7	7	4	48	7	8	14	—	2.4×8
3	5.5	5.1	9	5	56	9	10	17		3×9
4	7	6.5	11	6	61	11	12.5	23		3×12
5	9	8.5	13.5	7	70	14	16	23	6	
6	12	11.5	17.5	8	80	17	19.5	26	9	—
7	16	15.3	25		90	22	25		11	
10	21	20	28	10	100	28	32	28	12	
11	24	23	32	11	—	32	37	30	—	—

（2）三牙锁紧式螺纹塞规

①三牙锁紧式螺纹塞规的形式如图6.17所示,图示仅供图解说明,尺寸如表6.18所示。

（a）公称直径40～62 mm

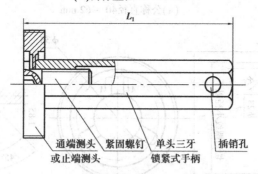

（b）公称直径大于62～120 mm

图6.17　公称直径40 mm至120 mm的三牙锁紧式螺纹塞规

表6.18　三牙锁紧式螺纹塞规尺寸

公称直径 d	螺距 P	L	L_1	
			通端	止端
40≤d≤50	1,1.5,2	153	139	139
	3	162	148	
	4	178	155	148
	4.5,5	186	163	
50<d≤62	1.5,2	153	139	139
	3	162	148	
	4	178	155	148
	5	191	168	
	5.5	198		155
62<d≤80	1.5,2	—	159	159
	3		168	
	4		173	168
	6		186	173
82,85,90,95,100,105,110,115,120	1.5,2	—	159	159
	3		168	
	4		173	168
	6		186	173

②三牙锁紧式螺纹塞规测头的形式如图6.18所示,图示仅供图解说明,尺寸如表6.19所示。

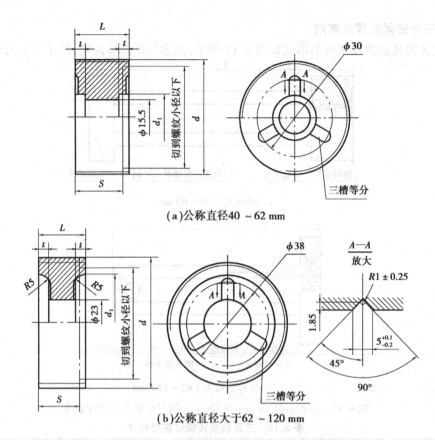

(a)公称直径40~62 mm

(b)公称直径大于62~120 mm

图6.18 公称直径40~120 mm的三牙锁紧式螺纹塞规测头

表6.19 三牙锁紧式螺纹塞规测头尺寸

公称直径 d/mm	螺距 P/mm	L		t		d₃	配套的手柄号
		通端	止端	通端	止端		
40≤d≤50	1,1.5,2	16	16	5		20	8
	3	25					
	4	32	25	8	5		
	4.5	40		10			
50<d≤62	1.5,2	16	16	5			
	3	25					
	4	32	25	10	10		
	5	45					
	5.5		32				
62<d≤80	1.5,2	16	16	5		48	9
	3	25					
	4	35	25	10			
	6	50	35	12	10		
82,85,90	1.5,2	16	16	5	5	55	
	3	25	25				
	4	35	35	10			
	6	50		12	10		

续表

公称直径 d/mm	螺距 P/mm	L		t		d_3	配套的手柄号
		通端	止端	通端	止端		
95,100	2	16	16	5	5	65	
	3	25					
	4	35	25	10			
	6	50	35	12	10		
105,110	2	16	16	5	5	75	9
	3	25	25				
	4	35	35	10			
	6	50	50	12	10		
115,120	2	16	16	5	5	85	
	3	25	25				
	4	35	35	10			
	6	50	50	12	10		

③三牙锁紧式螺纹塞规测头配套的手柄形式如图 6.19 所示,图示仅供图解说明,尺寸如表 6.20 所示。

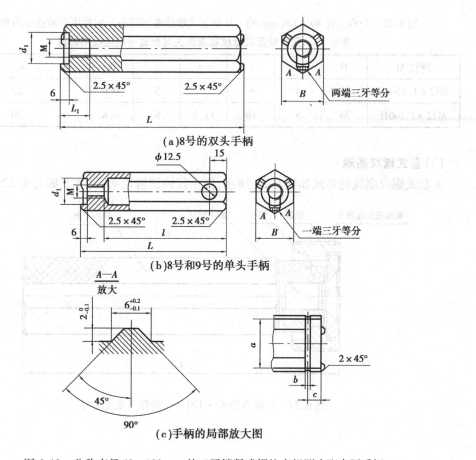

(a)8号的双头手柄

(b)8号和9号的单头手柄

(c)手柄的局部放大图

图 6.19　公称直径 40～120 mm 的三牙锁紧式螺纹塞规测头配套用手柄

表6.20 三牙锁紧式螺纹塞规测头配套的手柄

手柄号	B	L	L_1	t	d_1	a	b	c	螺纹 M
8	29	125	31	105	21	28	3	8	M12×1.25-6H
9	32	150	—	120	24	31		16	M22×1.5-6H

④三牙锁紧式螺纹塞规测头与配套手柄连接用螺钉的形式如图6.20所示,图示仅供图解说明,尺寸如表6.21所示。

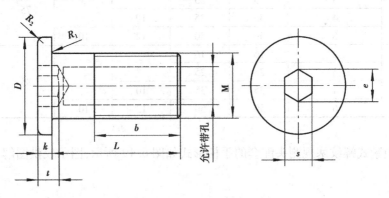

图6.20 公称直径40~120 mm 的三牙锁紧式螺纹塞规测头与配套用手柄连接用螺钉

表6.21 三牙锁紧式螺纹塞规测头与配套手柄连接用螺钉

螺纹 M	D	k	s	$e\approx$	t	R_1	R_2	$b_{最小}$	$L_{最小}$
M12×1.25-6H	18	4	6	7	5	0.6	1	25	40
M22×1.5-6H	33	5	10	11.7	8	0.8	2	30	45

(3)套式螺纹塞规

①套式螺纹塞规的形式如图6.21所示,图示仅供图解说明,尺寸 L 如表6.22所示。

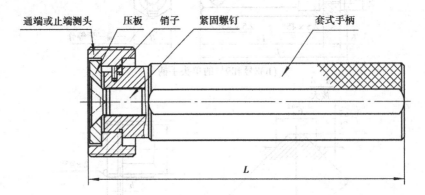

图6.21 公称直径40~120 mm 的套式螺纹塞规

表 6.22　套式螺纹塞规尺寸

公称直径 d	螺距 P	L	
		通端	止端
40≤d≤50	1,1.5,2	119	119
	3	126	
	4	133	126
	4.5,5	141	
50<d≤62	1.5,2	119	119
	3	126	
	4	133	126
	5,5.5	141	133
62<d≤80	1.5,2	119	119
	3	126	
	4	136	126
	6	151	136
82,85,90,95,100,105,110,115,120	1.5,2	119	119
	3	126	
	4	136	126
	6	151	136

②套式螺纹塞规测头的形式如图 6.22 所示,图示仅供图解说明,尺寸如表 6.23 所示。

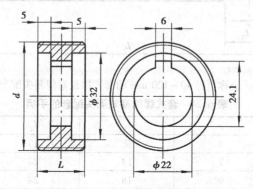

图 6.22　公称直径 40～120 mm 的套式螺纹塞规测头

表 6.23　套式螺纹塞规测头尺寸

公称直径 d	螺距 P	L		配套的手柄号	
		通端	止端	通端	止端
40≤d≤50	1,1.5,2	18	18	1	1
	3	25		2	
	4	32	25	3	2
	4.5,5	40		4	
50<d≤62	1.5,2	18	18	1	1
	3	25		2	
	4	32	25	3	2
	5,5.5	45	32	4	3

续表

公称直径 d	螺距 P	L		配套的手柄号	
		通端	止端	通端	止端
62 < d ≤ 80	1.5,2	18	18	1	1
	3	25		2	—
	4	35	25	3	2
	6	50	35	5	3
82,85,90, 95,100,105, 110,115,120	1.5,2	18	18	1	1
	3	25		2	
	4	35	25	3	2
	6	50	35	5	3

③套式螺纹塞规测头配套的手柄形式如图6.23所示,图示仅供图解说明,尺寸如表6.24所示。

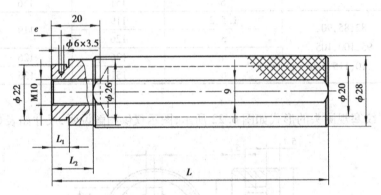

图6.23　公称直径40~120 mm 的套式螺纹塞规测头配套用手柄

表6.24　套式螺纹塞规测头配套的手柄

手柄号	e	l_1	l_2	L
1	4	7	17	113
2	7	14	24	120
3	9	18	28	124
4	12	24	34	130
5	16	32	42	138

(4)双柄式螺纹塞规

①双柄式螺纹塞规的形式如图6.24所示,图示仅供图解说明,尺寸 L 如表6.25所示。

表6.25　双柄式螺纹塞规尺寸

公称直径 d	螺距 P	L	
		通端	止端
125,130,135,140	2	109	109
	3	117	
	4	129	117
	6	145	124

续表

公称直径 d	螺距 P	L	
		通端	止端
145,150	2	109	109
	3	117	
	4	129	117
	6	152	124
155,160	2,3	117	109
	4	129	117
	6	152	124
165,170,175,180	2,3	121	114
	4	129	119
	6	152	124

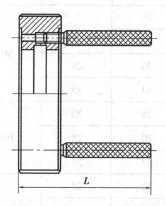

图 6.24　公称直径大于 120~180 mm 的双柄式螺纹塞规

②双柄式螺纹塞规测头的形式如图 6.25 所示,图示仅供图解说明,尺寸如表 6.26 所示。

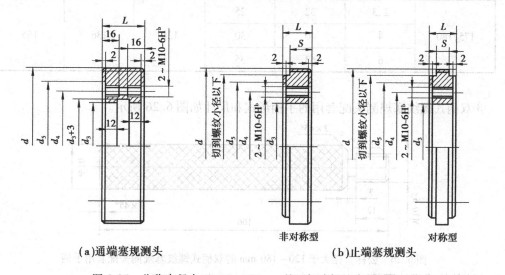

(a)通端塞规测头　　　　　　　　　　　(b)止端塞规测头

图 6.25　公称直径大于 120~180 mm 的双柄式螺纹塞规测头

表 6.26 双柄式螺纹塞规测头尺寸

公称直径 d	螺距 P	L		d_3	d_4	d_5
		通端	止端			
125,130	2	20	20	70	86	105
	3	28				
	4	40	28			
	6	56	35			
135,140	2	20	20	80	96	115
	3	28				
	4	40	28			
	6	56	35			
145,150	2	20	20	90	106	125
	3	28				
	4	40	28			
	6	63	35			
155,160	2,3	28	20	100	116	135
	4	40	28			
	6	63	35			
165,170	2,3	32	25	110	126	145
	4	40	30			
	6	63	35			
175,180	2,3	32	25	120	136	155
	4	40	30			
	6	63	35			

③双柄式螺纹塞规测头配套用的手柄形式和尺寸如图 6.26 所示。

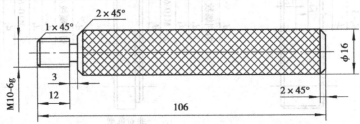

图 6.26 公称直径大于 120～180 mm 的双柄式螺纹塞规测头配套用手柄

(5)整体式螺纹环规

整体式螺纹环规的形式如图 6.27 所示,图示仅供图解说明,尺寸如表 6.27 所示。

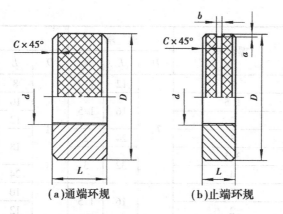

图 6.27　公称直径大于 1～120 mm 的整体式螺纹环规

表 6.27　整体式螺纹环规尺寸

公称直径 d	螺距 P	通　端			止　端				
		D	L	c	D	L	a	b	c
1≤d≤2.5	0.2,0.25,0.3, 0.35,0.4,0.45	22	4	0.4	22	4	0.6	0.6	0.4
2.5<d≤5	0.35,0.5,0.6		5			5			
	0.7,0.75,0.8		6						
5<d≤10	0.75	32	8	0.8	32		0.8	1	0.6
	1		8			8			
	1.25		10	1.2					
	1.5		12						0.8
10<d≤15	1	38	8	0.8	38	6	1	2	0.6
	1.25		10			8			
	1.5		12	1.2					0.8
	1.75		14			10			1.2
	2		16	1.5					
15<d≤20	1	45	8	0.8	45	6	1	2	0.6
	1.5		12	1.5		8			0.8
	2		16			12			1.2
	2.5		20	2					
20<d≤25	1	53	8	0.8	53	8	1	2	0.6
	1.5		14	1.5					0.8
	2		16			12			1.2
	2.5,3		24	2		16			
25<d≤32	1	63	8	0.8	63	8	1	2	0.8
	1.5		16	1.5		12			1.2
	2								
	3		24	2		18			2
	3.5		28	2.5		24			

167

续表

公称直径 d	螺距 P	通 端			止 端				
		D	L	c	D	L	a	b	c
32 < d ≤ 40	1	71	12	1.2	71	8	1.5	3	0.8
	1.5		16	1.5		10			
	2					12			1.2
	3		24	2		18			
	3.5		32	3					2
	4					24			
40 < d ≤ 50	1,1.5	85	16	1.5	85	10			0.8
	2					12			1.2
	3		24	2		18			
	4		32	3		24			2
	4.5,5		40			30			
50 < d ≤ 60	1.5,2	100	16	1.5	100	12			1.2
	3		24	2		18			
	4		32			24			2
	5		45	3		30			
	5.5					32			3
60 < d ≤ 70	1.5,2	112	16	1.5	112	12			1.2
	3		24	2		18			2
	4		32	3		24			
	6		50			32			3
70 < d ≤ 80	1.5,2	125	16	1.5	125	12	1.5	3	1.2
	3		24	2		18			2
	4		32	3		24			
	6		50			32			3
82,85,90	1.5,2	140	16	1.5	140	14			1.2
	3		24	2		18			2
	4		32	3		24			
	6		50			32			3
95,100	2	160	16	1.5	160	14			1.2
	3		24	2		18			2
	4		32	3		24			
	6		50			32			3
105,110	2	170	20	1.5	170	16			1.5
	3		28	2		20			2
	4		36	3		24			
	6		56			32			3
115,120	2	180	20	1.5	180	16			1.5
	3		28	2		20			2
	4		36	3		24			
	6		56			32			3

(6)双柄式螺纹环规

①双柄式螺纹环规的形式如图 6.28 所示,图示仅供图解说明,尺寸 L 如表 6.28 所示。

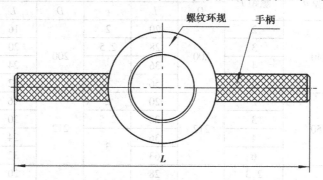

图 6.28　公称直径大于 120~180 mm 的双柄式螺纹环规

表 6.28　双柄式螺纹环规尺寸

公称直径 d	螺距 P	L
125,130		372
135,140		382
145,150	2,3,4,6	394
155,160		406
165,170		418
175,180		432

②双柄式螺纹环规测头的形式如图 6.29 所示,图示仅供图解说明,尺寸如表 6.29 所示。

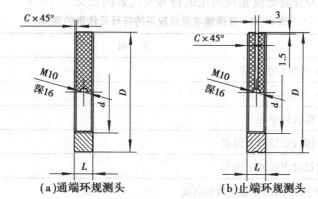

(a)通端环规测头　　　(b)止端环规测头

图 6.29　公称直径大于 120~180 mm 的双柄式螺纹环规测头

表 6.29　双柄式螺纹环规测头尺寸

公称直径 d	螺距 P	通　端			止　端		
		D	L	c	D	L	c
125,130	2	190	20	2	190	16	1.5
	3		28	2.5		20	2
	4		36	3		24	2
	6		56	3		32	3

续表

公称直径 d	螺距 P	通 端			止 端		
		D	L	c	D	L	c
135,140	2	200	20	2	200	16	1.5
	3		28	2.5		20	2
	4		36	3		24	
	6		56			32	3
145,150	2	212	20	2	212	16	1.5
	3		28	2.5		20	2
	4		36	3		24	
	6		63			32	3
155,160	2,3	224	28		224	20	2
	4		36			24	
	6		63			32	3
165,170	2,3	236	32		236	20	2
	4		40			24	
	6		63			32	3
175,180	2,3	250	32		250	20	2
	4		40			24	
	6		63			32	3

6.4.3 普通螺纹量规的计算

如表 6.30 所示为普通螺纹量规应用的符号及代表的意义。

表 6.30 普通螺纹量规应用的符号及代表的意义

符 号	说 明
D,d	工件内、外螺纹的大径
D_2,d_2	工件内、外螺纹的中径
D_1	工件内螺纹的小径
es	工件外螺纹中径的上偏差
EI	工件内螺纹中径的下偏差
H	工件内、外螺纹的原始三角形高度
T_{d2}	工件外螺纹中径的中径公差
T_{D2}	工件内螺纹中径的中径公差
P	工件内、外螺纹的螺距
T_R	通端螺纹环规、止端螺纹环规的中径公差
T_{PL}	通端螺纹塞规、止端螺纹塞规的中径公差
T_{CP}	校对螺纹塞规的中径公差
T_P	螺纹量规的螺距公差

续表

符 号	说 明
Z_R	由通端螺纹环规中径公差带的中心线至工件外螺纹中径上偏差之间的距离
Z_{PL}	由通端螺纹塞规中径公差带的中心线至工件内螺纹中径下偏差之间的距离
W_{GO}	由通端螺纹塞规(或环规)中径公差带的中心线至其磨损极限之间的距离
W_{NG}	由止端螺纹塞规(或环规)中径公差带的中心线至其磨损极限之间的距离
m	由螺纹环规中径公差带的中心线至"校通—通"(或"校止—通")螺纹塞规中径公差带的中心线之间的距离
$T_{\alpha1/2}$	完整螺纹牙型的半角偏差
$T_{\alpha2/2}$	截短螺纹牙型的半角偏差
S	截短螺纹牙型的间隙槽中心线相对于螺纹牙型中心线的允许偏移量
F_1	在截短螺纹牙型的轴向剖面内,由中径线至牙侧直线部分顶端(向牙顶一侧)之间的径向距离
F_2	在截短螺纹牙型的轴向剖面内,由中径线至牙侧直线部分顶端(向牙底一侧)之间的径向距离
b_1	内螺纹完整牙型大径处的间隙槽宽度
b_2	外螺纹完整牙型小径处的间隙槽宽度
b_3	内螺纹截短牙型大径处的间隙槽宽度和外螺纹截短牙型小径处的间隙槽宽度

(1)中径公差

①螺纹环规和校对螺纹塞规的螺纹中径公差带如图6.30所示。

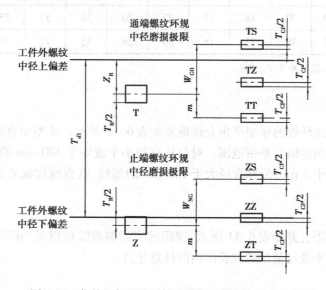

图6.30 螺纹环规和校对螺纹塞规的螺纹中径公差带

②螺纹塞规的螺纹中径公差带如图6.31所示。

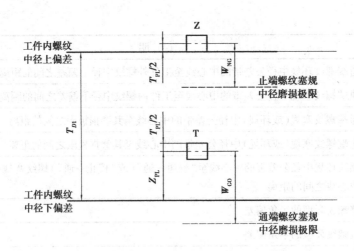

图 6.31　螺纹塞规的螺纹中径公差带

③螺纹塞规、螺纹环规和校对螺纹塞规的螺纹中径公差和有关的位置要素值如表 6.31 所示。

表 6.31　螺纹塞规、螺纹环规和校对螺纹塞规的螺纹中径公差和有关的位置要素值/μm

T_{d2},T_{D2}	T_R	T_{PL}	T_{CP}	m	Z_R	Z_{PL}	螺纹环规		螺纹塞规	
							W_{GO}	W_{NG}	W_{GO}	W_{NG}
$24 \leqslant T_{d2},T_{D2} \leqslant 50$	8	6	6	10	−4	0	10	7	8	6
$50 < T_{d2},T_{D2} \leqslant 80$	10	7	7	12	−2	2	12	9	9.5	7.5
$80 < T_{d2},T_{D2} \leqslant 125$	14	9	8	15	2	6	16	12	12.5	9.5
$125 < T_{d2},T_{D2} \leqslant 200$	18	11	9	18	8	12	21	15	17.5	11.5
$200 < T_{d2},T_{D2} \leqslant 315$	23	14	12	22	12	16	25.5	19.5	21	15
$315 < T_{d2},T_{D2} \leqslant 500$	30	18	15	27	20	24	33	25	27	19
$500 < T_{d2},T_{D2} \leqslant 670$	38	22	18	33	28	32	41	31	33	23

注:Z_R 为负值表示位于图 6.30 中 T_{d2} 之外。

(2)半角偏差

螺纹塞规和螺纹环规的牙型半角允许偏差如表 6.32 所示。牙型面有效长度内的直线度误差应不超过半角偏差的公差带范围。对公称直径小于或等于 100 mm 的螺纹,其直线度误差的最大值应不大于 2 μm;公称直径大于 100 mm 的螺纹,其直线度误差的最大值应不大于 3 μm。

(3)螺距公差

螺纹量规的螺距公差如表 6.33 所示,螺距的实际偏差既可以是"正"的,也可以是"负"的。螺距公差适用于螺纹量规螺纹长度内的任意牙数。

(4)计算公式

①螺纹塞规大径、中径、小径的尺寸与偏差的计算公式如表 6.34 所示。

表 6.32 螺纹塞规和螺纹环规的牙型半角允许偏差/μm

P/mm	$T_{\alpha1/2}$ （′）	$T_{\alpha2/2}$ （′）
0.20	±60	
0.25	±48	
0.30	±40	
0.35	±35	
0.40	±31	
0.45	±26	
0.50	±25	
0.60	±21	
0.70	±18	
0.75	±17	
0.80	±16	
1.00	±15	
1.25	±13	±16
1.50	±12	
1.75	±11	
2.00,2.50	±10	±14
3.00	±9	±13
3.50		±12
4.00,4.50,5.00	±8	±11
5.50,6.00,8.00		±10

表 6.33 螺纹量规的螺距公差

螺纹量规的螺纹长度 l/mm	T_{P}/μm
$l \leqslant 14$	4
$14 < l \leqslant 32$	5
$32 < l \leqslant 50$	6
$50 < l \leqslant 80$	7

表 6.34 螺纹塞规大径、中径、小径的尺寸与偏差的计算公式

塞规代号	大 径		中 径			小 径
	尺 寸	偏差	尺 寸	偏差	磨损偏差	
T	$D + EI + Z_{\mathrm{PL}}$	$\pm T_{\mathrm{PL}}$	$D_2 + EI + Z_{\mathrm{PL}}$	$\pm T_{\mathrm{PL}}/2$	$-W_{\mathrm{GO}}$	$\leqslant D_1 + EI$
Z	$D_2 + EI + T_{D_2} + T_{\mathrm{PL}}/2 + 2F_1$		$D_2 + EI + T_{D_2} + T_{\mathrm{PL}}/2$		$-W_{\mathrm{NG}}$	

②螺纹环规大径、中径、小径的尺寸与偏差的计算公式如表 6.35 所示。

③校对螺纹塞规大径、中径、小径的尺寸与偏差的计算公式如表 6.36 所示。

表 6.35　螺纹环规大径、中径、小径的尺寸与偏差的计算公式

环规代号	大径	中径			小径	
		尺寸	偏差	磨损偏差	尺寸	偏差
T	$\geq d+es+T_{PL}$	d_2+es-Z_R	$\pm T_R/2$	$+W_{GO}$	D_1+es	$\pm T_R/2$
Z		$d_2+es-T_{d_2}-T_R/2$		$+W_{NG}$	$d_2+es-T_{d_2}-T_R/2-2F_1$	$\pm T_R$

表 6.36　校对螺纹塞规大径、中径、小径的尺寸与偏差的计算公式

量规代号	大径		中径		小径
	尺寸	偏差	尺寸	偏差	
TT	$d+es$	$\pm T_{PL}$	d_3+es-Z_R-m		$\leq D_1+es-Z_R-m$
TZ	$d_2+es-Z_R+T_R/2+2F_1$	$\pm T_{PL}/2$	$d_2+es-Z_R+T_R/2$		$\leq D_1+es-T_R/2$
TS	$d_2+es-Z_R+W_{GO}+2F_1$		$d_2+es-Z_R+W_{GO}$	$\pm T_{CP}/2$	$\leq D_1+es-T_{d_2}-T_R/2-m$
ZT	$d+es$	$\pm T_{PL}$	$d_2+es-T_{d_2}-T_R/2-m$		
ZZ	$d+es-T_{d_2}$	$\pm T_{PL}$	$d_2+es-T_{d_2}$		$\leq D_1+es-T_{d_2}$
ZS	$d+es-T_{d_2}-T_R/2+W_{NG}$		$d_2+es-T_{d_2}-T_R/2+W_{NG}$		

注:若螺纹牙型的大径部分是尖的,则可以稍稍削平。于是,大径尺寸允许小于该下偏差。

6.4.4　普通螺纹量规的技术要求

(1)外观

螺纹量规测量面的表面上不应有影响使用性能的锈迹、碰伤、划痕等缺陷。

(2)相互作用

螺纹量规测量头和手柄的连接应牢固可靠,在正常使用过程中不应出现松动或脱落。

(3)材料

螺纹量规测量头的测量面宜采用合金工具钢、碳素工具钢等坚硬耐磨的材料制造,并应进行稳定性处理。

(4)硬度

螺纹量规测量头的测量面硬度应为 664～856HV(或 58～65HRC),对公称直径小于或等于 3 mm 的螺纹塞规,其测量头的测量面硬度应为 561～713HV(或 53～60HRC)。

(5)表面粗糙度

螺纹量规测量面的表面粗糙度 R_a 值不应大于如表 6.37 所示的规定。

表 6.37　螺纹量规测量面的表面粗糙度 R_a 值

名　称	$R_a/\mu m$
牙　侧	0.2
通端螺纹塞规大径、校对螺纹塞规大径、通端螺纹环规小径	0.4
止端螺纹塞规大径、止端螺纹环规小径	0.8

(6)螺纹倒钝

若螺纹量规两端的牙型不完整,应将牙型修整到为完整牙型。如果做不到,则应有30°倒角。

6.4.5 设计举例

例6.2 计算用于检验 M24×2-6H/6g(中等旋合长度 25 mm)内、外螺纹的螺纹量规的大径、中径、小径的极限尺寸,并分别确定它们各自的螺距极限偏差和牙型半角极限偏差。

解 1)求被检内、外螺纹大径、中径、小径的极限尺寸

根据《普通螺纹基本尺寸》(GB/T 196—2003)、《普通螺纹公差》(GB/T 197—2003)、《普通螺纹极限偏差》(GB/T 2516—2003)以及《普通螺纹极限尺寸》(GB/T 15756—2003)。

对于 M24×2-6H 内螺纹:$D \geqslant 24$ mm,$D_2 = 22.701^{+0.224}_{0}$ mm,$D_1 = 21.835^{+0.735}_{0}$ mm

对于 M24×2-6g 外螺纹:$d = 24^{-0.038}_{-0.328}$ mm,$d_2 = 22.701^{-0.038}_{-0.208}$ mm,$d_1 \leqslant 21.835 - 0.038 = 21.797$ mm

2)求螺纹塞规大径、中径、小径的极限尺寸

根据 M24×2-6H 的中径公差 $T_{D2} = 0.224$ mm,查表6.31 螺纹量规中径公差与位置要素,可得

$$T_{PL} = 0.014 \text{ mm}, Z_{PL} = 0.016 \text{ mm}$$

①查表6.34,计算通端螺纹塞规大径、中径、小径的极限尺寸:

中径:$d_{2T} = (D_2 + EI + Z_{PL}) \pm \dfrac{T_{PL}}{2} = (22.701 + 0.016) \text{ mm} \pm 0.007 \text{ mm} = 22.724^{0}_{-0.014}$ mm

大径:$d_{T} = (D + EI + Z_{PL}) \pm T_{PL} = (24 + 0.016) \text{ mm} \pm 0.014 \text{ mm} = 24.03^{0}_{-0.028}$ mm

小径:$d_{1T} \leqslant (D_1 + EI) = 21.835$ mm

②根据表6.34,计算止端螺纹塞规大径、中径、小径的极限尺寸:

中径:$d_{2Z} = \left(D_2 + EI + T_{D2} + \dfrac{T_{PL}}{2}\right) \pm \dfrac{T_{PL}}{2} = (22.701 + 0.224 + 0.007) \text{ mm} \pm 0.007 \text{ mm} = 22.939^{0}_{-0.014}$ mm

大径:$d_{Z} = \left(D_2 + EI + T_{D2} + \dfrac{T_{PL}}{2} + 2F_1\right) \pm T_{PL} = (22.701 + 0.024 + 0.007 + 2 \times 0.2) \text{ mm} \pm 0.014 \text{ mm} = 23.346^{0}_{-0.028}$ mm

小径:$d_{1Z} \leqslant (D_1 + EI) = 21.835$ mm

3)求螺纹环规大径、中径、小径的极限尺寸

根据 M24×2-6g 的中径公差 $T_{D2} = 0.170$ mm,查表6.31 可得

$$T_{R} = 0.018 \text{ mm}, Z_{R} = 0.008 \text{ mm}, T_{PL} = 0.011 \text{ mm}$$

①查表6.35,计算通端螺纹环规大径、中径、小径的极限尺寸:

中径:$D_{2T} = (d_2 + es - Z_R) \pm \dfrac{T_R}{2} = (22.701 - 0.038 - 0.008) \text{ mm} \pm 0.009 \text{ mm} = 22.646^{+0.018}_{0}$ mm

小径:$D_{1T} = (D_1 + es) \pm \dfrac{T_R}{2} = (21.835 - 0.038) \text{ mm} \pm 0.009 \text{ mm} = 21.788^{+0.018}_{0}$ mm

大径：$D_\mathrm{T} \geqslant (d - es + T_\mathrm{PL}) = 24\ \mathrm{mm} - 0.038\ \mathrm{mm} + 0.011 = 23.973\ \mathrm{mm}$

②查表 6.35，计算止端螺纹环规大径、中径、小径的极限尺寸：

中径：$D_{2Z} = \left(d_2 + es - T_{d2} - \dfrac{T_\mathrm{R}}{2} \right) \pm \dfrac{T_\mathrm{R}}{2} = (22.701 - 0.038 - 0.170 - 0.009)\ \mathrm{mm} \pm 0.009\ \mathrm{mm} =$
$22.475\,^{+0.018}_{\ \ 0}\ \mathrm{mm}$

小径：$D_{1Z} = \left(d_2 + es - T_{d2} - \dfrac{T_\mathrm{R}}{2} - 2F_1 \right) \pm \dfrac{T_\mathrm{R}}{2} = (22.071 - 0.038 - 0.170 - 0.009 - 2 \times 0.2)\ \mathrm{mm} =$
$22.066\,^{+0.036}_{\ \ 0}\ \mathrm{mm}$

大径：$D_Z \geqslant (d - es + T_\mathrm{PL}) = 24\ \mathrm{mm} - 0.038\ \mathrm{mm} + 0.011 = 23.973\ \mathrm{mm}$。

4）螺纹量规螺距极限偏差和牙型半角极限偏差

通规的螺纹旋合长度为 25 mm，止规 4 扣的螺纹长度为 8 mm，查表 6.33 可得：$T_\mathrm{P} = 0.004\ \mathrm{mm}$。螺纹量规的螺距为 2 mm，查表 6.32 可得：通规 $T_{\alpha1/2} = 10'$，止规 $T_{\alpha2/2} = 14'$；对通端螺纹量规，在 25 mm 螺纹长度范围内，任何螺距累积偏差不得超过 $\pm 0.002\ 5\ \mathrm{mm}$，牙型半角为 $30° \pm 5'$。对止端螺纹量规，在 8 mm 螺纹长度范围内，任何螺距累积偏差不得超过 $\pm 0.002\ \mathrm{mm}$，牙型半角为 $30° \pm 7'$。

复习与思考题

6.1 国家标准中如何规定光滑极限量规尺寸公差带？为何要这样规定？

6.2 设计时对光滑极限量规的通规和止规的结构形式有何要求？为何这样规定？

6.3 计算检验 $\phi30\mathrm{m}8$ 轴用工作量规的工作尺寸，并画出量规公差带图。

6.4 计算检验 $\phi50\mathrm{H}9$ 孔用工作量规的工作尺寸，并画出量规公差带图。

7.1 概　述

生产实际中,为了能将被测几何量的量值转换成可直接观测的指示值或等效信息,机械式测量装置通常由各组件相互配合来完成一定的测量任务。其主体部分一般由基座(或支架)、定位装置、运动传递装置、夹紧装置和其他辅助元件等构成。其总体结构通常来说比专用量具要复杂些。测量装置主要用于检测工件的尺寸误差和形位误差,如箱体类零件主要工作面的尺寸误差、形状误差和定位面的位置误差,齿轮类零件的啮合误差,等等。

对测量装置的设计基本要求,可以概括为具有必要的测量精度和测量功能,结构简单、使用维护方便、设计制造费用经济合理。

由于测量装置本身在制造装配过程中存在误差,而测量误差也不可避免。因此,为了尽可能减少测量装置自身误差对测量精度的影响,国家标准对不同精度和类型的测量装置分别规定了其允许的最大测量误差限值,一般为被测对象公差值的 10% ~ 20%,当被测对象精度很高时也可达到 33%。

本章主要介绍机械式测量装置中典型部件的结构形式,包括定位装置、运动传递装置、导向机构以及夹紧等辅助装置。

7.2 定位装置的设计

在测量过程中,为了正确地感知被测信号,应把被测对象的尺寸线和测量装置的测量线之间的相对位置固定下来,因此必须进行定位;能够实现这种功能的装置称为定位装置。一般几何量测量装置中常见的定位形式有平面定位、V 形面定位、内圆柱面定位等几种。

7.2.1 平面定位

平面定位的实质是利用实物模拟体现测量基准平面。平面定位最常见的形式是各类工作台,使用工作台可以直接定位被测工件或者用来支承其他需要的定位元件;为使测量装置具有一定的测量精度和工作可靠性,工作台设计时通常都需要有足够的刚度和强度以及耐磨性要求;为了减少灰尘污垢等对测量精度的影响,有些工作台表面还专门开有直槽或环形槽(圆工作台),为了便于其他一些测量附件的安装,有些工作台还开有T形槽;有些测量任务要求被测工件能处在理想的位置上,故有些工作台还安装有移动机构、调整机构和锁紧机构等。如表7.1所示给出了对不同分度值测量装置工作台表面粗糙度、硬度和平面度的要求,以供参考。如表7.2所示给出了平面定位常见的形式及其特点。

表7.1　工作台面设计要求

仪器分度值/mm	表面粗糙度 R_a/μm	硬度不低于 HRC	平面度（只允许中间凸起）/μm
0.000 05 ~ 0.000 5	0.025	62	0.6
0.000 1 ~ 0.005	0.040	60	1
0.001 ~ 0.01	0.040 ~ 0.080	60	1
≥0.01	0.160	60	4

表7.2　平面定位常用形式与特点

形　式	特点及说明
1. 固定支承销 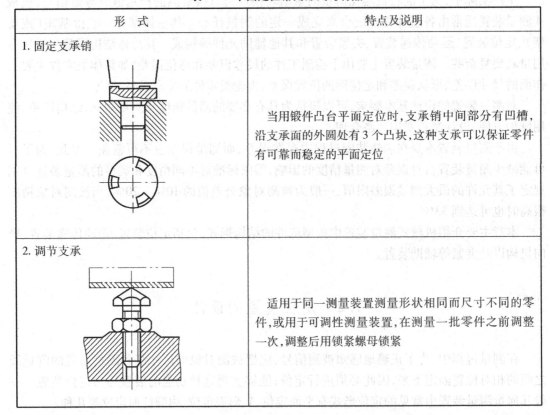	当用锻件凸台平面定位时,支承销中间部分有凹槽,沿支承面的外圆处有3个凸块,这种支承可以保证零件有可靠而稳定的平面定位
2. 调节支承	适用于同一测量装置测量形状相同而尺寸不同的零件,或用于可调性测量装置,在测量一批零件之前调整一次,调整后用锁紧螺母锁紧

续表

形 式	特点及说明
3. 四点支承 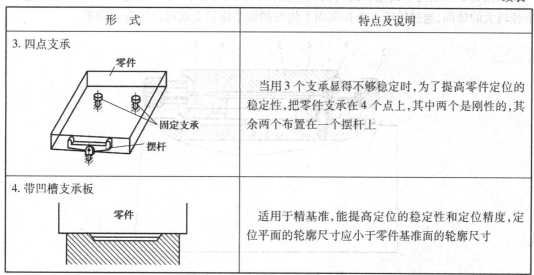	当用 3 个支承显得不够稳定时,为了提高零件定位的稳定性,把零件支承在 4 个点上,其中两个是刚性的,其余两个布置在一个摆杆上
4. 带凹槽支承板 零件	适用于精基准,能提高定位的稳定性和定位精度,定位平面的轮廓尺寸应小于零件基准面的轮廓尺寸

下面结合测量装置中常见的一些工作台简要分析各类工作台的结构特点。

(1)固定式工作台

固定工作台是结构形式最为简单的一类工作台,也是测量装置工作台最常见的一种形式。它没有调整机构,根据工作台定位面形式的不同,可分为带沟槽和不带沟槽两种。

如图 7.1 所示为立式测长仪带直沟槽工作台。这种工作台根据测量要求除对工作台定位面有平面度公差要求以外,由于其定位面的倾角不可调整,因此还需给出定位面和安装基准面的平行度公差要求。

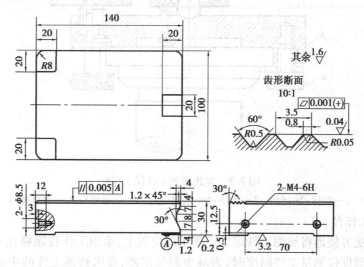

图 7.1 立式测长仪带沟槽工作台

(2)可调工作台

有些工作台要求在进行测量任务之前,工作台位置根据所测工件的尺寸和形状不同,可以在一定范围内调整,这类工作台称为可调工作台。

如图 7.2 所示为立式光学比较仪的工作台,其中,台面 5 与球面底座 4 的接触面是一个半径较大的球面,通过转动 4 个在圆周上均布的调平螺钉 2 就可以将台面调平。

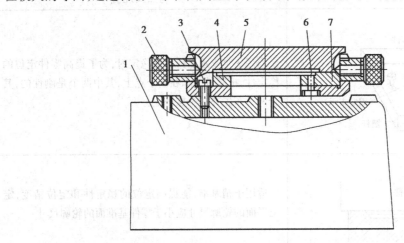

图 7.2　立式光学比较仪工作台

1—仪器底座;2—调平螺钉;3,6—螺钉;4—球面底座;5—台面;7—工作台底座

如图 7.3 所示为立式接触干涉仪的工作台,台面与台座之间是一个支承钢球,另有 3 个调整螺钉。当转动调整螺钉时,台面以钢球为支点,可在各个方向上改变倾角,直至调平。

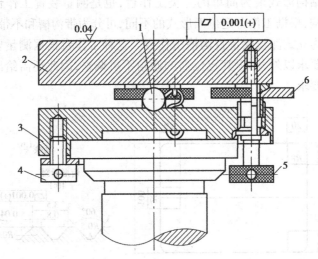

图 7.3　立式接触干涉仪工作台

1—钢球;2—台面;3—台座;4—紧固螺钉;5—锁紧螺钉;6—调整螺母

(3)可动工作台

有时为了更方便地将被测工件定位于要求的位置上,希望工作台能够在一定的范围内移动,例如,利用圆度仪测量工件圆度时,为减少测量误差,要求被测工件的中心轴线尽量与圆度仪测量轴线重合,这就要求工作台在纵、横两个方向上可以移动。如图 7.4 所示为圆度仪定心工作台。当转动两个相互垂直设置的千分螺钉旋钮,就可以推动楔形的微动块,从而带动工作台在纵向和横向两个方向上微动,由于两个方向的滚道均采用了滚珠导轨结构,因此整个工作台运动灵活轻便,而且工艺性比较好,但承载能力不高。

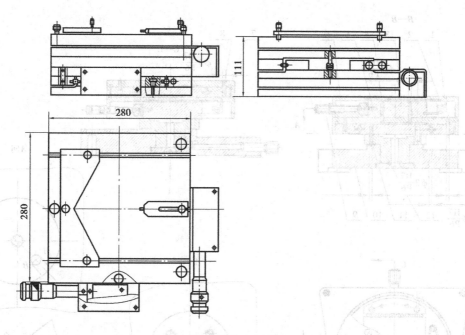

图 7.4　圆度仪定心工作台

　　有些情况下需要工作台不但可以在纵向、横向两个方向移动,而且要求工作台能够转动,如图 7.5 所示光切显微镜的工作台就可以满足这样的要求。该工作台分为上下两层,上层实现纵向运动,下层实现横向运动,台面 1 上承放被测件,通过圆柱销 8 与纵向托板 7 紧固在一起,纵向托板 7 与纵向导轨 3 构成一组双 V 形滚珠导轨。当转动千分读数装置 9 的外套筒时,便可使台面沿纵向移动,位移量大小可在读数装置上读出;横向工作台 5 与纵向导轨 3 用圆柱销 4 固接,实现与上层工作台垂直的位移,松开紧固螺钉 6,转轴 12 连同纵、横向工作台可在底板 10 的孔中转动。

　　(4) 圆工作台

　　对于回转类零件角度参数的测量,往往需要圆分度台,根据分度原理不同可分为光学分度和机械分度。由于测量时工件一般放置在分度台的玻璃盖板上,因此也属于平面定位。典型的应用是万能工具显微镜的圆分度台,它和主显微镜组合使用,可进行极坐标测量和分度测量,如分度盘、小模数齿轮、各种样板以及其他复杂零件的角度测量。

　　如图 7.6 所示为一种光学圆分度台结构。它主要由壳体 13、回转台 2 和读数显微镜 1 这 3 大部分组成。壳体 13 以 4 个经过刮研的支撑面 9 支承在仪器的纵向滑台上。壳体上还装有光源 12,用于照亮玻璃分度盘,光源部分包括滤光片、聚光镜、折射镜等。回转部分由载物玻璃板 4 和圆框 5 及玻璃分度盘 11 等零件组成。载物玻璃板中心有一直径为 $\phi13.5$ mm 的孔 3,可装入一个带有十字双刻线的定心台,十字刻线的中心即为玻璃板的回转中心,此十字刻线用于极坐标测量及检验光学分度台的回转精度,$\phi13.5$ mm 的孔还可用作被测零件的安装基准,圆框上固定有伞形齿圈 6,它与分度台手轮 8 同轴的伞形齿轮 7 啮合。圆框上还固定有分度值为 1° 的圆形玻璃分度盘 11。当手轮转动时,通过相互啮合的齿轮,带动圆框和玻璃分度盘在壳体中转动。同时,载物玻璃板也同步转动,转动的角度值通过读数显微镜读出。

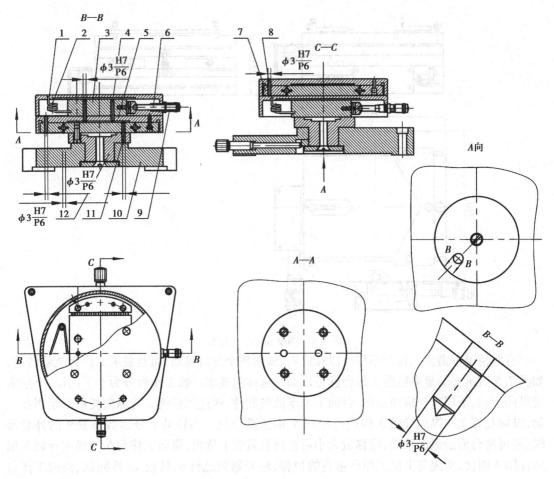

图 7.5 光切显微镜工作台

7.2.2 外圆面定位

外圆面定位最常见的形式是采用 V 形体定位,用 V 形体定位圆柱形零件比较方便,有 60°,90°,120°这 3 种规格,最常用的是 90° V 形体,它有以下优点:

①稳定性好。

②定心性好,即如果不考虑零件的形状误差,圆柱形零件在 V 形体上转过一周时,其回转中心位置恒定不变。

③定向性好,即当被测轴径尺寸变化时,其轴心线总是位于 V 形体的中心对称平面内。

当然,采用 V 形体定位也有缺点:在测量外圆柱面轴径尺寸时,若被测件的尺寸发生变化,外圆柱面的顶端高度也发生变化,但此变化量与外圆柱面轴径尺寸变化量不相等,需要加以换算,影响换算系数的是 V 形面间的夹角 α,定位误差与夹具定位中的 V 形块定位基准位移误差相同。

如表 7.3 所示为 V 形体定位常用形式与特点。

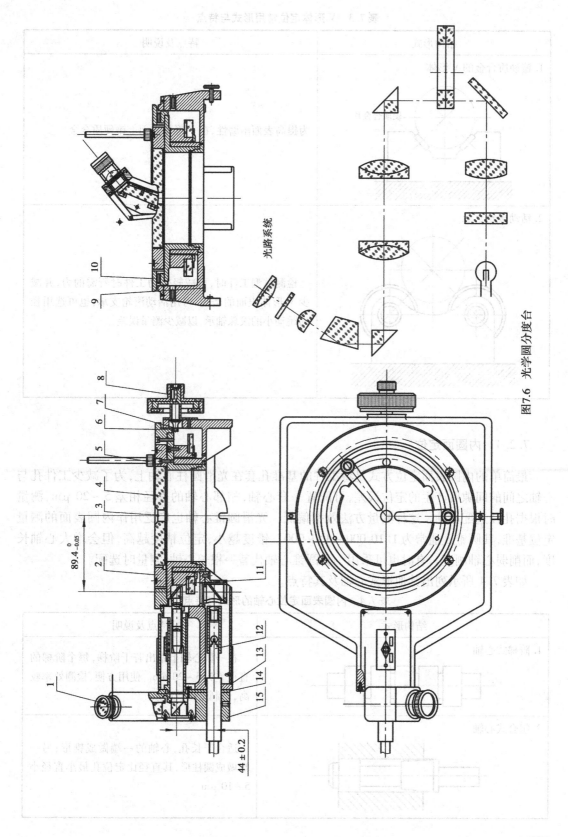

图7.6　光学圆分度台

表 7.3 V 形体定位常用形式与特点

结构形式	特点及说明
1. 镶硬质合金的 V 形体 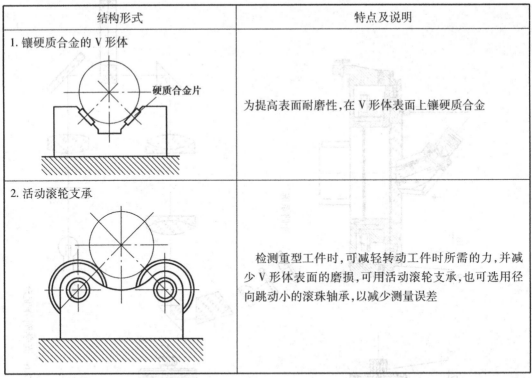	为提高表面耐磨性,在 V 形体表面上镶硬质合金
2. 活动滚轮支承	检测重型工件时,可减轻转动工件时所需的力,并减少 V 形体表面的磨损,可用活动滚轮支承,也可选用径向跳动小的滚珠轴承,以减少测量误差

7.2.3 内圆面定位

最简单的内圆表面定位方式是将工件的基准孔套在光滑圆柱心轴上,为了减少工件孔与心轴之间的间隙所产生的定位误差,可配置一套心轴,相邻心轴的直径相差 $5 \sim 20 \ \mu m$,测量时根据孔径选配心轴。这种测量方法效率偏低。光滑圆锥心轴也广泛用作内圆表面的测量定位基准,其圆锥度通常为 $1:10 \ 000 \sim 1:1 \ 000$。锥度越小,定位精度越高,但会增大心轴长度,而削弱心轴刚度。有时也可采用一套圆锥心轴代替一根长心轴,测量时选配。

如表 7.4 所示列出其他形式心轴及其特点。

表 7.4 内圆表面定位心轴的形式与特点

结构形式	特点及说明
1. 阶梯式心轴	在一根心轴上做出若干阶梯,每个阶梯的直径差为 $5 \sim 20 \ \mu m$。使用方便,检测效率较高,但制造比较麻烦
2. 组合式心轴	适合于长孔,心轴的一端做成锥形;另一端做成圆柱形,其直径比定位孔最小直径小 $5 \sim 10 \ \mu m$

结构形式	特点及说明
3. 装配式心轴 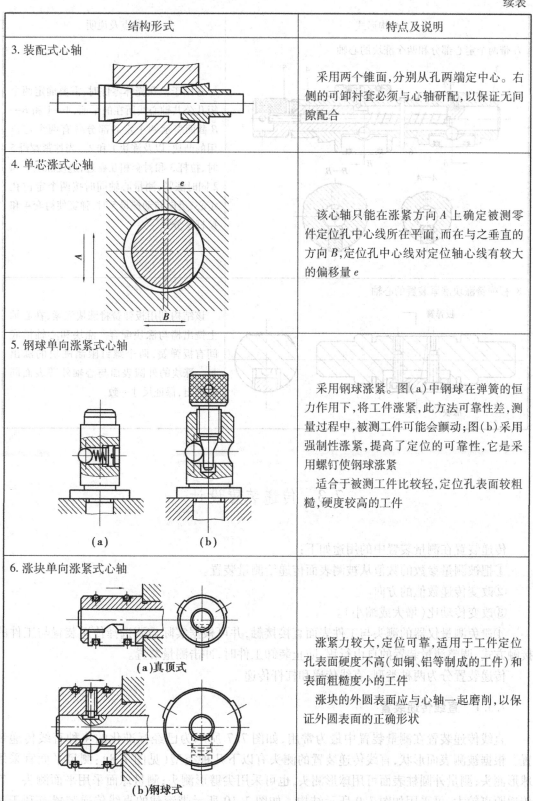	采用两个锥面,分别从孔两端定中心。右侧的可卸衬套必须与心轴研配,以保证无间隙配合
4. 单芯涨式心轴	该心轴只能在涨紧方向 A 上确定被测零件定位孔中心线所在平面,而在与之垂直的方向 B,定位孔中心线对定位轴心线有较大的偏移量 e
5. 钢球单向涨紧式心轴 (a)　　　(b)	采用钢球涨紧。图(a)中钢球在弹簧的恒力作用下,将工件涨紧,此方法可靠性差,测量过程中,被测工件可能会颤动;图(b)采用强制性涨紧,提高了定位的可靠性,它是采用螺钉使钢球涨紧 适合于被测工件比较轻,定位孔表面较粗糙,硬度较高的工件
6. 涨块单向涨紧式心轴 (a)真顶式 (b)钢球式	涨紧力较大,定位可靠,适用于工件定位孔表面硬度不高(如铜、铝等制成的工件)和表面粗糙度小的工件 涨块的外圆表面应与心轴一起磨削,以保证外圆表面的正确形状

续表

结构形式	特点及说明
7. 带两个定心部分和两个涨块的心轴 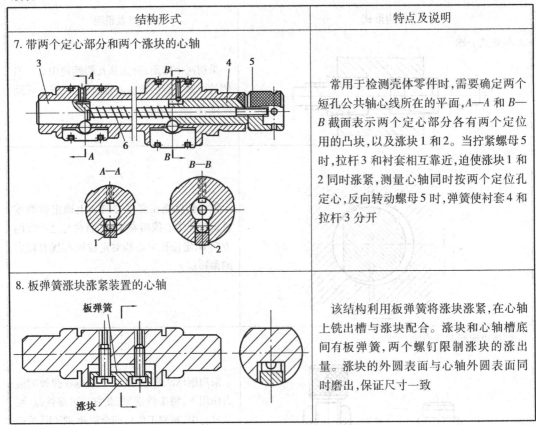	常用于检测壳体零件时,需要确定两个短孔公共轴心线所在的平面,*A—A* 和 *B—B* 截面表示两个定心部分各有两个定位用的凸块,以及涨块 1 和 2。当拧紧螺母 5 时,拉杆 3 和衬套相互靠近,迫使涨块 1 和 2 同时涨紧,测量心轴同时按两个定位孔定心,反向转动螺母 5 时,弹簧使衬套 4 和拉杆 3 分开
8. 板弹簧涨块涨紧装置的心轴	该结构利用板弹簧将涨块涨紧,在心轴上铣出槽与涨块配合。涨块和心轴槽底间有板弹簧,两个螺钉限制涨块的涨出量。涨块的外圆表面与心轴外圆表面同时磨出,保证尺寸一致

7.3 传递装置设计

传递装置在测量装置中的用途如下:
①把被测量参数的数值从被测表面传递给测量装置。
②改变传递数值的方向。
③改变传动比(增大或缩小)。
④避免测量仪器的测头与工件表面直接接触,并可根据实际需要选择传递装置与工件的接触方式,调整测量装置的自由行程,防止装卸工件时,冲击测量装置。
传递装置分为两种类型:直线传递和杠杆传递。

7.3.1 直线传递装置

直线传递装置在测量装置中最为常用,如图 7.7 所示为已经标准化的 4 种直线传递装置。根据被测表面形状,直线传递装置的测头有以下几种类型(见图 7.8):测量平面宜采用球形测头;测量外圆柱表面可用球形测头,也可采用尖劈形测头;测量球面采用平面测头。若传递距离较大,可采用如图 7.9 所示结构。如图 7.10 所示带滚球的直线传递装置有利于减少摩擦,提高传递精度。

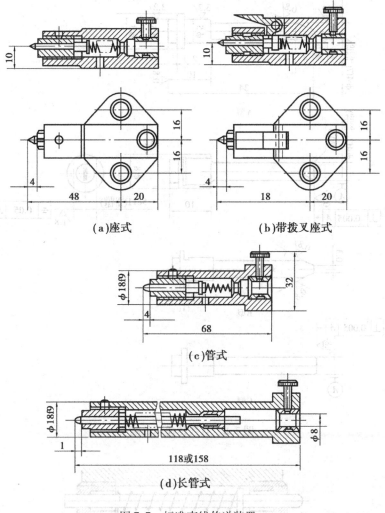

（a）座式　　　　　　　　（b）带拨叉座式

（c）管式

（d）长管式

图 7.7　标准直线传递装置

7.3.2　杠杆传递装置

传递杠杆的形状有直型和角型两种,如图 7.11 所示。传动比常为 1:1,也可大于或小于 1:1。传动杠杆可以直接与工件表面接触,也可以与测量装置中其他零件(如各种传递销等)接触。工件表面测头有球面、平面和尖劈形 3 种形式,平测头和球测头用得较多(见图 7.12)。

用顶尖支承杠杆支承销的结构有比较高的灵敏度(见表 7.5)。这种高灵敏度的杠杆结构可应用在精度较高的测量装置上。调整活动顶尖的位置,可得到灵敏的传动。使用中还可以根据磨损的程度适当调整顶尖位置,延长它的使用寿命。为了保证杠杆传递的精度,应保证两个顶尖中心线的同轴度。

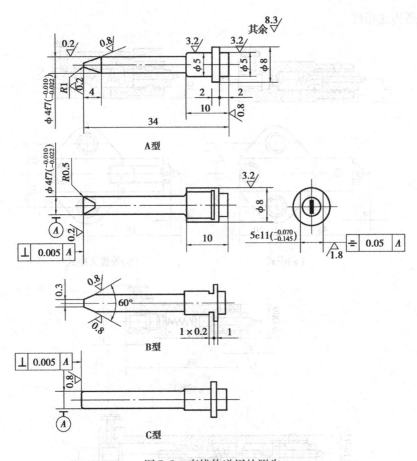

图7.8 直线传递用的测头

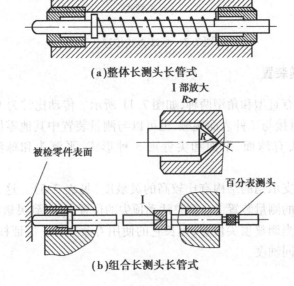

图7.9 长距离直线传递结构

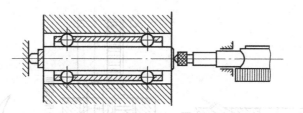

图 7.10　滚珠直线传递结构

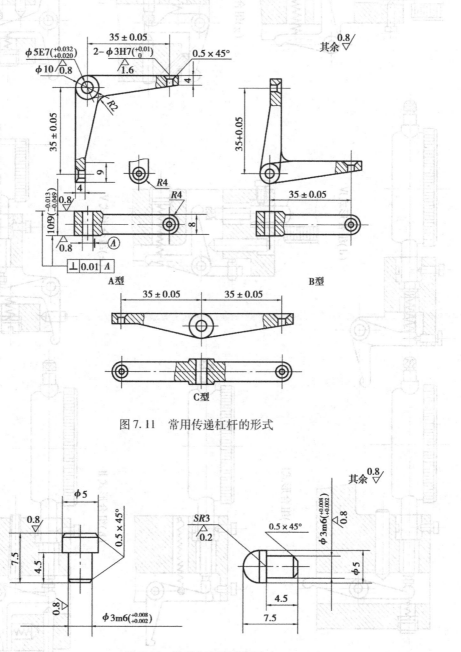

图 7.11　常用传递杠杆的形式

图 7.12　传递杠杆用的测头

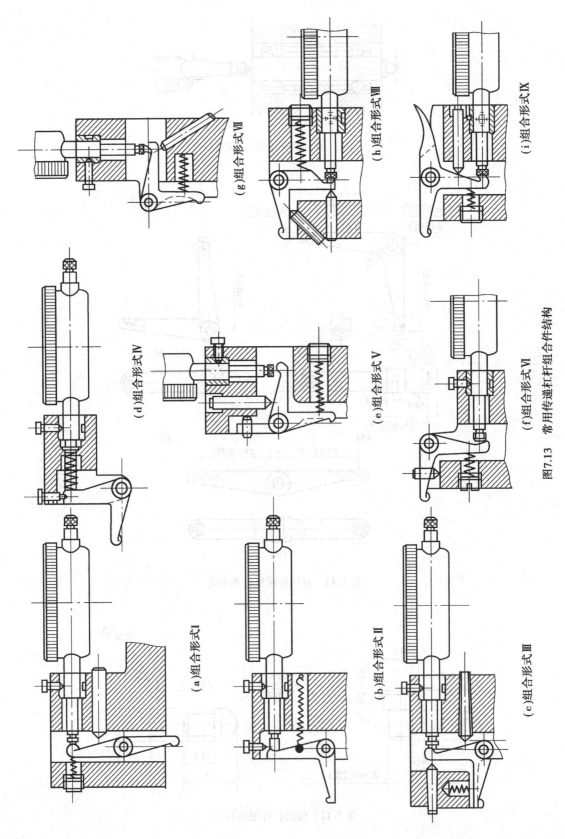

(a)组合形式Ⅰ

(b)组合形式Ⅱ

(c)组合形式Ⅲ

(d)组合形式Ⅳ

(e)组合形式Ⅴ

(f)组合形式Ⅵ

(g)组合形式Ⅶ

(h)组合形式Ⅷ

(i)组合形式Ⅸ

图7.13 常用传递杠杆组合件结构

表 7.5　顶尖支承杠杆的类型及特点

类　型	特点及说明
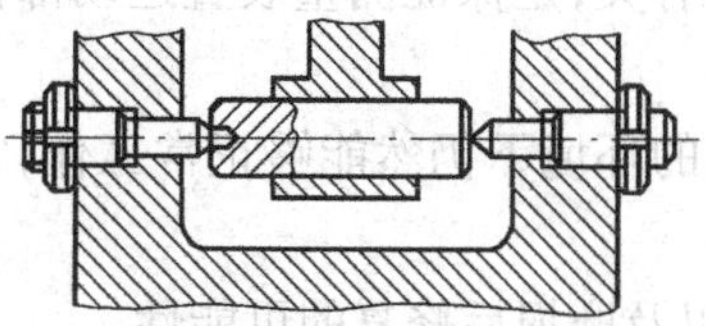	顶尖支承杠杆销结构,调整后用锁紧螺母固定顶尖位置
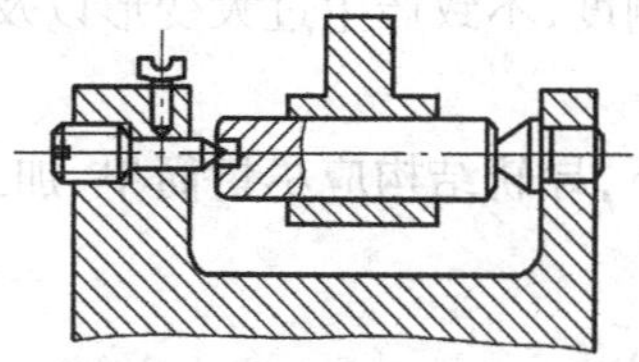	一个用杠杆支承销结构,另一个顶尖固定,调整后用螺钉固定顶尖位置
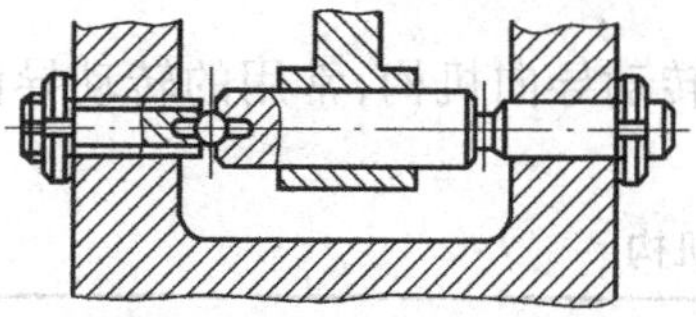	用两个钢球支承杠杆的支承销,调整后用锁紧螺母固定顶尖位置
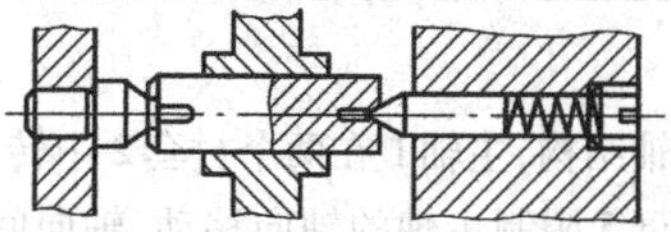	顶尖支承为杠杆结构,一端顶尖固定;另一个顶尖用调节螺钉调整

传动杠杆常与其他零件装配成一个组合件,它包括传动杠杆、弹簧和一两个止动螺钉等。如图 7.13 所示列出测量装置常用的各种传动杠杆组合件的结构。

7.4　运动导向机构

在测量装置中为了实现正确测量,很多部件和零件都需要进行运动导向,如测量杆、工作台等;而用于保证这些零部件正确运动的机构称为运动导向机构,其在测量装置中的作用是导向和承载,主要由运动件(做直线运动的零件)和承导件(支承运动件的零件)两个基本部分组成。根据其实现的运动类型,可分为直线导向机构(使用最广泛,简称为导轨)和转动导向机构两大类。

由于导轨的质量对于测量装置的测量精度影响很大,因此应当首先明确导轨的设计要求,再根据具体使用要求选用适当的结构类型。一般来说,对于导轨设计有以下 6 点基本要求:

①导向精度。是指运动件沿给定轨迹运动的准确程度,通常用导轨直线度来度量;运动件的实际运动轨迹与给定方向之间的偏差越小,则导向精度越高,它与导轨承导面的几何形状精度、配合间隙、接触精度、刚度、润滑情况以及热变形等因素有关,是评价导轨精度高低的

主要技术指标。

②运动件的灵活性和平稳性。是指导轨移动时轻便并且平稳的程度,即导轨运动时应无卡滞、跳动现象,它与导轨中摩擦力大小和表面局部误差有关,是保证测量装置运动部件精度的首要条件。

③对温度变化的适应性。是指导轨在外界温度变化的环境下仍然能够正常工作,它与导轨的类型、所使用的材料以及配合间隙等因素有关。

④耐久性。是指导轨在长期使用过程中的耐磨性,以及磨损后修复的可能性。

⑤承载能力。是指导轨在承受外载荷后应有足够的刚度,不致产生过大变形以及影响设计精度。

⑥结构工艺性。是指在满足测量装置测量精度条件下,导轨结构应尽量简单、加工性好、装配工艺性好。

7.4.1 转动导向机构

测量回转体零件并要求较高的检测精度时,宜采用转动导向机构,常用的转动导向机构如表7.6所示。

表7.6　常用的转动导向机构

形　式	特点及说明
圆柱主轴结构 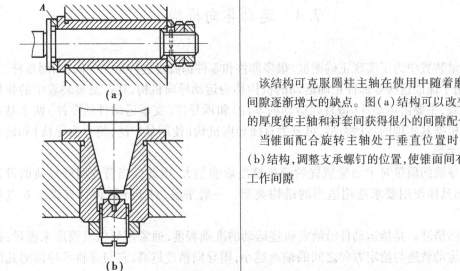	常用的主轴结构,主轴1在两个衬套2中转动,用垫圈3和螺母5限制主轴的轴向移动,轴向间隙可以用螺母精确的调整,固定在主轴1上的销子4防止垫圈3和主轴1发生相对转动
锥面主轴结构 **(a)** **(b)**	该结构可克服圆柱主轴在使用中随着磨损配合间隙逐渐增大的缺点。图(a)结构可以改变垫圈A的厚度使主轴和衬套间获得很小的间隙配合 当锥面配合旋转主轴处于垂直位置时,采用图(b)结构,调整支承螺钉的位置,使锥面间有适当的工作间隙

续表

形　式	特点及说明
双锥面定心主轴结构 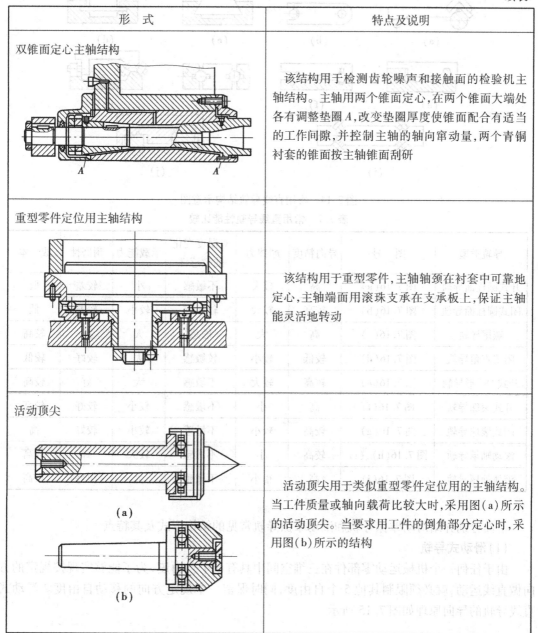	该结构用于检测齿轮噪声和接触面的检验机主轴结构。主轴用两个锥面定心,在两个锥面大端处各有调整垫圈 A,改变垫圈厚度使锥面配合有适当的工作间隙,并控制主轴的轴向窜动量,两个青铜衬套的锥面按主轴锥面刮研
重型零件定位用主轴结构	该结构用于重型零件,主轴轴颈在衬套中可靠地定心,主轴端面用滚珠支承在支承板上,保证主轴能灵活地转动
活动顶尖 （a） （b）	活动顶尖用于类似重型零件定位用的主轴结构。当工件质量或轴向载荷比较大时,采用图（a）所示的活动顶尖。当要求用工件的倒角部分定心时,采用图（b）所示的结构

7.4.2　直线导向机构

根据精度要求不同,按摩擦性质分类,测量装置中的直线导轨可分为滑动式、滚动式、弹性摩擦导轨和流体摩擦导轨。本节主要介绍使用最广泛的是滑动式和滚动式两类。常用直线导轨的主要结构形式如图 7.14 所示,其性能比较如表 7.7 所示。

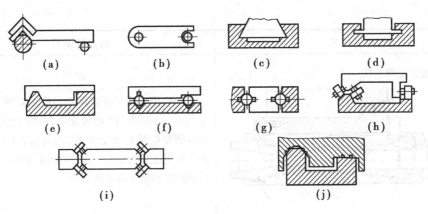

图 7.14　常用直线导轨结构示意图

表 7.7　常用直线导轨性能比较

导轨类型	图　号	导向精度	摩擦力	对温度变化的敏感性	承载能力	耐磨性	成　本
开式圆柱面导轨	图 7.16(a)	高	较大	不敏感	小	较差	低
闭式圆柱面导轨	图 7.16(b)	较高	较大	较敏感	较小	较差	低
燕尾导轨	图 7.16(c)	高	大	敏感	大	好	较高
闭式直角导轨	图 7.16(d)	较低	较小	较敏感	大	较好	较低
开式"V"形导轨	图 7.16(e)	较高	较大	不敏感	大	好	较高
开式滚珠导轨	图 7.16(f)	高	小	不敏感	较小	较好	较高
闭式滚珠导轨	图 7.16(g)	较高	较小	不敏感	较小	较好	高
滚动轴承导轨	图 7.16(h)、(i)	较高	小	不敏感	较大	好	较高
液体静压导轨	图 7.16(j)	高	很小	不敏感	大	很好	很高

下面分别介绍滑动摩擦导轨和滚动摩擦导轨常见的结构形式及其特点。

(1)滑动式导轨

由于任何一个机械运动零部件在三维空间中具有 6 个自由度,为了能够实现按规定的方向做直线运动,就必须限制其他 5 个自由度,同时保留一个规定方向的移动自由度。滑动式直线导轨的导向原理如图 7.15 所示。

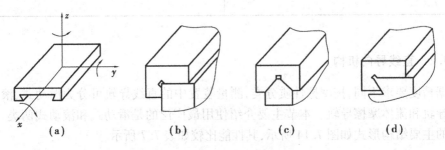

图 7.15　滑动式直线导轨导向原理

滑动式导轨按其承导面形状不同,可分为圆柱面导轨和棱柱面导轨两大类。

1)圆柱面导轨

圆柱面导轨的承导面是圆柱面。如图 7.16 所示为机械式比较仪立柱导轨。其支臂 3 和立柱 1 构成闭式圆柱面导轨,转动螺母 5 可带动支臂 3 上下移动,并用螺钉 4 锁紧,垫块 2 的作用是防止锁紧时损坏承导面。这种导轨结构在其他测量装置中也能够经常看见。闭式圆柱面导轨的优点是结构比较简单,承导面的加工和检验方便,容易达到较高的精度;缺点是间隙不能调节,特别是磨损后的间隙不能调整或补偿,且闭式圆柱面导轨副对温度变化也比较敏感,一般用于小型测量仪器的立柱等地方。

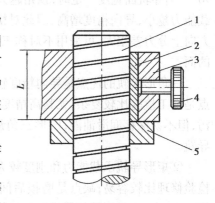

图 7.16 圆柱面导轨

大多数情况下,圆柱面导轨运动件是不允许转动的。

一般来说,单一的圆柱面导轨具有两个自由度,即沿轴线方向做直线运动和绕轴线转动,因此需要附加防转动装置。最简单的防转动装置就是在运动件和承导件表面做出平面或凸台,如图 7.17(a)、(b)、(c)所示,也可用辅助面限制运动件的转动(见图 7.17(a)、(b)),凡是采用辅助面导向时,在结构允许的条件下,应适当加长辅助导向面与基本导向面之间的距离,以减小由于间隙引起的转角误差。

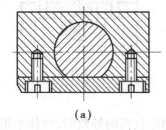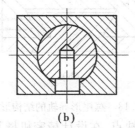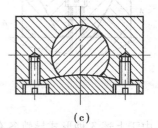

| (a) | (b) | (c) |

图 7.17 圆柱面导轨的防转动装置

2)棱柱面导轨

棱柱面导轨的基本形式有三角形、矩形及燕尾形,如表 7.8 所示。

表 7.8 棱柱面导轨的基本形式

	对称三角形	不对称三角形	矩 形	燕尾形
凸形	45° 45°	90° 15°~30°		55° 55°
凹形	90°~120°	65°~70° 90°		55° 55°

①三角形导轨有对称三角形和不对称三角形两种形式。对称三角形导轨的顶角一般为90°。当导轨面宽度一定时，顶角越大承载能力越大，但导向精度同时降低；反之，顶角越小承载能力越小，导向精度增高，因此对精密导轨常取顶角小于90°。如果导轨上所受的力在两个方向上分力差很大，可采用不对称三角形，但总的作用力方向应尽量垂直于两导轨面中较宽的面。

三角形导轨的优点是导向精度较高，磨损后可以自动补偿间隙，承载能力大且刚度好；缺点是加工检验比较复杂，尤其高精度的导轨刮研工作量很大。凸形三角形导轨有利于排出油污，但不易保存润滑油液；凹形三角形导轨则相反；三角形导轨一般适用于中大型测量仪器导轨。

②矩形导轨承载能力和刚度较大，但导向精度不如三角形导轨；其优点是结构简单，加工检验修理比较容易；缺点是磨损后间隙不能自动补偿，必须用镶条调节，但这会降低导向精度。大、中、小型测量仪器导轨均可使用，一般用在载荷大、刚度高的地方。

③燕尾形导轨是精密机械与测量仪器中常用的一种导轨形式。其特点是结构紧凑，高度小，调整间隙方便，能承受一定的倾覆力矩，但形状复杂，难于达到很高的配合精度；另外，其摩擦阻力较大，运动不太灵活，适用于受力小，速度低的部件。其结构如图7.18所示。

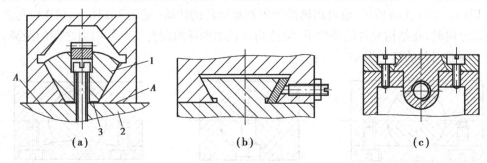

图7.18　燕尾形导轨的结构形式

由于上述3种形式导轨各有优缺点，在设计精密机械和测量仪器的导轨时，往往采用它们的组合形式。具体请参如表7.9所示。

表7.9　棱柱面导轨的组合形式和特点

组合形式	结构示意图	特点及说明
三角形-矩形组合		常用三角形导向，矩形限制自由度。特点是加工工艺比较简单，容易达到高精度。适用在高精度的仪器中
矩形-矩形组合		制造比较容易，但导向精度较低，磨损后不能补偿间隙，适用于中等精度

续表

组合形式	结构示意图	特点及说明
三角形-三角形组合	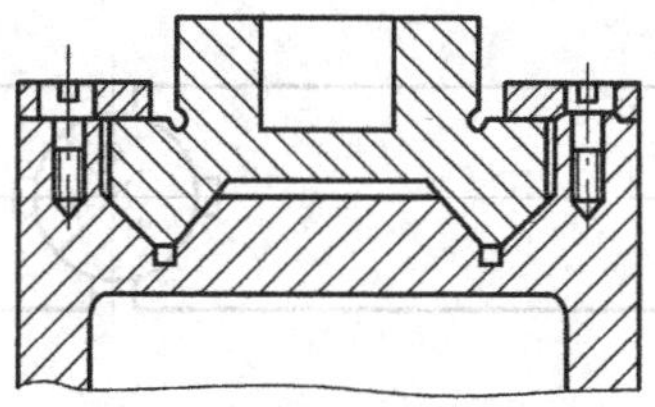	容易过定位,加工比较困难,成本高,但可达到高精度,适用于高精度的仪器导轨
三角形-燕尾形组合	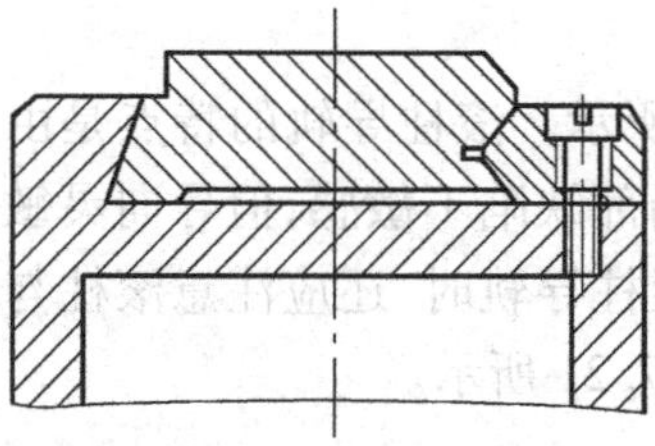	加工困难,应用较少

需要说明的是:为保证导轨的正常运动,运动件和承导件之间应保持适当的间隙。间隙过小会增加摩擦力使导轨运动不灵活,间隙过大会使运动导向精度降低。常用的间隙调整方法有:

①采用磨、刮研相应的接合面或加垫片的方法,以获取适当的间隙,如图7.18(a)所示。

②镶条调整,这是侧向间隙常用的调整方法,镶条有直镶条和斜镶条两种,如图7.18(b)和表7.9所示的矩形-矩形组合结构。

(2)滚动式导轨

滚动导轨是指在运动件和承导件之间加入滚动体(如滚珠、滚柱或滚动轴承)而组成的直线导轨,工作面间的摩擦为滚动摩擦。

滚动导轨与滑动导轨相比,其最大的优点是摩擦阻力小,运动灵活轻便,耐磨损,对温度变化不敏感;其缺点是结构比较复杂,成本较高,并且由于运动件与承导件之间接近于点接触,因此,对承导面的几何形状误差及脏物等比较敏感,同时抗振性能也比较差。

本小节按滚动体类型不同,分别简要介绍3种形式的滚动导轨。

1)滚珠导轨

滚珠导轨的结构形式比较多,最常采用的是双V形和双圆弧导轨。如图7.14(f)、(g)所示为在精密机械与仪器中最常采用的两种双V形导轨的结构。V形导轨的承导面为V形槽。图7.14(f)是力封式结构,图7.14(g)是自封式结构。V形导轨的优点是工艺性好,易得到较高的制造精度,实践证明力封式结构的精度比自封式结构精度高,故力封式常用于高精度的精密工作台中,但其结构尺寸比自封式的结构尺寸稍大。

为了进一步提高V形导轨的精度,可采用一根直径与滚珠直径相同的铸铁棒,将上下导轨与铸铁棒安放在一起进行适当研磨,从而可在V形槽上形成一窄条圆弧浅槽,使接触面积增加,这样做既可提高耐磨性,又可以修正导轨的直线性误差,从而提高导向精度。

如图7.19所示为双圆弧导轨,双圆弧导轨的承导面由两个半径为 R 的圆弧组成,它是双V形导轨的变形,也是精密机械与仪器中常采用的导轨形式。这种导轨中的滚珠与承导面接触面积比较大,故耐磨性和承载能力都比较高。但其形状比较复杂,制造比较困难,难以达到高精度,故适用于载荷不大、行程较小而运动灵敏性要求较高的场合,如大、小万能工具显微镜中的导轨。

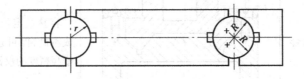

图 7.19　双圆弧导轨的结构形式

2)滚柱导轨

滚柱导轨的结构形式如图 7.20 所示。滚柱导轨的特点是由点接触变为线接触,故承载能力更高,耐磨性能好,对导轨面的局部缺陷不敏感,但导向灵敏度不如滚珠导轨,因此多用在重型测量仪器上。在设计和选用滚柱导轨时,还应注意滚柱与承导面的形状,尽可能减少滚柱与承导面之间的相对滑动,如图 7.21 所示。

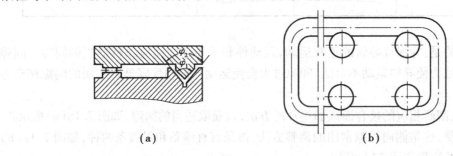

图 7.20　滚柱导轨

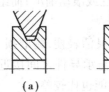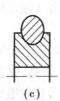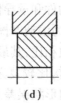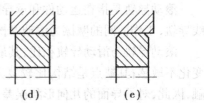

(a)　　　　(b)　　　　(c)　　　　(d)　　　　(e)

图 7.21　滚柱导轨形状

3)滚动轴承导轨

滚动轴承导轨的典型结构如图 7.14(h)、图 7.16(i)所示。这种导轨的优点是运动轻便灵活、摩擦力矩小、承载能力大、导向精度较高,调整方便等,因此多用于大型测量设备,如三坐标测量机、万能测长仪等。需要说明的是,用于滚动导轨的轴承与轴承生产厂供应的标准滚动轴承有所不同,其外圈旋转而内圈固定,工作时其外圈既承载又导向,故其内、外圈不仅比标准轴承厚,而且精度要求更高。例如,万能工具显微镜和某些三坐标测量机导轨使用的滚动轴承径向跳动要求为 $0.5 \sim 1.0~\mu m$,而普通轴承较精密的其径向跳动一般为 $2 \sim 3~\mu m$。

7.5 辅 助 元 件

辅助元件包括夹紧装置及测量仪表的夹持装置。

7.5.1 夹紧装置

夹紧装置的作用是保证被检测零件对于测量装置有可靠的定位,其工作条件与机床夹具的主要区别是无须克服切削力。测量装置中的夹紧装置必须保证被检测工件不产生变形。如果工件定位稳定,而且测量力不破坏工件定位的稳定性,可以不用夹紧装置。

对夹紧装置的另一要求是夹紧快速方便,以提高检测效率。因此,测量装置常采用各种快速夹紧装置,如杠杆式、偏心式、枪式和气压式等快速夹紧装置。

若检测效率要求不高,也可采用螺旋夹紧。如图 7.22 所示为常用的两种压紧螺钉。夹紧力不大时,采用头部带网纹的压紧螺钉(头部直径 30 ~ 40 mm);夹紧力较大时,采用头部带网纹且切出半圆凹槽的压紧螺钉(头部直径 60 ~ 70 mm)。

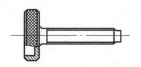

(a)头部带网纹的压紧螺钉

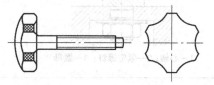

(b)头部带网纹且切出半圆凹槽的压紧螺钉

图 7.22 压紧螺钉

7.5.2 测量仪表夹持装置

正确可靠地把测量仪表夹持在测量装置上,是保证测量精度的一个重要因素。对夹持元件的要求是能牢固地夹持测量仪表,在测量装置的使用过程中测量仪表不应当松动,若夹持力太大,致使测量仪表的套管变形,测量仪表便不能正常工作,在车间使用条件下,不必使用专用工具就能把测量仪表迅速地装在测量装置上,或从测量装置上卸下,常用的测量仪表夹持装置如表 7.10 所示。

表 7.10 测量仪表夹持装置

形　式	特点及说明
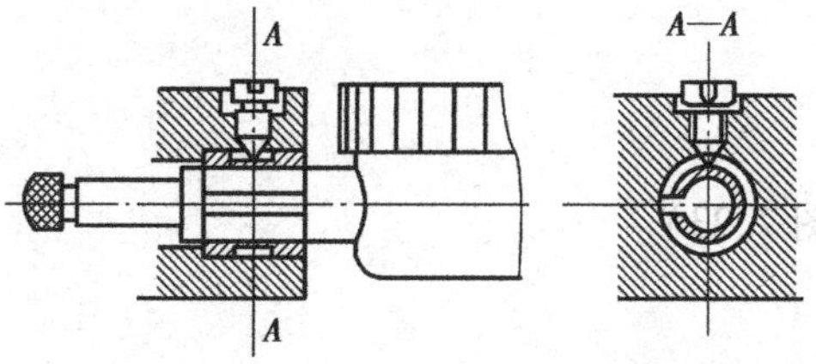	利用一个开口衬套和一个螺钉夹持测量仪表

续表

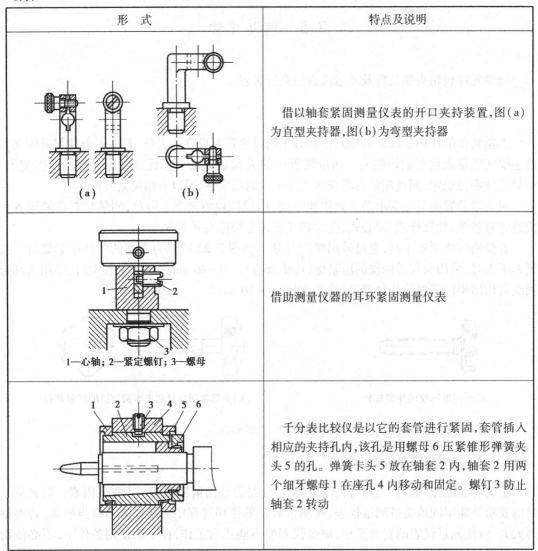

形　式	特点及说明
(a)　　**(b)**	借以轴套紧固测量仪表的开口夹持装置,图(a)为直型夹持器,图(b)为弯型夹持器
1—心轴;2—紧定螺钉;3—螺母	借助测量仪器的耳环紧固测量仪表
1　2　3　4　5　6	千分表比较仪是以它的套管进行紧固,套管插入相应的夹持孔内,该孔是用螺母6压紧锥形弹簧夹头5的孔。弹簧卡头5放在轴套2内,轴套2用两个细牙螺母1在座孔4内移动和固定。螺钉3防止轴套2转动

7.6　设计举例

7.6.1　长度测量装置

(1)箱体垂直不相交孔中心距测量装置(见图7.23)

1)测量项目

箱体垂直不相交孔中心距 a。

2)检测方法

根据工件尺寸 D_1,D_2 和 d 制作检验心轴1和辅助检验心轴2。将心轴1放入校准件,使杠杆触头与校准垫块 P 接触,并使百分表有一定的压缩量,左右转动测量装置,在百分表上找出最小读数并调校至零点;将辅助检验心轴 2 插入被测工件,再将已调校准确的检验心轴 1 插入工件,使心轴的轴面 K 与工件表面接触;同样也左右转动测量装置,百分表上相对于零位的最小偏差值,即为工件两孔的中心距偏差值。

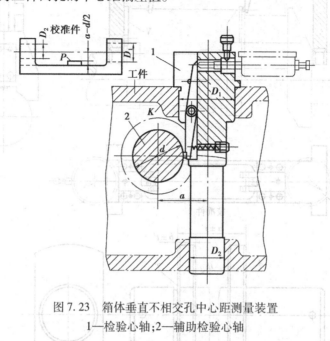

图 7.23　箱体垂直不相交孔中心距测量装置
1—检验心轴;2—辅助检验心轴

3)技术要求

杠杆两臂长必须相等;杠杆测量端至端面 K 的距离必须与工件孔 d 中心线至端面的距离相等。

4)特点

其结构简单,使用方便。

(2)曲轴两端面距离测量装置(见图 7.24)

1)检验项目

曲轴中间主轴颈端面至第 1,4 连杆轴颈端面的尺寸 $a \pm t$;曲轴中间轴颈端面至第 2,3 连杆轴颈端面间的尺寸 $b \pm t$。

2)检测方法

①将测量装置放在校准件上,使其 N 面与校准件上的定位面 T 接触,使百分表 1 传动杠杆测头与校准件的 A 面接触,且使百分表有一定的压缩量,调校百分表 1 的指针至零点,用同样的方法使与百分表 2 相连的杠杆测头与校准件的 B 面接触,将百分表 2 调校至零点。

②将测量装置放在曲轴上,使测量装置上的 N 面紧靠中间主轴颈的前端面,使与百分表 1 相连的杠杆测头与第 1 连杆轴颈端面相接触,百分表 1 上的读数相对于零位的偏差即为曲轴中间轴端面至第 1 连杆轴颈端面的尺寸偏差。以同样方法,使与百分表 2 相连的杠杆测头与第 2 连杆轴颈端面相接触,测出曲轴中间轴端面至第 2 连杆轴颈端面的尺寸偏差。

③将测量装置水平回转 180°再放在曲轴上,紧靠中间主轴颈的另一端面,分别测出第 3,4 连杆轴颈至中间主轴轴颈端面的尺寸偏差。

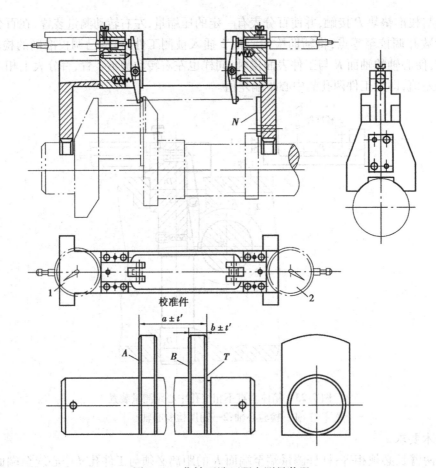

图 7.24　曲轴两端面距离测量装置

3）技术要求

校准件尺寸 a 和 b 的偏差值 t' 应小于工件尺寸 a 和 b 的偏差 t，一般取 $t' = 0.1t$。

4）特点

其结构简单，使用方便，可以不卸下工件，直接在机床上进行检测。

7.6.2　形位误差测量装置

（1）外圆轴线对销孔轴垂直度的测量装置（见图 7.25）

1）检测项目

外圆轴线对销孔轴线的垂直度。

2）检测方法

①将心轴 1 插入校准件 D 孔中，实现定位，使校准件外圆表面与两个百分表触头相接触，并使百分表有一定压缩量。摆动校准件，当百分表读数为最大时，调校百分表至零点，卸下校准件。

②将被测工件的 D 孔套在心轴 1 上，用上述同样的方法，读取百分表 1,2 的最大读数 a_1，a_2，可测出垂直度误差值 $f(f = |a_1 - a_2|)$。

3）技术要求

心轴 1 垂直于 A 面，其垂直度误差为工件垂直度公差的 1/10～1/5；两测点应尽量靠近工件两端。

4)特点

其结构简单,操作方便,能适应较大批量生产的要求,但测量精度受工件外圆精度的影响较大。

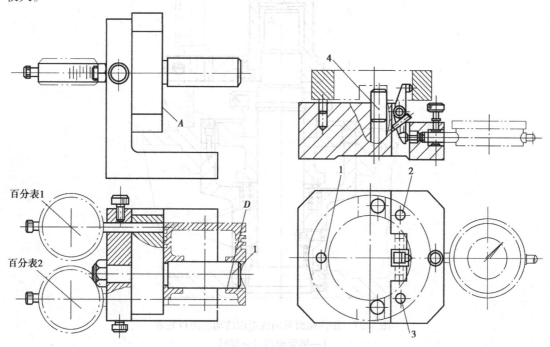

图 7.25 外圆轴线对销孔轴垂直度的测量装置　　图 7.26　槽对基准孔轴线对称度的测量装置

1,2,3—支承钉;4—挡销

(2)槽对基准孔轴线对称度的测量装置(见图 7.26)

1)检测项目

槽的对称平面对内孔轴线的对称度。

2)检测方法

将工件置于测量装置支承钉 1,2,3 上,使两槽的侧面接触挡销 4,左右移动工件,观察百分表的读数至最小值时,调校到零位(百分表应有一定的压缩量),然后将工件回转 180°使两槽的另一侧面接触挡销,再左右移动工件,百分表读数的最小值即为对称度误差。

3)技术要求

杠杆两臂长度相等,公差为 0.02 mm。

4)特点

其结构简单,使用方便。若稍作改变,使杠杆的测点接触工件的外圆,即可测量槽对基准外圆的对称度。利用两次测量比较,可以消除槽或孔的制造误差的影响。

(3)箱体端面对轴线端面跳动的测量装置(见图 7.27)

1)检测项目

端面 P 对箱体孔轴线的端面跳动。

2)检测方法

将心轴放入工件,锁紧螺母 1,使心轴中钢球压紧基准孔,并使心轴定位。再将摆臂 2 放在心轴上,并接触心轴顶端的限位钢球,放入百分表,使其接触被测端面并有一定的压缩量,旋转摆臂2,百分表上的最大读数与最小读数差值即为端面跳动量。

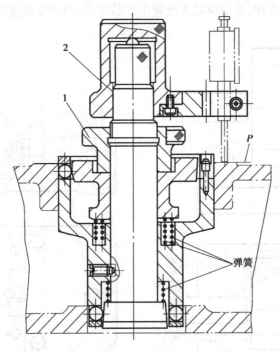

图7.27 箱体端面对轴线端面跳动的测量装置
1—锁紧螺母;2—摆臂

3)技术要求

①心轴压紧钢球的两个锥度外圆对摆臂旋转定位圆的同轴度公差为 $\phi0.002$ mm。

②每组 6~8 个钢球必须选配,公差 0.002 mm。

③锥度滑套与中心轴研配,在弹簧作用下动作灵活。

4)特点

可消除检验心轴与工件孔配合间隙引起的误差。

复习与思考题

7.1 测量装置中的定位装置有哪些形式? 各有什么特点?

7.2 常见的工作台有哪些形式? 各有什么特点?

7.3 运动传递装置在测量装置的作用是什么?

7.4 测量装置中常见的运动导向机构有哪些? 试述其特点。

7.5 选择测量仪器导轨需要注意哪些问题?

第**8**章
现代机床夹具及自动化测量系统

随着科学技术的迅猛发展,市场需求的变化多端及商品竞争的日益激烈,机械产品更新换代的周期越来越短,小批量生产的比例越来越高。同时,对机械产品质量和精度的要求越来越高,数控机床和柔性制造系统的应用越来越广泛,机床夹具的计算机辅助设计也日益成熟。在这一形势下,对机床夹具提出了一系列新的要求:

①推行标准化、系列化和通用化。

②发展组合夹具和拼装夹具,降低生产成本。

③提高精度。

④提高夹具的高效自动化水平。

8.1　现代机床夹具

8.1.1　组合夹具

组合夹具是由一套预先制造好的各种不同形状、不同规格尺寸且具有完全互换性、高耐磨性的标准元件及部件所组装成的夹具。

组合夹具在20世纪40年代已出现,并在一些工业发达国家得到迅速的发展。我国从20世纪50年代开始推广使用组合夹具,到目前为止已经形成了一套较为完整独立的组合夹具系统。随着柔性加工系统的出现和发展,组合夹具也得到了新的发展。

(1)组合夹具的工作原理及特点

组合夹具是在机床夹具零部件标准化的基础上发展起来的一种新型的工艺装备,是由一套结构尺寸已规格化、系列化和标准化的通用元件和合件组装而成的夹具,使用完毕后,又可方便地拆卸成单个元件(合件不拆开),经清洗后入库存放,待下次使用,组装新的夹具。它既可组装成某一专用夹具,也可组装成通用可调夹具或成组夹具。因此,组合夹具的工作原理类似于"搭积木"。

组合夹具把一般专用夹具的设计、制造、使用、报废的单向过程变为设计、组装、使用、拆散、清洗入库、再组装的循环过程。图样设计已不是组合夹具设计的主要工作量,而是将夹具方案构思、装配、检测等设计、制造及调试全过程融为一体,一般可用几小时的组装周期代替几个月的设计制造周期。因此,与专用夹具相比,组合夹具具有以下特点:

①组合夹具元件可以多次使用,在变换加工对象后,可以全部拆装,重新组装成新的夹具结构以满足新工件的加工要求,不受零件尺寸改动限制,可以随时更换夹具定位易磨损件,可以减少专用夹具设计、制造的工作量,因此可以节省夹具的材料费、设计费、制造费,可以减少存放专用夹具的库房面积。

②组合夹具组合时间短,对提高劳动生产率,降低成本,缩短生产周期起着重要作用。

③与专用夹具一样,组合夹具的最终精度是靠组成元件的精度直接保证的,不允许进行任何补充加工,否则将无法保证元件的互换性。因此,组合夹具元件本身的尺寸、形状和位置精度以及表面质量要求高,其元件和合件是由优质材料制造,具有高精度、高硬度和良好的耐磨性及完全的互换性。

④组合夹具的应用范围很广,不仅能组装成钻、铣、刨、车、镗等加工用的机床专用夹具,也能组装成检验、装配、焊接等用的夹具,特别适用于新产品试制和产品经常更换的单件、小批量生产以及临时任务,适用于产品品种多、生产周期短的产品结构。

⑤由于组合夹具是由各标准件组合的,因此刚性差,尤其是元件连接的接合面接触刚度对加工精度影响较大。组合夹具的元件精度一般为 IT6—IT7 级,用组合夹具加工的工件,位置精度一般可达 IT8—IT9 级,若精心调整,可以达到 IT7 级。大量实验表明,目前组合夹具的刚度主要取决于组合夹具元件本身的刚度,而与所用元件的数量关系不大。

⑥组合夹具结构复杂、外形尺寸较大、笨重,不及专用夹具那样紧凑,对于定型产品大批量生产时,其生产效率不如专用夹具生产效率高。

⑦组合夹具所需元件储备量大,故一次性投资费用较高。使用机床夹具较多的工厂在 1~2 年内即可将组合夹具的投资收回。

(2)组合夹具系统、系列及元件

1)组合夹具系统

组合夹具系统是一套由各种不同形状、规格和用途的标准化元件和部件组成的机床夹具系统。它是 20 世纪 40 年代开始在机床夹具零部件系列化、标准化和通用化的基础上发展起来的,最早的有苏联的 YCП 系统和英国的 Wharton 系统。

2)组合夹具系列

组合夹具按照夹具元件间连接定位的基准不同,分为槽系和孔系。

①槽系组合夹具

槽系组合夹具以槽(T 形槽、键槽)和键相配合的方式来实现元件间的定位。因元件的位置可沿槽的纵向做无级调节,故组装十分灵和,适用范围广,是最早发展起来的组合夹具系统。

T 形槽系组合夹具按其尺寸系列有小型、中型和大型 3 种,区别主要在于元件的外形尺寸、T 形槽宽度和螺栓及螺孔的直径规格不同,其主要参数如表 8.1 所示。

小型系列组合夹具主要适用于仪器、仪表和电信、电子工业,也可用于较小工件的加工。这种系列元件的螺栓直径为 M8 mm×1.25 mm,定位键与键槽宽的配合尺寸为 8H7/h6,T 形槽之间的距离为 30 mm。

表 8.1　槽系组合夹具的主要结构要素及性能

规格	槽宽 /mm	槽距 /mm	连接螺栓 /(mm × mm)	键用螺钉 /mm	支承件截面 /mm²	最大载荷 /N	工件最大尺寸 /(mm × mm × mm)
大型	$16^{+0.08}_{0}$	75 ± 0.01	M16×1.5	M5	75×75 90×90	200 000	$2\,500 \times 2\,500 \times 1\,000$
中型	$12^{+0.08}_{0}$	60 ± 0.01	M12×1.5	M5	60×60	100 000	$1\,500 \times 1\,000 \times 500$
小型	$8^{+0.015}_{0}$ $6^{+0.015}_{0}$	30 ± 0.01	M8,M6	M3 M3,M2.5	30×30 22.5×22.5	50 000	$500 \times 250 \times 250$

中型系列组合夹具,主要适用于机械制造工业,这种系列元件的螺栓直径为 M12 mm × 1.5 mm,定位键与键槽宽的配合尺寸为 12H7/h6,T 形槽之间的距离为 60 mm。这是目前应用最广泛的一个系列。

大型系列组合夹具,主要适用于重型机械制造工业,这种系列元件的螺栓直径为 M16 mm × 2 mm,定位键与键槽宽的配合尺寸为 16H7/h6,T 形槽之间的距离为 60 mm。

如图 8.1 所示为盘形零件钻径向分度孔的 T 形槽系组合夹具的实例。

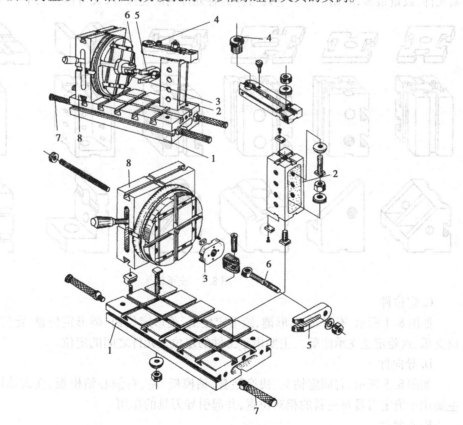

图 8.1　钻盘类零件径向孔的组合夹具

1—基础件;2—支承件;3—定位件;4—导向件;5—夹紧件;6—紧固件;7—其他件;8—合件

组合夹具元件按其用途可分为基础件、支承件、定位件、导向件、压紧件、紧固件、合件、其他件共 8 大类,其中每一类型中又包括多个品种,每个品种中又有不同的规格。

A. 基础件

如图 8.2 所示,有长方形、圆形、方形及基础角铁等。它们常作为组合夹具的夹具体。

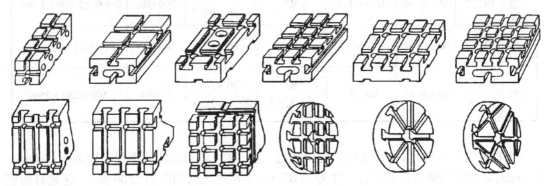

图 8.2　基础件

B. 支承件。

如图 8.3 所示,有 V 形支承、长方支承、加筋角铁和角度支承等。它们是组合夹具中的骨架元件,数量最多,应用最广。它既可作为各元件间的连接件,又可作为大型工件的定位件。

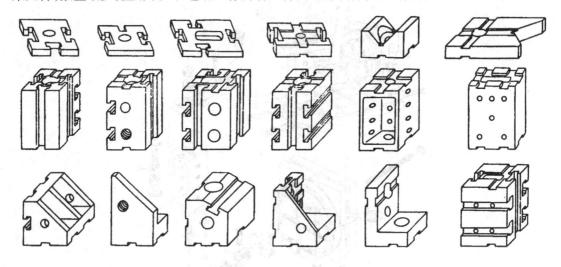

图 8.3　支承件

C. 定位件

如图 8.4 所示,有平键、T 形键、圆形定位销、菱形定位销、圆形定位盘、定位接头、方形定位支承、六菱定位支承座等。主要用于工件的定位及元件之间的定位。

D. 导向件

如图 8.5 所示,有固定钻套、快换钻套、钻模板、左、右偏心钻模板、立式钻模板等。它们主要用于确定刀具与夹具的相对位置,并起引导刀具的作用。

E. 夹紧件

如图 8.6 所示,有弯压板、摇板、U 形压板、叉形压板等。它们主要用于压紧工件,也可用作垫板和挡板。

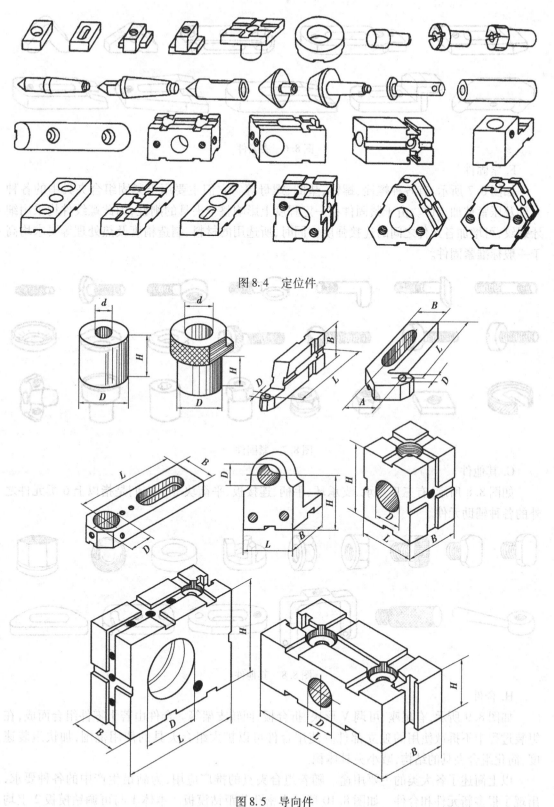

图 8.4　定位件

图 8.5　导向件

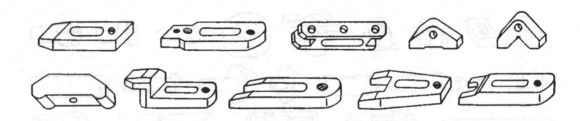

图8.6　夹紧件

F. 紧固件

如图8.7所示,有各种螺栓、螺钉、垫圈、螺母等。它们主要用于紧固组合夹具中的各种元件及压紧被加工件。由于紧固件在一定程度上影响整个夹具的刚性,因此螺纹件均采用细牙螺纹,可增加各元件之间的连接强度。同时,所选用的材料、制造精度及热处理等要求均高于一般标准紧固件。

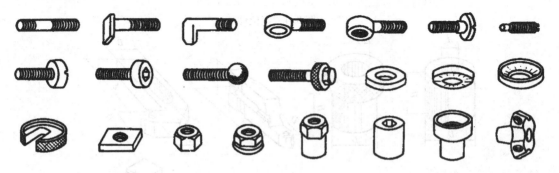

图8.7　紧固件

G. 其他件。

如图8.8所示,有三爪支承、支承环、手柄、连接板、平衡块等。它们是指以上6类元件之外的各种辅助元件。

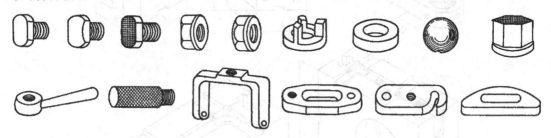

图8.8　其他件

H. 合件

如图8.9所示,有尾座、可调V形块、折合板、回转支架等。合件由若干零件组合而成,在组装过程中不拆散使用的独立部件。使用合件可以扩大组合夹具的使用范围,加快组装速度,简化组合夹具的结构,减小夹具体积。

以上简述了各大类的主要用途。随着组合夹具的推广应用,为满足生产中的各种要求,出现了很多新元件和合件。如图8.10所示为密孔节距钻模板。本体1与可调钻模板2上均有齿距为1 mm的锯齿,加工孔的中心距可在15～174 mm内调节,并有I形、L形和T形等。

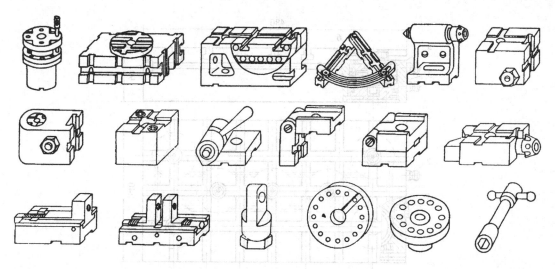

图 8.9　合件

如图 8.11 所示为带液压缸的基础板。基础板内有油道连通 7 个液压缸 4,利用分配器供油,使活塞 6 上、下运动,作为夹紧机构的动力源,活塞通过键 5 与夹紧机构连接。这种基础板结构紧凑,效率高。但需配备液压系统,价格较高。

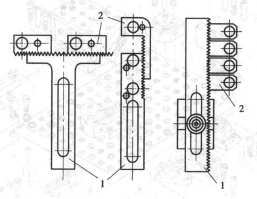

图 8.10　密孔节距钻模板
1—本体;2—可调钻模板

②孔系组合夹具

孔系组合夹具主要元件表面为圆柱孔和螺纹孔组成的坐标孔系,通过定位销和螺栓来实现元件之间的组装和紧固。孔系组合夹具具有元件刚性好、定位精度和可靠性高、工艺性好等特点,特别适用于加工中心、数控机床等,但组装时元件的位置不能随意调节,常用偏心销或部分开槽元件进行弥补。

如图 8.12 所示为我国制造的 KD 型孔系组合夹具。

8.1.2　数控机床夹具

现代自动化生产中,数控机床的应用已越来越广泛。数控夹具是指在数控机床上使用的夹具。通用夹具、通用可调夹具、成组夹具、专用夹具等,在数控机床上都可以使用。

数控机床按编制的程序完成工件的加工。加工中机床、刀具、夹具和工件之间应有严格

211

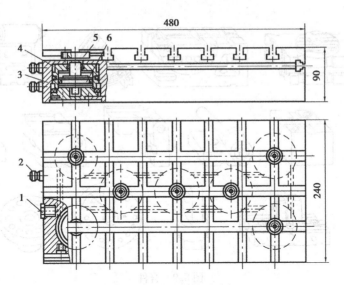

图 8.11 液压缸的基础板

1—螺塞;2—油管接头;3—基础板;4—液压缸;5—键;6—活塞

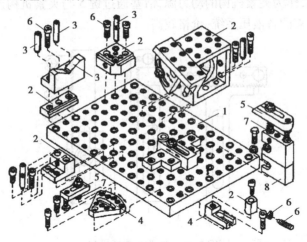

图 8.12 KD 型孔系组合夹具

1—基础件;2—支承件;3—定位件;4—辅助件;5—夹紧件;6—紧固件;7—其他件;8—合件

的相对坐标位置。因此,数控机床夹具在数控机床上应相对机床的坐标原点具有严格的坐标位置,以保证所装夹的工件处于所规定的坐标位置上。为此,数控机床夹具常采用网格状的固定基础板,如图 8.13 所示。它长期固定在数控机床工作台上,板上已加工出准确的孔心距位置的一组定位孔和一组紧固螺孔(也有定位孔与螺孔同轴布置形式),它们成网格分布。网格状基础板预先调整好相对数控机床的坐标位置。利用基础板上的定位孔可装各种夹具,如图 8.13(a)所示的角铁支架式夹具。角铁支架上也有相应的网格状分布的定位孔和紧固螺孔,以便安装有关可换定位元件和其他各类元件和组件,以适应相似零件的加工。当加工对象变换品种时,只需更换相应的角铁式夹具便可迅速转换为新零件的加工。不致使机床长期等工。如图 8.13(b)所示为立方固定基础板。它安装在数控机床工作台的转台上,其四面都有网格分布的定位孔和紧固螺孔,上面可安装各类夹具的底板。当加工对象变换时,只需转台转位,便可迅速转换成加工新零件用的夹具,十分方便。

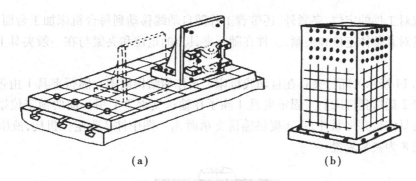

(a)　　　　　　　　　　　　　　(b)

图 8.13　数控机床夹具简图

由上面所述的夹具构成原理可知,数控机床夹具实质上是通用可调夹具和组合夹具的结合与发展。它的固定基础板部分加可换部分的组合是通用可调夹具组成原理的应用。而它的元件和组件高度标准化与组合化,又是组合夹具标准元件的演变与发展。

作为机床夹具,数控机床夹具必须适应数控机床的高精度、高效率、多方向同时加工、数字程序控制及单件小批量生产的特点。同时,数控加工的夹具还有以下自身的特点:

①数控加工适用于多品种、中小批量生产,为能装夹不同尺寸、不同形状的多品种工件,数控加工的夹具应具有柔性,经过适当调整即可夹持多种形状和尺寸的工件。

②传统的专用夹具具有定位、夹紧、导向及对刀 4 种功能,而数控机床上一般都配备有接触式测头、刀具预调仪及对刀部件等设备,可以由机床解决对刀问题。数控机床上由程序控制的准确的定位精度,可实现夹具中的刀具导向功能。因此,数控加工中的夹具一般不需要导向和对刀功能,只要求具有定位和夹紧功能,就能满足使用要求,这样可简化夹具的结构。

③为适应数控加工的高效率,数控加工夹具应尽可能使用气动、液压、电动等自动夹紧装置快速夹紧,以缩短辅助时间。

④夹具本身应有足够的刚度,以适应大切削用量切削。数控加工具有工序集中的特点,在工件的一次装夹中既要进行切削力很大的粗加工,又要进行达到工件最终精度要求的精加工,因此夹具的刚度和夹紧力都要满足大切削力的要求。

⑤为适应数控多方面加工,要避免夹具结构包括夹具上的组件对刀具运动轨迹的干涉,夹具结构不要妨碍刀具对工件各部位的多面加工。

⑥夹具的定位要可靠,定位元件应具有较高的定位精度,定位部位应便于清屑,无切屑积留。如工件的定位面偏小,可考虑增设工艺凸台或辅助基准。

⑦对刚度小的工件,应保证最小的夹紧变形,如使夹紧点靠近支承点,避免把夹紧力作用在工件的中空区域等。当粗加工和精加工同在一个工序内完成时,如果上述措施不能把工件变形控制在加工精度要求的范围内,应在精加工前使程序暂停,让操作者在粗加工后精加工前变换夹紧力(适当减小),以减小夹紧变形对加工精度的影响。

8.1.3　自动线夹具

自动线是由多台自动化单机,借助工件自动传输系统、自动线夹具、控制系统等组成的一种加工系统。常见的自动线夹具有随行夹具和固定自动线夹具两种。

固定夹具用于工件直接输送的生产线,夹具是安装在每台机床上的。

随行夹具是用于组合机床自动线上的一种移动式夹具,工件安装在随行夹具上。随行夹

213

具除了完成对工件的定位、夹紧外,还带着工件随自动线移动到每台机床加工台面上,再由机床上的夹具对其整体定位和夹紧,工件在随行夹具上的定位和夹紧与在一般夹具上的定位和夹紧一样。

如图 8.14 所示为随行夹具在自动线机床上工作的结构简图。随行夹具 1 由带棘爪的步伐式输送带 2 运送到机床上。固定夹具 4 除了在输送支承 3 上用一面两销定位以及夹紧装置使随行夹具定位并夹紧外,它还提供输送支承面 A_1。图中件 7 为定位机构,液压缸 6、杠杆 5、钩形压板 8 为夹紧装置。

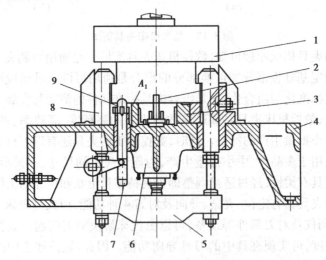

图 8.14　随行夹具在自动线机床的固定夹具上的工作简图
1—随行夹具;2—输送带;3—输送支承;4—固定夹具;
5,9—杠杆;6—液压缸;7—定位机构;8—钩形压板

8.2　自动化测量系统

8.2.1　自动化测量系统的组成和分类

测量系统是用来对被测特性定量测量或定性评价的仪器或量具、标准、操作、方法、夹具、软件、人员、环境及假设的集合,涵盖测量的整个过程。在现代机械加工过程中,对工件实现自动测量,是保证产品质量和提高生产效率的重要手段,在自动化生产装置和自动线中,自动测量更是不可缺少的组成部分。随着激光、计算机等新技术的广泛应用,以及光栅、磁栅、感应同步器等传感元件的精度和稳定性、可靠性的不断提高,一些光、机、电、计算机一体化的自动化测量装置不断出现,许多过去难于解决的特大、特小、曲面等几何量的高精度自动化测量现在已成为可能。通常,自动化测量系统包括以下 5 部分:

①被测对象与被测量。随测量任务的不同,被测对象的大小、形状、质量、材料、批量等往往是千差万别的。在同一个被测对象中存在着多个被测量,按几何特性分为长度、角度、形状与位置、表面粗糙度、尺寸复合量等。

②传感器及其转换电路。传感器把非电量变换成电信号,以便进行数据采集。在加工系

统中常用于产品质量自动检测和控制的特征信号有尺寸和位移、力和力矩、振动、温度、电信号、光信号及声音等。转换电路包括放大器、采样保持器、模数/数模转换器等。

③控制器。对整个系统进行管理,包括输入通道、输出通道、信息通信、数据处理等,主要是计算机,如小型机、个人计算机、微处理机、单片机等,是系统的指挥及控制中心。

④总线与接口。包括微机总线、外设接口、通信接口等。外设接口将数据向外输出,以实现显示、打印、绘图等。通信接口负责接收上级控制器的控制信息或向上级机发送数据以及系统之间信息交换等。

⑤测量软件。为了完成系统测量任务而编制的、在控制器上运行的应用软件,如测量主程序、驱动程序、数据处理程序以及输入/输出软件等。

自动测量方法可有下列 3 种分类方式:

①直接测量与间接测量。直接测量的测得值及其测量误差,直接反映被测对象及测量误差(如工件的尺寸大小及其测量误差)。在某些情况下,由于测量对象的结构特点或测量条件的限制,要采用直接测量有困难,只能测量另外一个与它有一定关系的量(如测量刀架位移量控制工件尺寸),此即为间接测量。

②接触测量和非接触测量。测量器具的量头直接与被测对象的表面接触,量头的移动量直接反映被测参数的变化,称为接触测量。量头不与工件接触,而是借助电磁感应、光束、气压或放射性同位素射线等强度的变化来反映被测参数的变化,称为非接触测量。非接触测量方式的量头由于不与测量对象接触而发生磨损或产生过大的测量力,有利于在对象的运动过程中测量和提高测量精度,故在现代制造系统中,非接触测量方式的自动检测和监控方法具有明显的优越性。

③在线测量和离线测量。在加工过程或加工系统运行过程中对被测对象进行检测称为在线测量,也称主动测量,其特点是在加工进行的同时不断地自动检测工件的状态,同时将检测结果作为反馈值及时送入加工控制系统,从而修正和控制机床的加工状态,最后精确地达到预定的加工要求。主动测量把测量和加工过程结合在一起,能够及时校正和补偿加工误差,能保证工件的精度和提高生产效率,防止产生废品,是一种积极的测量方法,故也称积极测量。主动测量又分为加工中主动测量和加工后主动测量两种。加工中主动测量是指在加工的同时测量工件的尺寸和表面粗糙度等,并立即按测量所得信息调整加工条件,以保证不断加工出合格工件,常用于精密磨削加工中,主要有测轴、测孔和配磨主动测量。加工后主动测量是指紧接在加工工序完毕后,在(或不在)加工设备上全部或抽样测量有关几何参数,并立即按测量所得信息调整加工条件,以不断加工出合格工件,主要用于无心磨床、镗床、精密车床等加工设备上。如果在被测对象加工后脱离加工系统再进行检测,即为离线测量。离线自动测量又称线外自动测量,其特点是测量结果的信息不直接用于控制加工的测量。如用自动分选机、自动检验机和多尺寸检验装置测量已加工完毕的工件。自动分选机用于测量配合精度高、需要把公差带分成若干尺寸组进行选配的工件。料斗中的工件由送进机构送入测量位置后,由长度传感器将被测尺寸转换为电信号,经分组线路处理后控制执行机构进行分选和剔除废品。自动检验机用于检验成品工件的尺寸、形状和位置误差等,它能将被测工件分为合格品、可修品和废品 3 个组。

8.2.2　自动化测量系统的设计原则

任何自动化测量系统都是为完成某一个具体的测量任务而设计的。因此,在进行设计时必须考虑到使用的要求、使用环境条件、生产工艺要求和生产成本等。

对于工业生产流程中使用的自动化测量系统,除了应达到功能要求、测量精度等技术指标外,在设计中还应尽可能考虑到用户操作简便、系统性能稳定可靠、可维护性强、能适应现场的环境条件,同时注意到它的通用性、标准化和系列化以及与其他装置的配套等问题。

8.2.3　自动化测量系统的设计方法

对于自动化测量系统的设计,大体上按下列步骤进行:

(1)确定任务、拟定设计方案

①明确系统需要完成的测量任务,包括检测名称、优先级、速度、精度、分辨率、测量周期以及被测量的测量范围、环境条件等。

②明确被测信号的特点、被测量类型、被测量变化范围、被测量的数量、输入信号的通道数等。

③明确测量结果的输出方式、数据格式、显示或记录方式、显示器的类型。

④估计系统设备和软件可能出现的问题,包括噪声和干扰等,列出校准方法和所需数据修正方法。

⑤明确输出接口的设置,考虑系统的内部结构、外形尺寸、面板布置、研制成本、可靠性、可维护性及性能价格比等。

综合考虑上述各项,提出系统设计的初步方案,通过调研对所提出的系统初步设计方案,进行论证,完成系统总体设计。在完成总体设计后,便可进行设计任务分解,将系统的研制任务分解成若干子任务,并针对子任务去进行具体的设计。

(2)硬件和软件的研制

在开发过程中,硬件和软件应同时进行。

1)硬件电路的设计、功能模板的研制和调试

根据总体设计,将整个系统分成若干个功能块,分别设计各个电路,如输入通道、输出通道、信号调制电路、接口、单片机及其外围电路等。在完成电路设计后,即可制作相应功能模板。要保证技术上可行、逻辑上正确,注意布局合理、连线方便。

2)软件框图的设计、程序的编制和调试

将软件总框图中的各个功能模块具体化,逐级画出详细的框图,作为编制程序的依据。根据应用提出全部要求,考虑哪些工作占用微机大部分时间,考虑寻址的多样性和有效性、子程序结构灵活性,考虑处理中断的能力和数值运算能力、数字拼装与组合能力等。使编出的程序占用内存空间尽量小、执行速度尽量快。

(3)系统总调、性能测试

在硬件、软件分别完成后,即可进行联合调试,即系统总调,测试系统的性能指标,并进行环境适应性试验和寿命试验等以确定其可靠性。若有不满足要求之处,需要仔细查找原因,进行相应的硬、软件改进,直到满足要求为止。

由上述设计步骤的介绍可知,自动化测量系统的设计往往经过方案确定、结构设计和制

造、试验与分析、修改设计的反复过程。当采用计算机仿真和优化设计时有可能使整个过程得到简化和加速。

8.2.4　自动化测量系统举例

一般地，机械加工工艺过程与机械加工工艺系统（机床、刀具、工件、夹具及辅具）的工作状况都属于自动化测量的内容，主要包括以下 3 个方面：

①对工件几何精度的检测与控制。

②对刀具工作状态的检测与控制。

③对自动化加工工艺过程的监控。

下面对加工过程中的激光测径仪作简单介绍。

激光测径仪是一种非接触式测量装置，包括光学机械系统和电路系统两部分。其中，光学机械系统由激光电源、氦-氖激光器、同步电动机、多面棱镜及多种形式的透镜和光电转换器件组成；电路系统主要由整形放大、脉冲合成、填充计数、微型计算机、显示器及电源等组成。

如图 8.15 所示为该仪器的测量原理及其分度特性曲线图。作为光源的氦-氖激光器 1 的光束，通过准直系统 2（用来减小辐射的发散和增加其强度，以提高测量准确度），并由五角棱镜 3 成 90°折射。随后光束通过可调狭缝光阑 4，由半透半反射镜 8 分成两路：一路通过被检零件 11 的上母线；另一路由反射镜 9 偏转 90°后通过被检零件的下母线。然后两束光从反射镜 10 和 12 反射，此反射镜安置在固定于机床纵向刀架的专用托板上，为了便于调整，使其能在直径方向移动。最后，两束光由透镜 7 和 13 聚焦在接收部分的光电探测器 6 和 14 上，并送入接收装置 16。

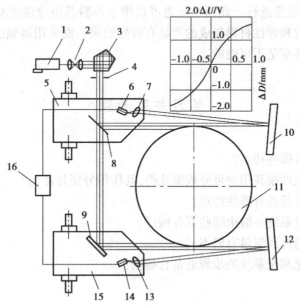

图 8.15　测量原理及分度特性曲线

由图 8.15 可知，敏感元件就是从被测工件两相对母线通过的被部分遮断的两束光。这样就形成了两触点的测量系统，可以消除该系统中基本元件的温度和力变形对测量准确度的影响,以及机床导轨直线度误差和台架弯曲的影响。测量两束光之间的距离是用电子方法,光线是用接收装置的探测器来定位。

仪器的元件6,7,8,9,13,14 被安装在两个独立的活动支架 5 和 15 上,因此,可将其调整到所需要的尺寸。该测径仪适用于中心高 300 ~ 400 mm 的车床,其被检尺寸范围为 80 ~ 230 mm。

测量是用与量具进行比较的方法来实现的。根据标准件或待加工件的另一小部位来调整仪器(当用试验行程的方法调整机床时)。

在如图 8.15 所示的关系曲线中,$\Delta U_{输出}$ 为测量仪中记录仪的示值,此示值相当于被检尺寸的变化量 ΔD,分度特性曲线的线性部分不小于 1 mm。该特性曲线是用分度值为 1 μm 的特制标准仪器记录的。

在结构上允许对测量的灵敏度进行调整。灵敏度的极限值为 4 mV/μm,在考虑了随机误差和未预计到的系统误差,以及根据标准件(用分度值为 1 μm 的卧式光学计检定过的轴作为标准件)进行调整后,用试验方法确定该仪器的测量方法极限误差不超过 6 μm。

激光测径仪适用于检验6—7 级的轴件。用测径仪检验后,再用分度值为 1 μm 的千分表卡规对轴进行监督性检验。结果证实,用实验方法所得到的仪器的测量方法极限误差是正确的。

激光测径仪在开始使用前,必须对它进行较长时间(≥1.5 h)的预热。因为在工作的第一个小时由于冷激光器的振荡不稳定,调整的位移最大。在预热后,激光器达到稳定工作状态,并使调整的水平位移接近固定的随机函数。

目前,激光测径仪已成功地用于精度要求较高的车削加工自动调整系统中。它具有大范围的线性分度特性,而敏感元件不需要和测量表面机械接触,可以安置在机床工作范围之外,而不妨碍生产程序的正常进行。此测径仪也可以用于检验其边缘能遮断光线的任何工件的尺寸,特别是对用橡胶和弹性材料制成的产品有较好效果。而采用接触法对这些工件进行动态测量是很困难的,甚至是不可能的。

复习与思考题

8.1　组合夹具有哪些特点?

8.2　组合夹具元件按其用途可分成哪几类,其作用分别是什么?

8.3　数控机床夹具具有哪些特点?

8.4　自动化测量系统一般由哪些部分构成?

8.5　在线测量与离线测量有何不同?

8.6　设计自动化测量系统的步骤通常有哪些?

参考文献

［1］何宁. 机械制造技术基础［M］. 北京:高等教育出版社,2011.

［2］中国科学技术协会,中国机械工程学会. 2008—2009 机械工程学科发展报告:机械制造［M］. 北京:中国科学技术出版社,2009.

［3］余国光,马俊,张兴发. 机床夹具设计［M］. 重庆:重庆大学出版社,1995.

［4］龚定安. 机床夹具设计［M］. 西安:西安交通大学出版社,1992.

［5］王启平. 机床夹具设计［M］. 哈尔滨:哈尔滨工业大学出版社,2005.

［6］机械加工工艺装备设计手册编委会. 机械加工工艺装备设计手册［M］. 北京:机械工业出版社,1998.

［7］朱耀祥,蒲林祥. 现代夹具设计手册［M］. 北京:机械工业出版社,2010.

［8］于馨芝,王宁,闻济世. 机械设计、制造工艺、质量检测与标准规范全书［M］. 北京:电子工业出版社,2003.

［9］吴拓. 机械制造工程［M］. 3 版. 北京:机械工业出版社,2011.

［10］徐鸿本. 机床夹具设计手册［M］. 沈阳:辽宁科学技术出版社,2004.

［11］李岩,花国梁. 精密测量技术［M］. 修订版. 北京:中国计量出版社,2001.

［12］刘治华,李志农,刘本学. 机械制造自动化技术［M］. 郑州:郑州大学出版社,2009.

［13］夏士智. 测量系统设计与应用［M］. 北京:机械工业出版社,1995.

［14］卢秉恒. 机械制造技术基础［M］. 3 版. 北京:机械工业出版社,2008.

［15］顾崇衔. 机械制造工艺学［M］. 3 版. 西安:陕西科学技术出版社, 1990.

［16］陈明. 机械制造工艺学［M］. 北京:机械工业出版社,2008.

［17］杨叔子. 机械加工工艺师手册［M］. 北京:机械工业出版社,2002.

［18］王先逵. 机械加工工艺手册:第Ⅰ,Ⅱ卷［M］. 2 版. 北京:机械工业出版社,2007.

［19］黄鹤汀. 机械制造装备［M］. 北京:机械工业出版社,2001.

［20］王小华. 机床夹具图册［M］. 北京:机械工业出版社,1992.

［21］张耀宸. 机械加工工艺设计实用手册［M］. 北京:航空工业出版社,1993.

［22］赵如福. 金属机械加工工艺人员手册［M］. 4 版. 上海:上海科学技术出版社,2006.

［23］韩进宏,王长春. 互换性与测量技术基础［M］. 北京:北京大学出版社,2006.

参考文献

[1] 李云雁, 胡传荣. 试验设计与数据处理[M]. 北京: 化学工业出版社, 2011.
[2] 中国机械工程学会, 中国模具设计大典委员会. 2008—2009 年机械工程学科发展报告: 机械制造[M]. 北京: 中国科学技术出版社, 2009.
[3] 刘晋春, 赵家齐, 赵万生. 特种加工[M]. 北京: 机械工业出版社, 1994.
[4] 罗学科, 谢富春. 数控机床编程与操作[M]. 北京: 化学工业出版社, 2002.
[5] 王平嶂. 机械制造技术[M]. 北京: 清华大学出版社, 2005.
[6] 材料成型工艺及模具设计编委会. 材料成型工艺及模具设计[M]. 北京: 机械工业出版社, 1996.
[7] 陈锡栋, 周小玉. 现代模具技术[M]. 北京: 国防工业出版社, 2010.
[8] 李德群, 唐志玉. 模具设计师手册[M]. 北京: 化学工业出版社, 2009.
[9] 王树勋. 模具实用技术[M]. 广州: 华南理工大学出版社, 2011.
[10] 陈剑鹤. 冲压工艺与模具设计[M]. 北京: 机械工业出版社, 2011.
[11] 张红宇. 冲压模具设计[M]. 北京: 北京理工大学出版社, 2007.
[12] 付宏生, 刘京华. 注塑制品及注塑模具设计[M]. 北京: 清华大学出版社, 2009.
[13] 翟德梅. 塑料模具设计与制造[M]. 北京: 机械工业出版社, 1995.
[14] 冯炳尧. 模具制造技术[M]. 上海: 上海科学技术出版社, 2008.
[15] 陈锡栋. 机械制造工艺学[M]. 北京: 国防工业出版社, 1990.
[16] 陈明. 机械制造工艺学[M]. 北京: 机械工业出版社, 2008.
[17] 杨占尧. 塑料模具设计[M]. 北京: 机械工业出版社, 2002.
[18] 王孝培. 冲压模具设计工艺手册[M]. 北京: 机械工业出版社, 2007.
[19] 黄毅宏. 模具制造工艺[M]. 北京: 机械工业出版社, 2001.
[20] 许发樾. 模具设计与制造[M]. 北京: 机械工业出版社, 1992.
[21] 张荣清. 模具制造工艺与设备[M]. 北京: 高等教育出版社, 1993.
[22] 邵中兴. 冷冲模具设计大全[M]. 上海: 上海科学技术出版社, 2006.
[23] 翟德梅. 模具制造技术基础[M]. 北京: 高等教育出版社, 2008.